U0807001

中国生态文明论坛济南年会资料汇编 2023

——生态文明·美丽中国

谱写人与自然和谐共生的现代化建设新篇章

中国生态文明研究与促进会 编

中国环境出版集团·北京

图书在版编目（CIP）数据

中国生态文明论坛济南年会资料汇编. 2023 : 生态文明·美丽中国 : 谱写人与自然和谐共生的现代化建设新篇章 / 中国生态文明研究与促进会编. -- 北京 : 中国环境出版集团, 2024. 6. -- ISBN 978-7-5111-5901-4

Ⅰ. X321.2-53

中国国家版本馆CIP数据核字第2024DP9462号

出 版 人　武德凯
责任编辑　赵楠婕
封面设计　彭　杉

出版发行　中国环境出版集团
（100062　北京市东城区广渠门内大街16号）
网　　址：http://www.cesp.com.cn
电子邮箱：bjgl@cesp.com.cn
联系电话：010-67112765（编辑管理部）
　　　　　010-67162011（第四分社）
发行热线：010-67125803，010-67113405（传真）

印　　刷　玖龙（天津）印刷有限公司
版　　次　2024年6月第1版
印　　次　2024年6月第1次印刷
开　　本　787×1092　1/16
印　　张　18.75
字　　数　388千字
定　　价　98.00元

【版权所有。未经许可，请勿翻印、转载，违者必究。】
如有缺页、破损、倒装等印装质量问题，请寄回本集团更换。

中国环境出版集团郑重承诺：
中国环境出版集团合作的印刷单位、材料单位均具有中国环境标志产品认证。

中国生态文明论坛济南年会资料汇编 2023

——生态文明·美丽中国
谱写人与自然和谐共生的现代化建设新篇章

编 委 会

顾　问：张　波

主　编：刘青松　于绪文

副主编：张建成　徐　红　曹春玲　胡勘平　张　亮
李海林　张　杰　曹　俊

编　委：张文娟　祁巧玲　张晨煜　李永利　苏靖雅

前　言

2023年是全面贯彻落实党的二十大精神的开局之年。党的二十大报告指出，大自然是人类赖以生存发展的基本条件。尊重自然、顺应自然、保护自然，是全面建设社会主义现代化国家的内在要求。2023年7月召开的全国生态环境保护大会从党和国家事业发展全局的高度，对以美丽中国建设全面推进人与自然和谐共生的现代化作出重大战略部署。围绕生态文明建设的新理念、新要求、新目标、新部署，中国生态文明研究与促进会、济南市人民政府、山东省生态环境厅于2023年10月28—29日共同主办了中国生态文明论坛济南年会。

中国生态文明论坛经生态环境部批准举办，自2011年起先后在苏州、珠海、成都、杭州、福州、海口、惠州、南宁、十堰、南昌、济南等地成功举办了十一届。近年来，生态环境部在论坛上为"生态文明建设示范区""'绿水青山就是金山银山'实践创新基地""中国生态文明奖""绿色中国年度人物"等重要项目举办命名表彰仪式，论坛社会影响力持续扩大，已成为传播习近平生态文明思想、推动我国生态文明建设的重要平台。

本次论坛以"生态文明·美丽中国——谱写人与自然和谐共生的现代化建设新篇章"为主题，紧紧围绕美丽中国建设重大部署，研讨交流生态文明建设的重大理论和实践问题，总结经验、形成共识、建言献策、推进工作，取得了积极成效。来自国家相关部委和地方省市等的多位省部级领导，两院院士，不同领域和地区的党政领导、专家学者、企业家和基层一线代表齐聚一堂，围绕年会主题和各分论坛议题进行深入研讨交流。大会通过了《生态文明·济南宣言》，一致倡议：坚持精准、科学、依法治污，深入打好污染防治攻坚战，持续改善生态环境质量，不断提高人民群众生态环境获得感、幸福感、安全感；坚持把绿色低碳发展作为解决生态环境问题的治本之策，协同推进降碳、减污、扩绿、增长，促进经济社会发展全面绿色低碳转型；坚持人与自然和谐共生，构建从山顶到海洋的保护治理大格局，为子孙后代留下山清水秀的生态空间；坚持用最严格制度、最严密法治保护生态环境，健全美丽中国建设保障体系。

为总结本次论坛经验成果，我会整理出版了《中国生态文明论坛济南年会资料汇编 2023——生态文明·美丽中国 谱写人与自然和谐共生的现代化建设新篇章》一书，供政府、企事业单位及科研院所等从事生态文明建设相关工作的各界人士参考。为尊重发言嘉宾的个人意见，部分发言未予以收录或摘选发布，在此予以说明。

本次论坛的成功举办及本汇编的顺利出版得到了山东省、济南市、与会领导专家等社会各界的支持和帮助。在此，我们向给予支持指导和参与工作辛勤付出的各级领导、全体工作人员表示诚挚感谢！

中国生态文明研究与促进会秘书处

2024年5月

目　录

开幕式

一、生态文明示范建设论坛

二、区域再生水循环利用论坛

三、区域生态安全与绿色发展论坛

四、流域协同保护论坛

五、城乡绿色发展与共同富裕论坛

六、气候变化适应论坛

七、“无废城市”建设论坛

八、区县长论坛

九、大气污染防治论坛

十、企业生态文明建设论坛

十一、数字生态文明论坛

生态文明·济南宣言

开幕式

扎实推进绿色低碳高质量发展先行区建设 谱写人与自然和谐共生的现代化建设新篇章

山东省委副书记、省长　周乃翔

党的十八大以来，习近平总书记 5 次到山东视察，赋予山东“走在前、开新局”的光荣使命。2022 年 8 月，国务院印发《关于支持山东深化新旧动能转换　推动绿色低碳高质量发展的意见》，支持山东建设绿色低碳高质量发展先行区，这是全国第一个以“绿色低碳高质量发展”为主题的战略布局，也是第一个以国发文件赋予山东的重大战略任务。2023 年 8 月，生态环境部和山东省一起举办了 2023 绿色低碳高质量发展大会，有力凝聚思想共识，探索路径模式，扩大交流合作，扎实推动先行区建设走深走实。在习近平生态文明思想的科学指引下，山东省认真贯彻落实全国生态环境保护大会精神，以绿色低碳高质量发展先行区建设为总抓手，深入推进生态保护和污染治理，生态环境质量显著改善，绿色低碳转型不断取得新成效。

2023 年前三季度，全省 $PM_{2.5}$ 平均浓度为 34 μg/m^3，地表水优良水体比例达 81%，提升幅度全国领先，全省人民群众对生态环境满意度达 95.4%。同时，经济发展质量效益不断提升，前三季度地区生产总值增长了 6%，工业、投资、消费等主要指标保持较快增速，均高于全国平均水平。“四新经济”投资占全部投资比重达 56%，新能源和可再生能源发电装机达 8 738.3 万 kW，经济运行呈现持续回升、巩固向好的良好态势。

今日山东，岱青海蓝，山清水秀，一幅全民参与、共建共享、人与自然和谐共生的生态画卷正在齐鲁大地徐徐展开。习近平总书记强调，生态文明建设是关系中华民族永续发展的根本大计，要像对待生命一样对待生态环境，推动形成绿色发展方式和生活方式。

我们将牢固树立、坚定践行“绿水青山就是金山银山”的理念，把生态文明建设摆在全局工作的突出位置，持续深化新旧动能转换，协同推进降碳、减污、扩绿、增长，加快美丽山东建设。

我们将坚定不移推动绿色低碳高质量发展，着力提升传统产业绿色化水平，全力推动战略性新兴产业融合集群发展，加快推进产业数字化、智能化、绿色化深度融合，不断塑造高质量发展新优势。

我们将坚定不移提升生态环境质量，持续打好蓝天、碧水、净土保卫战，优化国土空间发展格局，打造黄河生态保护样板区，深入实施重点生态区域保护修复工程，让齐鲁大地蓝天永驻、青山常在、绿色长留。

我们将坚定不移推进减碳降碳，深入实施碳达峰十大工程，大力发展新能源和清洁能源，加快传统能源优化升级、交通领域绿色转型，积极探索减污降碳协同增效新路径，确保如期实现碳达峰，以生态含绿量提升发展含金量。

生态兴则文明兴。中国生态文明论坛年会在山东济南举办，充分体现了生态环境部、中国生态文明研究与促进会等对山东的关心和厚爱，年会以“生态文明·美丽中国　谱写人与自然和谐共生的现代化建设新篇章”为主题，聚焦推动经济社会发展全面绿色转型，为我们搭建了互学互鉴、深化合作的广阔平台。我们将以此次年会为契机，与各方一道加强生态环境保护各领域的交流合作，让绿色低碳高质量发展成果更好地造福人民。诚挚欢迎各界朋友与我们携手并肩，深化合作，共同谱写绿色低碳高质量发展新篇章。

学习先进经验　加强合作交流
加快建设人与自然和谐共生的美丽济南

山东省委常委、济南市委书记　刘强

第十一届中国生态文明论坛年会今天在济南召开，充分体现了生态环境部、中国生态文明研究与促进会对济南的信任和支持。在此，我代表中共济南市委、济南市人民政府，对各位领导和嘉宾的莅临表示热烈的欢迎！对大家长期以来给予济南的关心、支持和帮助表示衷心的感谢！

济南因泉水而闻名，素有“四面荷花三面柳，一城山色半城湖”的美誉，山、泉、湖、河、城浑然一体的独特自然禀赋，赋予了这座城市鲜明的生态文明底色。近年来，济南市坚定不移贯彻落实习近平生态文明思想，积极服务和融入黄河流域生态保护和高质量发展，抢抓山东建设绿色低碳高质量发展先行区的机遇，持续深入打好污染防治攻坚战，加快推进发展方式绿色低碳转型，努力实现生态环境高水平保护和经济社会高质量发展的融合互促。

与 2013 年相比，2022 年全市 $PM_{2.5}$ 浓度下降了 64.4%，优良天数增加了 115.5%，空气质量综合指数下降了 56.6%。重点泉群连续 20 年连续喷涌，国、省、市控河流断面和饮用水水源地水质连续 3 年保持 100%达标，受污染耕地安全利用率达 100%，小清河济南段水生生物的种类 6 年间翻了两番，达到了 218 种，中华鳑鲏种群时隔 60 多年再次在小清河大量涌现。持续优化的生态环境，为济南经济社会高质量发展提供了有力的支撑。2022 年，全市地区生产总值突破了 1.2 万亿元，一般公共预算收入突破了 1 000 亿元，这两个数据分别是 2013 年的 2.3 倍和 2.1 倍。“十四五”时期以来，全市万元 GDP 能耗累计下降了 19.7%。目前全市高新技术产业占比达 56%，数字经济占比达 47%，2023 年前三季度全市地区生产总值增长了 6.2%，高于全国 1 个百分点，经济运行保持了持续向好、量质齐升的良好势头。与此同时，我们也清醒地认识到，济南的生态环境保护正处在由量变到质变的关键时期，取得的成效还不稳固，客观上仍存在不少困难和问题，我们将继续努力，加以解决。

本次年会以“生态文明・美丽中国　谱写人与自然和谐共生的现代化建设新篇章”为主题，对于深入践行习近平生态文明思想、全面推进中国式现代化必将起到积极的促进作用，我们将以此次年会为契机，学习先进经验，加强合作交流，坚定不移走生产发展、生活富裕、生态良好的文明发展道路，为加快建设美丽中国、美丽山东做出积极的贡献。

一、生态文明示范建设论坛

以高水平保护推动高质量发展
奏响人与自然和谐共生的泉城欢歌

济南市委常委、副市长　任庆虎

习近平总书记指出，“绿水青山就是金山银山”，要求“以高品质生态环境支撑高质量发展，加快推进人与自然和谐共生的现代化”。生态文明建设直接关系人民福祉、民族未来，是实现中国梦的重要内容。济南市作为山东省省会，因泉而生、临水而建，南望泰山、北拥黄河，是享誉世界的“泉城”。近年来，济南市始终坚持以习近平生态文明思想为指引，深入落实黄河生态保护和高质量发展这一重大国家战略，抢抓山东绿色低碳高质量发展先行区建设重大机遇，聚焦降碳、减污、扩绿、增长，举全市之力守护“泉城”生态环境，将人与自然和谐共生的美丽画卷全面铺展开来。借此机会，我向大家简要介绍一下济南生态文明建设情况。

我们聚焦降碳，先行先试推进“双碳”战略。着力推动绿色低碳转型发展，累计搬迁改造钢铁、化工等工业企业 86 家，排查整治“散乱污”企业 7 651 家，化解钢铁产能 650 万 t，淘汰关停 35 t/h 及以下燃煤锅炉 462 台，完成 94 万余户“分户式”清洁取暖改造，在新一轮“四减四增”（调整产业结构，减少过剩和落后产业，增加新的增长动能；调整能源结构，减少煤炭消费，增加清洁能源使用；调整运输结构，减少公路运输量，增加铁路运输量；调整农业投入结构，减少化肥农药使用量，增加有机肥使用量）三年行动省级评估中获评优秀等次。全面深化低碳试点示范，获批省内唯一国家低碳城市、国家气候适应型城市建设“双试点城市”，入选全国首批碳监测试点城市。成功入选国家“无废城市”建设名单，在全省率先出台《济南市“无废园区”创建工作指南（试行）》等 12 个领域“无废细胞”创建指南，在全国“无废城市”建设推进会上作典型发言。

我们聚焦减污，污染防治攻坚战成效显著。坚持每微克必争，系统推进治企、压能、减煤、降尘、控车、增绿，2022 年全市环境空气质量改善达到历史最佳，综合指数排名连续两年实现两位数提升。2023 年前三季度，全市 $PM_{2.5}$ 平均浓度 35 μg/m^3，为山东省 7 个通道城市最优。统筹水环境、水资源、水生态，在全省率先消除劣Ⅴ类水体，国、省、市控流域断面水质达标率，优良水体比例，饮用水水源地水质达标率均保持在 100%，重点泉群连续 20 年喷涌。在全省率先完成 899 个入河排污口的溯源整治，签订 24 个断面横向生态补偿协议。高标准打好净土保卫战，济南土壤环境质量稳中向好，受污染耕地安全利用率达到100%，重点建设用地的安全利用得到有效保障。

我们聚焦扩绿，生态系统多样性稳定提升。累计造林61.3万亩①，建成小清河48 km生态景观风貌带，打造了黄河绿色生态廊道，“建绿透绿”479万 m^2。持续推进黄河流域“清废行动”，入选省级典型案例；在国内率先完成黄河干流抗生素、抗性基因分布情况详查。编制了市级生物多样性保护战略与行动计划，高标准修复20多处湿地，建成15处省级以上湿地公园和28家省级以上绿色矿山。完成140座山体的修复及绿化提升，建成开放山体公园73处，基本实现城区山体绿化全覆盖和城外山体可视范围全绿化。成功创建7个国家级和2个省级生态文明建设示范区，2个国家级和9个省级“绿水青山就是金山银山”实践创新基地，3个省生态文明强县，成果总数位列全省首位。

我们聚焦增长，经济社会绿色转型稳步推进。3家水泥企业的4条水泥熟料生产线、18家企业的22台水泥磨机关停退出，44家企业的工业炉窑完成升级改造。全市拥有1个国家级战略性新兴产业集群，4个省级战略性新兴产业集群，新兴产业领域4个“雁阵形”集群和10个领军企业分别入选省“十强”产业“雁阵形”集群库和领军企业库，数量居全省首位。能源结构迈向清洁化，新增11个绿色发展工业园区、78家绿色工厂，可再生能源发电装机容量达301.7万kW，引进了国家电投集团氢能科技发展有限公司，建设了国家电投黄河流域氢能产业基地。针对国家在氢能源质量安全管理和标准化方面的空白，建设了“山东省燃料氢服务技术标准创新平台”，承接了国家重点研发计划“氢能技术”重点专项任务。

我们聚焦创新，治理现代化水平持续提高。不断深化“放管服”改革，累计下放68类审批权，取消了40类保障民生项目的环境影响评价登记备案，85%以上的项目实施网上登记表备案。将与民生密切相关的38个行业169类项目纳入环境影响评价豁免正面清单。推动排污许可先行一步，核发全省第一张火电和造纸排污许可证，率先在全省完成排污许可清理整顿及固定污染源排污许可全覆盖。在全国率先开发了排污许可智能管理系统，并获得2项软件著作权，相关经验做法获生态环境部推广。不断提高治理数字化水平，在全国率先开展智慧生态黄河示范项目建设，推动跨层级、跨区域、跨部门数据共享交换。在全国首创“1+12”市级环境监测管理模式，实现区县分中心实验室监测能力全面提升。构建了全国首张量子雷达环境监测网，为实现空气质量监测“由点到面”的扩展提供了支撑。

凡益之道，与时偕行。当下的济南，生态文明高质量发展的绿色更浓、成色更足、底色更实。打造良好生态环境，让蓝天成为常态、绿色触手可及，让好山好水好风光彻底融入泉城百姓的日常生活是济南孜孜不倦的追求。中国生态文明论坛济南年会围绕生

---

① 1亩≈666.7 m^2。

态文明建设，云集政府机构、科研院校、知名企业等各界的精英，全方位展示示范建设最新成果，在实践层面进行研判探索，必将成为智慧的盛宴，带来有益的启迪。我们将深入践行“绿水青山就是金山银山”理念，坚持生态优先、节约集约、绿色低碳发展，统筹产业结构调整、污染治理和生态保护，提升生态系统多样性、稳定性、持续性，以生态环境高水平保护推动经济社会高质量发展，奏响人与自然和谐共生的泉城欢歌。借此机会，我们也恳请各位领导和嘉宾为济南的发展多提宝贵意见，通过本次论坛进一步密切联系、通力合作，共同为美丽中国建设做出新的更大贡献。

勇挑大梁、担当责任
奋力谱写新时代美丽山东建设新篇章

山东省政府副秘书长、省机关事务局局长 卢杰

山东北依京津冀、南连长三角、西接中原经济区、东与日韩隔海相望，地理区位十分优越，是中国的人口大省、文化大省、资源大省、海洋大省、经济大省。讲人口，常住人口、户籍人口“双过亿”，人才资源总量超过 1 500 万人。讲文化，泰山在这里崛起，黄河在这里入海，孔子在这里诞生，“一山一水一圣人”享誉世界。讲资源，山东已发现矿产 148 种，黄金等 6 种矿产保有资源量居全国首位；高速铁路运营里程达 2 446 km，沿海港口货物吞吐量居全国首位。讲海洋，海洋面积接近 16 万 km^2，海洋资源丰度指数居全国首位，海洋经济总量稳居全国第 2 位。讲经济，山东经济总量居全国第 3 位，去年的生产总值达到 8.7 万亿元。2023 年前 3 季度，山东的生产总值增长了 6%、高于全国 0.8 个百分点。这既体现了山东高质量发展的强劲势头，也展现了山东作为经济大省勇挑大梁的责任担当。

良好生态环境是最普惠的民生福祉，生态文明建设是“国之大者”，习近平总书记高度重视、念兹在兹。2018 年 6 月，习近平总书记在山东考察时指出，“要把加大生态文明建设放在突出地位，把绿水青山就是金山银山的理念印在脑子里、落实在行动上”，“让祖国大地不断绿起来、美起来”。山东省委、省政府牢记总书记殷殷嘱托，坚决贯彻习近平生态文明思想，强化政治担当，保持战略定力，深入推动黄河流域生态保护和高质量发展战略，扎实推动绿色低碳高质量发展先行区建设，坚决打好污染防治攻坚战，全方位、全地域、全过程开展生态环境保护，生态文明建设发生了历史性、转折性、全局性变化。十年来，山东省的 $PM_{2.5}$ 平均浓度降低了 63%，重污染天数下降了 94%。2023 年 1—9 月，全省 $PM_{2.5}$ 平均浓度为 34 $\mu g/m^3$，在京津冀及周边六省市排名第 2；地表水优良水体比例达到 81.0%，改善幅度位居全国第 1；近岸海域春夏航次优良水质比例分别提升了 13.5 个百分点和 14.1 个百分点，均为有监测记录以来最优。据国家统计局最新数据，全省人民群众对生态环境满意度达到 95.4%。

生态文明示范建设是贯彻落实习近平生态文明思想的重要平台和载体。山东各级各有关部门坚持把生态文明示范创建作为推动绿色转型、促进高质量发展的重要抓手，对标对表国家生态文明示范创建指标，严把建设质量“关”，严格成效评估“尺”，严控准

入退出“线”，确保生态示范创建底色更厚实、成色更亮丽。截至目前，全省共建成国家级生态文明建设示范区 32 个（居全国第 2 位）、“绿水青山就是金山银山”实践创新基地 11 个（居全国第 5 位），总数居全国第一方阵。同时，山东在全国范围内率先启动省级生态文明示范“双创建”（生态文明示范创建、“绿水青山就是金山银山”实践创建），首创省级生态文明强县评选，目前共有 97 个地区获得省级生态文明示范“双创建”命名，已评选出 20 个生态文明“十强县”。

习近平总书记强调，“生态文明建设是关系中华民族永续发展的根本大计”。此次论坛聚焦生态文明示范建设和“绿水青山就是金山银山”实践创新，深入研讨交流，对于推动生态文明和美丽中国建设都具有重要现实意义。中国生态文明论坛济南年会的举办，为我们提供了一次难得的学习机会。真诚期待各位嘉宾、各位专家畅所欲言，发表真知灼见，为山东生态文明建设贡献智慧和力量。我们将充分用好论坛成果，加大力度推进生态文明示范创建，持续推动生态环境改善，奋力谱写新时代美丽山东建设新篇章。诚挚邀请大家多到山东走一走、看一看，对我们的工作提出宝贵意见。

深入贯彻落实全国生态环境保护大会精神 推进生态文明示范建设迈向新台阶

生态环境部自然生态保护司司长 王志斌

生态文明建设是一项长期的战略任务，也是一项复杂的系统工程。需要在试验中探索，在实践中前行。生态文明示范建设是党中央深入打好污染防治攻坚战、建设美丽中国、推进人与自然和谐共生的现代化的重大决策部署，是新时代生态文明建设先行先试的“探路者”“先锋队”，对示范引领全国各地开展生态文明建设具有重大意义。我们应深刻把握其重大意义，全面认识其示范效应，全力开创生态文明示范建设新局面。

一、深刻把握生态文明示范建设的重要意义

党的十八大以来，以习近平同志为核心的党中央不断深化对生态文明建设规律的认识，从中华民族永续发展的战略高度，深刻地回答了生态文明的重大理论和实践问题，系统地形成了习近平生态文明思想，成为美丽中国建设的根本遵循。党的二十大指出，中国式现代化是人与自然和谐共生的现代化。建设人与自然和谐共生的现代化是新征程上党的中心任务在生态文明建设领域的集中体现。2023 年 7 月，习近平总书记在全国生态环境保护大会上，系统阐释了推进生态文明建设要处理好高质量发展和高水平保护、重点攻坚和协同治理、自然恢复和人工修复、外部约束和内生动力、“双碳”承诺和自主行动五个重大关系，为新征程指明了前进方向。

理论的生命在实践中孕育，理论的价值在实践中彰显。把党的创新理论转化为实践力量，是推动党和国家事业从胜利走向胜利的重要法宝。生态文明示范建设把深入贯彻落实习近平生态文明思想作为首要任务，从不同领域、不同角度布局多种生态文明示范建设项目，通过将国家原则性指导与地方特色化探索相结合的方式，将习近平生态文明思想转化为各地的生动实践，以生态文明示范建设促进伟大思想落地生根、开花结果，以示范成效彰显思想伟力、支撑思想发展。

新征程上，我们必须继续发挥好生态文明示范建设推动思想理论转化为实践力量的重要作用，认真学习、贯彻、落实大会精神，进一步把握新形势、研究新问题、谋划新举措，高标准、高要求、高质量地推进生态文明示范建设的各项工作，努力打造人与自然和谐共生的现代化示范样板，支撑美丽中国建设不断取得新成效。

二、新时代十年生态文明示范建设工作取得积极进展

生态文明示范建设是贯彻落实习近平生态文明思想的实践平台。自 2017 年起，生态环境部共开展了七批国家生态文明建设示范区和“绿水青山就是金山银山”实践创新基地遴选工作，中国生态文明论坛济南年会开幕式上对第七批进行了命名授牌。截至 2023 年年底，已命名了 572 个生态文明建设示范区和 240 个“绿水青山就是金山银山”实践创新基地，积极推动各地以生态文明示范建设为抓手，开展了一系列具有探索性、创新性的工作。

一是有效推动生态文明体制机制向纵深发展。在机制创新、制度供给、模式探索上大胆改革，率先推进党中央和国家各项制度改革重点任务。将目标责任制度、中央生态环境保护督察、生态保护红线、生态产品价值实现等一系列重大制度作为考核内容，推动地方落地实施，形成一批生态文明体制改革和机制创新的实践案例。例如，广东省汕头市澄海区、江苏省南通市代管的海安等积极探索自然资源资产绩效评价、生态价值核算等生态文明目标评价；贵州省贵阳市等积极构筑生态文明制度保障体系，严格执行党政领导干部生态环境损害问责；青海省印发了《青海省深入推进生态文明制度创新加快打造生态文明高地的实施方案》；西藏自治区印发了《关于创建国家生态文明建设示范区 加快建设美丽西藏的实施意见》，等等。

二是加快推进区域生态环境质量持续改善。创建地区圆满完成水、大气、土壤等污染防治攻坚战目标任务，生态环境质量持续改善。例如，北京市朝阳区，在全市率先开展了高标准公园城市建设，走出了一条以减量发展推动城市高质量发展的新路；天津市宁河区，融入京津冀协同发展，高标准实施生态重大工程，高质量优化调整产业结构布局，“双碳”工作取得明显成效；山西省大同市灵丘县，全力打造宜居宜游宜业城镇，协调推进区域生态环境质量和经济绿色发展双提升；内蒙古自治区鄂尔多斯市，全方位转变发展方式，打好污染防治攻坚战，成为国家重要清洁能源输出基地；青海省果洛藏族自治州，通过沙化治理、禁牧退牧、移民搬迁、湿地保护等，让三江源核心区生态环境质量持续提升。

三是有力支持和服务于国家重大战略。截至 2023 年年底，长江经济带、黄河流域分别有 363 个、166 个地方获得生态文明建设示范区和“绿水青山就是金山银山”实践创新基地命名，其中长江经济带地区获得命名的数量占全国总数的 44.7%。创建地区发挥生态环境保护的倒逼、引导、优化和促进作用，加快形成绿色发展方式和生活方式，支持服务国家重大战略区域的生态保护和高质量发展。例如，江苏无锡市新吴区，聚焦产业能源转型升级，建设零碳科技园区，实施“绿屋顶”计划，成为长三角地区乃至全国有名的零碳技术聚集区、产业示范区；宁夏回族自治区吴忠市盐池县，坚持治标与治

本并举的原则，不断推动区域生态涵养能力提升，为黄河流域的生态保护和高质量发展做出积极贡献。

四是不断拓宽生态产品价值实现的转化路径。各地围绕自身环境特点和资源优势，因地制宜地构筑多条“绿水青山”与“金山银山”转化路径，探索生态产业化、产业生态化道路，着力以高水平保护助推高质量发展，推动形成一批资源能源消耗持续降低、绿色低碳水平不断提升、产业逐步优化升级的绿色发展示范样板，有效推动区域绿色发展。例如，河北省秦皇岛市北戴河区，依托海湾、森林、湿地等资源，探索“全域旅游+全季康养”的新路径；上海市浦东新区航头镇，盘活水资源，打造生态清洁小流域，建设扮靓河网“秀”带，通过“腾笼换鸟+智能技术”激活新动能，打造跨境电商和直播电商、智慧物流、在线金融模式；云南省普洱市澜沧拉祜族自治县景迈山，坚持“山上保护、山下发展、茶旅融合”的发展思路，探索出一条“因茶致富、因茶兴业”的生态产品价值实现道路；重庆市忠县三峡橘乡田园综合体，以柑橘为主导产业，推进山区库区强县富民和现代化。

三、扎实做好新征程生态文明示范建设工作

习近平总书记在全国生态环境保护大会上强调，要着力提升生态系统多样性、稳定性、持续性，拓宽绿水青山转化金山银山的路径，以高品质生态环境支撑高质量发展。中国生态文明论坛济南年会开幕式上，黄润秋部长也讲，生态文明重在建设、贵在创新。命名表彰不是终点而是新的起点，新征程上，我们要继续加大生态文明示范建设的力度，积小胜为大胜，以示范引领带动形成全面建设美丽中国的大好局面。

一要持续提升示范建设水平。全面贯彻落实党的二十大和全国生态环境大会精神，与美丽中国建设、深入打好污染防治攻坚战等重点任务及国家重大战略目标衔接，进一步加强顶层设计，完善生态文明示范建设规程和指标体系，形成互有侧重、相互促进的生态文明建设格局。同时，加强各类项目之间的政策联动，形成示范建设体系合力，努力打造人与自然和谐共生的现代化示范样板集群。

二要持续发挥示范引领作用。要结合地方实际，进一步完善创建流程，切实保障质量与成效。要加大对示范区创建的全过程监管力度，强化创建地区自我评估、自我监督责任，充分发挥省级有关部门对创建过程的指导和监督作用，加强日常监管与复核评估，实施“红黄牌”退出制度，确保持续发挥示范引领作用。

三要持续加大宣传推广力度。加强示范区经验模式提炼和成效评估，通过汇编典型案例、进行新闻媒体专题报道、制作专题纪录片、引导公众走进生态文明示范建设地区等多种形式，加大对生态文明示范建设地区成功经验的总结宣传，并积极利用“一带一路”、生物多样性保护、气候变化等相关双边、多边场合，宣讲习近平生态文明思想实

践案例和美丽中国故事，提供生态文明建设的中国方案、中国智慧。

在习近平生态文明思想的指引下，我国生态文明建设和生态环境保护发生了历史性、转折性、全局性变化。新征程上，我们必须继续发挥好示范建设在改革探路中的作用，通过示范建设探新路、做表率，为建设人与自然和谐共生的美丽中国贡献力量。

生态产品价值实现机制的探讨

中共中央党校社会和生态文明教研部教授 李宏伟

绿水青山既是自然财富、生态财富，又是社会财富、经济财富。保护生态环境就是保护自然价值和增值自然资本，就是保护经济社会发展潜力和后劲，使绿水青山持续发挥生态效益和经济社会效益。生态产品价值实现是践行“绿水青山就是金山银山”理念的关键路径和物质载体。

2021年4月26日，中共中央办公厅、国务院办公厅印发《关于建立健全生态产品价值实现机制的意见》，要求“探索构建行政区域单元生态产品总值”“建立覆盖各级行政区域的生态产品总值统计制度”“推进生态产品价值核算结果在政府决策和绩效考核评价中的应用”“推动生态产品价值核算结果在生态保护补偿……方面的应用”。

生态产品价值实现是学术界当下热议的话题，也是学术研究聚焦的一个话题。在探讨这个话题时首先要定义什么样的产品能够被称作生态产品。通常学术界会把生态物质产品、调节服务产品和文化服务产品放在一起探讨，进行生态系统生产总值（GEP）核算。对此，学术界有一些争论，一是认为调节服务产品占比特别大，有的地方即使计算出的GEP很大，也不能有效转化，或者说不需要将所有的调节涵养功能全部转化为“金山银山”，实现它的经济价值；二是调节涵养服务本身不需要做精细的核算，为什么在计算时设置那么多的指标，费力费神，最后也不能很好地转化。其实，这里面有一些认识和理解上的误区。习近平总书记在提出“绿水青山就是金山银山”的论断时，也并不是说一定要把绿水青山所蕴含的经济价值全部体现出来，因为本身它还有自然和生态财富的含义，同时又是社会财富，不可能全部转化成经济价值。

要厘清这个争论，有必要回溯习近平总书记在浙江探讨的“很高境界的富”这个话题。2003年6月，时任浙江省委书记习近平在浙江调研时，对磐安县生态富县战略给予高度赞赏，认为“磐安生态富县的路子是对的。生态是可以富县的，生态好不仅可以富县，而且可以让老百姓很富，是很高境界的富”。也就是说，生态富县、生态富民能够实现“很高境界的富”。但要实现这个“很高境界的富”需要转化，要找到适宜的路径，即生态优先、绿色发展，最后实现共同富裕的目标，简称绿色共富。绿色共富可以阐释为在特别严格的生态保护前提下，通过绿色发展来实现共同富裕。绿色共富即“很高境界的富”，可以从三个方面去理解：首先，绿色共富是事关全局的长远的生态公共福利，所以它是“很高境界的富”；其次，它是为了让广大民众获得更长远的发展，是更公平的生态富裕，事关代内代际高质量发展和可持续发展，所以它是“很高境界的富”；最后，绿色共富事关人的全面发展和全体人民的共同富裕，所以是“很高境界的富”。

一、生态产品价值实现取得的进展和成效

首先，生态产品价值评价体系基本上已经建立。2022 年 3 月 26 日，国家发展改革委和国家统计局联合印发《生态产品总值核算规范（试行）》（以下简称《规范》），指出“针对行政区的生态产品总值核算，主要用于绩效考核和生态产品保护补偿等政府发挥作用的生态产品价值实现领域”。《规范》的出台形成了一套各方认可的共同话语体系，可作为各地核算生态家底的评价体系。浙江、深圳、南京市高淳区都制定了相应的 GEP 核算地方标准并进行了发布，为核算出自己的“生态家底”打下了很好的基础。

其次，生态补偿机制在不断完善。20 世纪 90 年代，生态补偿的方针、政策就被写进了中央的文件，之后被不断探索，并且在分类上也日益健全，现在覆盖了森林、草原、湿地、流域、耕地、荒漠、海洋等各类生态系统，形成了庞大的分类补偿系统。另外，区域和流域的横向生态补偿机制也取得了明显成效，如新安江流域的生态补偿机制等。2000 年以后，政府不断加大在生态补偿方面的资金投入，每年各类与生态补偿政策相关的资金超过 2 000 亿元，这是举世瞩目的。生态补偿本质上是政府代表生态产品的消费者来购买生态功能区提供的生态产品。

最后，近年来各相关部门高度重视生态建设。生态环境部大力推动“绿水青山就是金山银山”实践创新基地建设，已经授牌的有 240 个；国家生态文明示范区已有七批 572 个，充分调动了地方政府推动生态文明建设的积极性。如深圳市的做法和成效就十分令人欣喜，深圳各区都有很高的创建热情，全市除核算 GEP 以厘清生态家底，还推进了 GEP 考核，对领导干部形成了新一轮的激励。

二、生态产品价值实现中存在的突出问题

虽然生态产品价值实现工作取得了一定进展和成效，但在推动生态产品价值实现方面还存在以下问题。

一是多头推进未形成有效制度合力。2019 年，国家发展改革委批准了丽水市和福州市两个国家级试点。2020 年以来自然资源部推出四批共 43 个生态产品价值实现典型案例，并且开展了自然资源领域生态产品价值实现试点工作。但多个部门多头管理容易产生制度的合成谬误。因此在顶层设计方面，需要相关部门协同解决制度的交叉重叠问题。

二是在实现机制方面存在过度消费、乱扣帽子等问题。例如，有的地方打着生态旅游的旗帜来推动生态产品价值转化，但实际上做的是采矿、水电开发等破坏绿水青山的事情；有的地方以康养产业名义开发房地产，在水源地附近开发一些康养、旅游服务类

项目，显然是踩到了红线。

三是停留在初级阶段，路径不畅、思路不多，未深入研究自身资源禀赋只进行简单模仿。价值偏重直接见效的产业开发和短期物质利益回报。有些地区其他地区做什么，就跟着照搬照抄，未结合本地情况认真研究，所以也没有探索出适合本地的可持续发展路径。例如，曾经某些地方，特别是生态富集的地方都在培育食用菌，但是由于大家都去做，市场上食用菌的价格反而没有前几年那么高了，经济效益反而降低了。

四是存在配套和系统性不够的问题。缺乏与绿色机制和绿色发展相关的法规，没有形成一种自上而下的政策，导致很多地方政府在推动生态产品价值实现时找不到相关制度依据，也不能很好地调动企业和社会的力量参与，很多时候是政府在“跳独舞”，很吃力。更多时候是依靠服务乡村振兴工作的部门帮扶，用一笔小的资金做一个小的案例，而这种案例的可模仿、可借鉴价值并不大。

三、建立和完善生态产品价值实现机制的思考与建议

生态产品价值实现需要政府推动，更需要调动企业和社会各界参与，以市场化推进长效机制的建立。

第一，厘清生态家底，做好 GEP 核算。这是很重要的一步，但并不是说到这一步就可以了，核算是为了更好地实现价值。可将 GEP 应用在考核机制上，应用在产业的发展助推上，包括补偿机制的完善等方面。还要有相应的制度设计，从而吸引社会、市场的广泛参与。

第二，建立健全生态补偿机制。倡导生态综合补偿，在当前经济下行压力犹存的情况下，生态涵养区也不能仅期待国家财政增加转移支付资金，而是要在建立健全横向补偿机制方面进行更多探索，使区域之间形成一种协同机制，更重要的是健全市场化、多元化的生态保护补偿机制。如赤水河流域的生态补偿，就是在探讨怎样用市场化的模式把水环境保护得更好。而中国贵州茅台酒厂（集团）有限责任公司等企业作为受益的主体也应该做更多的贡献，并且他们也愿意去做贡献，因为好的水质对于酿酒来讲是至关重要的。

第三，建立转化机制和平台。要先做好源头生态资产的梳理工作，明晰各类生态资源产权。例如，浙江的两山合作社就是搭建一个平台，形成资源整合，更好地助力下一步市场化路径的形成，解决好自然资源要素高效整合的问题。山水林田湖草沙等自然资源的开发利用权从原始所有者流向项目开发方，需要解决“见得着”“聚得够”的问题，实现自然资源要素的高效配置。“见得着”即资源和项目要能实现通畅的对接，借助产权交易市场等平台，使双方信息能够准确、及时、高效地发布和交换，实现“招到商”“招好商”，资源使用权、经营权等的流转过程需要建立规范的交易制度，以保障各方利

益，解决契约精神缺乏等问题；“聚得够”指生态资源的高效开发利用需要资源要素的规模整合，无论是生态农业、生态工业，还是旅游、康养等第三产业，都需要对涉及的自然资源进行批量的整合利用，其中既有集中连片扩大产能的规模需要，也有优化资源类型组合的结构需要。自然资源具有难以移动、牵涉面广、协调难度大等特点，对自然资源要素的组织天然需要“强政府+强市场”的模式。解决好资源与项目“见得着”“聚得够”的问题，需要建立有为的服务型政府及自然资源要素组织体系来进行资源的全域化整合、产权确认、交易体系等。在当前农村地区人口流出、生产技术提升的背景下，要鼓励各地搭建政府主导、市场化运作的平台，借鉴类似商业银行“分散化输入、集中式输出”的理念，建立起使自然资源流转整合、使自然资源利用提质增效、对接产业项目的运营公司体系。同时，对一定区域范围内分散、零碎且闲置的森林、水、耕地、古民居等资源进行整合，打造成集中连片的优质资产包，对接包装饮用水、休闲旅游、森林康养、现代农业等生态产业，回应生产力发展对生产要素集中的要求，探索特色发展的路子。

第四，GEP 进规划、进决策、进考核、进项目。建立服务生态产品开发的金融、资产交易和科技服务体系，需要发挥财政性资金、政策性银行的引导作用，在融资担保、信贷产品体系等方面进行创新性建设。引入金融资本需要发挥财政性资金、政策性银行的引导作用，建立服务生态产品开发的金融服务体系，鼓励各类金融机构根据生态产品开发项目的发展需求和风险等级创新金融产品，引入证券化、股权投资、抵质押贷款、保险等金融创新产品活跃生态产品市场交易，推动自然资本转化为金融资本，进一步促进自然资本产业化运作。通过绿色发展路径，实现共同富裕，从而达到习近平总书记所倡导的“很高境界的富”。建设与各个环节相匹配的机制，建立完善关键制度，这些都是在下一步深化生态文明体制改革过程中需要破解和完善的。

全力建设生态文明建设示范区
打造美丽中国建设青岛样板

山东省青岛市生态环境局党组书记、局长 杨钊贤

青岛地处山东半岛东南部沿海地区，具有独特的自然禀赋，大家耳熟能详的“红瓦绿树、碧海蓝天”是青岛生动的风貌形象。党的十八大以来，习近平总书记多次亲临青岛，赋予青岛建设现代化国际大都市的殷切希望。全市上下牢记习近平总书记嘱托，锚定“走在前、开新局”，积极探索特大城市美丽建设模式，加快推进生态文明建设，取得明显成效。全市70%的区市成功创建国家生态文明建设示范区和“绿水青山就是金山银山”实践创新基地；创建省级生态文明建设示范区和“绿水青山就是金山银山”实践创新基地10处，市级以上美丽乡村示范村600个，在“美丽中国百人论坛2023年会”上分享了关于美丽青岛建设的做法。如今的青岛，“金山银山”与“绿水青山”互促并进，城市与自然和谐共生，已成为向世界展示中国生态文明建设成果的一个重要窗口。

一、坚持改革创新，构建齐抓共管大生态环保格局

青岛市持续深化生态文明体制机制改革，不断完善政策机制，打好法治、市场、科技、政策“组合拳”，现代环境治理体系日益完善。成立市区两级生态环境委员会，全市设立14个市级专业委员会，制定生态文明建设目标评价考核办法，出台《青岛市胶州湾保护条例》《青岛市饮用水水源保护条例》等多部地方性法规和规章，印发实施《青岛市国家生态文明建设示范区建设规划纲要（2021—2030年）》，编制《美丽青岛建设规划纲要（2022—2035年）》，建立健全覆盖大气、地表水等重点领域的生态保护补偿机制，在全国率先推行湾长制，增强共同推进生态文明建设的合力。率先在全省实施市场主体间用能权交易。生态环境损害赔偿改革综合评价列山东省首位。

二、坚持减污降碳协同增效，推动经济社会发展全面绿色低碳转型

深入实施“四减四增”行动，单位生产总值能耗累计下降37.1%，能耗强度、碳排放强度均大幅低于全国、全省平均水平。坚持培育壮大新动能，全面推进现代产业先行城市建设，以“链长制”为抓手推进实体经济振兴发展，蝉联全国先进制造业百强市十强。坚定落实“双碳”战略，建立“双碳”项目库，储备项目167个，总投资达300亿

元。发挥全国首个绿色城市建设发展试点优势，积极打造绿色金融、绿色建造、绿色生活、绿色生态“四位一体”的发展模式，已建成绿色建筑 1.2 亿 m^2。青岛西海岸新区入选全国首批气候投融资试点，搭建了以光伏、氢能、低碳建筑等为代表的项目库，投融资项目授信 30 多亿元，放款近 10 亿元。

三、坚持加强生物多样性保护，促进人与自然和谐共生

持续加大生态系统整体保护和系统修复力度，统筹布局生产、生活和生态空间，着力构建“一湾两翼、三山一原、一轴多廊”的生态安全格局，划定生态保护红线面积 1 705 km^2。推进建设生物多样性友好城市和公园城市，开展重点河湖、重点海湾、自然保护区、生物多样性保护优先区域等区域的生物多样性调查，设立青岛百合、胶州湾重点保护鸟类等养护观测站，出台《青岛市野生鸟保护办法》等生物多样性保护法规，开发我国首套海洋生物多样性可视化信息系统。发现全球新物种山东褶大蚊。被称为“神话之鸟”的国家一级保护动物中华凤头燕鸥全球仅有 200 只左右，2023 年青岛创造了该物种的全球单次观测纪录最大数量 142 只。

四、坚持协同共治，持续提升碧海蓝天环境品质

全力防治大气污染，聚焦调结构、控燃煤、抑扬尘、治尾气、削减 VOCs，持续改善空气质量，全市 $PM_{2.5}$ 浓度由 2013 年的 66 μg/m^3 下降到 2022 年的 26 μg/m^3。坚持“三水统筹”，开展“两个清零、一个提标”攻坚行动，实施“一河一策”，基本消除城市建成区黑臭水体，20 个国、省控断面全部达标，23 条河道创建为省级美丽示范河湖。全方位构建海湾保护体系，实现海湾环境质量、生物生态状况、亲海环境品质“三优”，自然岸线保有率达到 40%，近岸海域水质优良面积比例达到 99%，灵山湾获评全国首批美丽海湾。获批建设全国土壤污染防治先行区，入选“十四五”时期“无废城市”，重点建设用地安全利用率 100%。

生态文明建设没有止境。我们将始终牢记习近平总书记的殷殷嘱托，以习近平新时代中国特色社会主义思想为指导，大力推进生态文明建设，绘就“金滩镶绿野，碧海映蓝天”的美丽青岛画卷，为美丽中国和生态文明建设示范区建设提供更多的青岛经验。

坚持人与自然和谐共生　筑牢北方生态安全屏障

黑龙江省伊春市委书记　隋洪波

伊春市地处黑龙江省东北部，小兴安岭纵贯全市，1948 年开始大规模的开发建设，1957 年建市，是全国重点国有林区、国家重点生态功能区。全市行政区划面积 3.3 万 km^2，地貌特征为“八山半水半草一分田”，拥有 400 万 hm^2 的浩瀚林海，坐落着亚洲面积最大、保存最完整的天然红松原始林群落，是我国生物多样性的重要基因库，被誉为“祖国林都”“红松故乡”“天然氧吧”。

近年来，伊春市深入贯彻习近平生态文明思想和党的二十大精神，牢记习近平总书记“让老林区焕发青春活力”的政治嘱托，围绕答好习近平总书记提出的林区经济转型发展怎么样、林区生态保护怎么样、林场职工生活怎么样“林区三问”，以聚集“国之大者”的政治站位，坚决扛起维护国家生态安全的重任，做出在全省率先打造“绿水青山就是金山银山，冰天雪地也是金山银山”实践地的决策部署，以着力推进“一区、两地、三城”建设和“双振兴”为实践路径，坚定走好生态优先、绿色发展之路，扎实推进人与自然和谐共生的现代化伊春实践。“一区”是要在全域创建国家生态文明建设示范区，将其作为打头的、引领性的工程，2021 年 3 月全面启动，党政主要负责同志亲自指挥，组建领导小组和工作专班，聘请生态环境部环境规划院进行顶层设计，细化分解任务，层层压实责任，建立“月例会”“周调度”机制，咬定目标不放松，集中注意力抓落实，36 项创建指标全部达标，全市生态空间格局进一步优化、生态环境质量稳步提升、森林生态功能持续恢复，祖国北方生态安全屏障更加牢固。

一是从“森林保护”到“系统保护”，全力守护小兴安岭原生态风貌。正确处理自然恢复和人工修复的关系，坚持造林与护林并重，全面加强森林经营，着力提升森林质量。科学开展大规模国土绿化行动，统筹山水林田湖草沙一体化保护和系统治理，完成山水林田湖草生态保护修复工程试点项目建设。创建国家森林城市的 24 项指标全部完成。划定生态保护红线面积 1.5 万 km^2，接近市域总面积的一半，构建起“1+61”生态环境准入清单管控体系。加强生物多样性保护，各类自然保护地占林业施业区面积的 30%，中华秋沙鸭、白头鹤等自然保护区达到 23 个、共 67 万 hm^2，其中国家级自然保护区 12 个，消失几十年的野生东北虎重现踪迹。建立党政企一体化森防体系，防灭火一体化改革建设经验在全国推广，全市实现连续 19 年（黑龙江伊春森工带岭林业局有限责任公司连续 70 年）无重大森林火灾。全市森林蓄积年均净增 1 000 万 m^3 以上，森林覆盖率达 83.8%，约是全国平均水平的 3.5 倍，小兴安岭生态系统多样性、稳定性、持续性不断提升。根据评估，伊春林区森林和湿地资产总价值达 1.6 万亿元。

二是从“坚决打好”到“深入打好”，着力构筑天蓝、地绿、水清的美丽家园。正确处理重点攻坚和协同治理的关系，准确把握污染防治攻坚战升级的更高要求，持续深入打好蓝天、碧水、净土保卫战，加快建设“无废城市”，空气质量和水环境综合指数多年排名全省前列。2022 年全市空气质量优良天数比例为 98.9%，$PM_{2.5}$ 平均浓度同比下降 8.7%。全市优良水体比例为 100%（剔除环境本底影响），城市集中式饮用水水源地水质达标率为 100%，连续九年在全省水资源管理制度考核中被评为优秀等次。全市重点建设用地安全利用率为 100%。城镇生活垃圾无害化处理率为 100%，农村生活垃圾无害化处理村占比为 100%。创建宜居宜业和美示范乡镇 5 个、示范村（林场）50 个、示范庭院 500 个，打造示范典范村（林场）10 个。落实碳达峰“1+N”政策体系，推动减污降碳协同增效。2022 年全市单位 GDP 能耗下降 9.4%，居全省首位。伊春是全国前五、北方首个获得“中国天然氧吧”称号的城市。蓝天白云、繁星闪烁，清水绿岸、鱼翔浅底，林区人民切身感受到“环境就是民生，青山就是美丽，蓝天也是幸福”。

三是从“生态财富”到“经济财富”，努力把绿水青山转化为“金山银山”。正确处理高质量发展和高水平保护的关系，坚持生态就是资源、生态就是生产力，布局“一心三带五区”生产空间，把产业绿色转型升级作为重中之重，深耕森林生态旅游主业，壮大森林食品、林都北药特色产业，提升绿色矿山、林木加工和新能源优势产业，打造数字经济、生物经济、冰雪经济和创意设计产业等新引擎，加快构建现代化生态产业体系。与华侨城集团文旅综合赋能合作不断走深，五营红松林海景区被列入国家 AAAAA 级旅游景区创建名录，黑龙江首列高端旅游列车“林都号”开行，和顺堂中医馆开馆，新产业、新业态、新模式不断涌现，伊春获评“2023 冰雪旅游城市 12 佳”等。践行大食物观，农林一体化优势不断释放，伊春“森林大厨房”加快在全国布局设点，“伊春蓝莓”入选国家首批地标保护与发展典型案例，“九珍十八品”森林食品走向全国、走上百姓餐桌。积极探索生态产品价值实现路径，推进“资源—资产—资本—财富”的转化，资源转化核心项目库入库项目 71 个、总投资 979.4 亿元。全市森林资源特许经营权转让项目贷款到位资金 10.4 亿元。大力发展“碳汇经济”“氧吧经济”，习近平总书记视察到过的溪水林场被确定为国有林场森林碳汇试点，绿色成为伊春高质量转型发展的亮丽底色。

四是从“要我保护”到“我要保护”，努力将制度优势转化为治理效能。正确处理外部约束和内生动力的关系，坚持用最严格制度、最严密法治保护生态环境，坚持系统观念，坚持同题共答，与黑龙江省生态环境厅、林业和草原局、林业科学院建立厅（局、院）市共建机制，广泛开展“全国生态日”等主题宣传活动，2021 年设立“伊春生态日”，并成功举办两届系列活动，实现了生态、经济和社会效益的共赢。持续深化重点国有林区改革，推动森工企业聚焦森林资源保护经营主责主业，实现生态共治、资源共享、产业共建、民生共保。建立“林长+河湖长+田长”的联动机制，“三到位、全覆盖”的森林资源源头管理做法在全国推广。完成生态环保领域地方立法5部，颁布实施全国第一部废弃食用菌包污染环境防治条例、全省第一部单一树种红松保护条例。落实生态环境损害赔偿制度，扎实开展领导干部自然资源资产离任审计工作，建立以绿色发展为导向的考核评价体系，以制度之治、法治之力守护绿水青山。培育和弘扬林区生态文化，推出一系列文艺精品力作，大型生态文明题材电视连续剧《青山不墨》在央视一套黄金时间热播，《一个不朽的番号》主题晚会上演，《森林里的家》《向伊春出发》等歌曲广为传唱，生态文明理念深入人心，绿色消费、绿色出行、绿色生活成为人们的自觉行动，激发起全社会共同呵护生态环境的强大内生动力。

新征程上，我们将深入践行习近平生态文明思想，站在人与自然和谐共生的高度谋划发展，大力实施生态振兴计划，持续巩固扩大国家生态文明建设示范区创建成果，为建设绿色龙江、美丽中国再做新贡献！

厚植绿色发展理念　打造和美生态华安

福建省漳州市华安县委书记　叶毓

华安地处福建省南部，是世界文化遗产地、国家森林公园、国家重点生态功能区。习近平总书记在福建工作期间，曾两次到华安调研，提出“把华安建成一个小康之县，一个文明富裕之乡”。华安县委、县政府始终牢记习近平总书记的殷切嘱托，深入学习贯彻习近平生态文明思想，牢固树立“绿水青山就是金山银山”的理念，积极创新生态文明建设体制机制，完善城市发展规划，严格保护生态资源，大力发展生态经济，积极倡导低碳生活，不断探索生态自信的山区发展路径，推动全县生态环境质量总体稳定并持续向好，实现凭生态而立、因生态而美。

一、突出统筹谋划，高标准打造生态蓝图

紧紧围绕“全力打造福建展示生态文明的重要窗口和知名生态休闲康养、特色乡村旅游目的地”的总体定位来抓好生态文明建设。一是坚持绿色发展理念。立足国家重点生态功能区的定位，将全县工业集中到县域南部的省级经济开发区，其余区域重点发展生态休闲农业或乡村旅游业，走出一条生态环境保护与经济发展共赢的发展之路，成功获评“2022 年度福建省县域经济发展‘十佳’县”。二是坚持绿色规划引领。统筹城乡建设布局，持续加快推进县域经济、民生、文旅等事业发展规划的编制，高标准编制实施《华安县生态文明建设示范区规划（2021—2025）》，全力构建科学合理的城镇化格局、产业发展格局和生态安全格局。三是坚守绿色生态底线。坚持构建以改善生态环境质量为核心的目标责任体系、以治理体系和治理能力现代化为保障的生态文明制度体系，建立健全“源头严防、过程严管、责任追究”的生态环境监管体系，深入实施河湖长制、林长制及生态环境损害赔偿，切实筑牢绿色发展屏障。

二、突出绿色先行，高质量打造发展引擎

锚定低碳发展路径，积极探索“守绿换金”“添绿增金”“点绿成金”“借绿生金”等“绿水青山”与“金山银山”间的转化模式，持续推动生态经济化、经济生态化，实现生态与经济两极共荣。一是以农业奏响优美旋律。坚持绿色兴农、特色兴农，立足特色资源，大力发展生态现代农业，做大做强“一片叶三粒果”，构建“农业+三次产业”融合新业态，推进生态优势延展溢出，2022 年，华安县成为福建省唯一拥有财政部农业

农村综合改革试点试验项目的县级地区。二是以工业带动铿锵节奏。围绕产业发展绿色化，严格工业产业准入管理，坚持集约节约用地，推动企业改造升级，2022 年，华安县成为全国首批自然资源节约集约示范县。三是以文旅谱写协调和声。围绕“清爽华安”旅游形象定位，全域开展旅游业“微改造、精提升”行动，打造“一步一风景、一村一画卷”的闽西南魅力山水城，形成世遗文化游、一江两岸游、现代农业游、特色乡村游等生态旅游发展新格局，以乡村振兴推动旅游经济提效，2022 年，华安县成功入选“福建省全域生态旅游示范县（市、区）”名单。

三、突出防治结合，高颜值打造人居环境

坚持以整治为先、修复为主、建设为重，先后投入近 110 亿元，全力推进抽水蓄能、山水林田湖草沙生态修复等一批重大项目建设，不断提升人居环境品质。一是强化问题整改。严格落实中央生态环境保护督察与省、市各类专项督察提出的问题及突出生态环境问题的整改整治工作，深入打好污染防治攻坚战，科学、依法、系统治污，2021—2023 年，辖区内水质达标率达 100%，空气质量始终居漳州市首位。二是强化生态修复。坚持山水林田湖草沙系统治理，扎实推进以小流域、坡耕地为重点的水土流失治理，2022 年，辖区内的水土保持率达 90%以上，切实提高了生态系统稳定性。三是强化环境提升。深入贯彻落实“千万工程”理念，实施农村人居环境整治三年行动。利用城市开发建设边角地带、建设口袋公园，人均公园绿地面积达 27.94 m^2，远超生态文明建设示范区人均标准。

生态是华安最大的资源、最大的潜力、最大的优势、最大的财富、最大的品牌。站在生态文明建设示范区的新起点上，华安将持续巩固、提升生态文明建设示范区创建成果，再接再厉，以更高的标准推进生态文明建设，以更新的理念加快绿色转型发展，以更严的要求提升生态环境质量，以更强的措施严格生态环境监管，以更实的方式弘扬生态文明理念，把华安的生态文明建设工作推上新的高度。

以生态之美催生蔡甸发展之变

湖北省武汉市蔡甸区委书记、区长　余从斌

蔡甸区位于武汉市西南部，处于长江、汉江交汇地带，全区总面积为 1 093 km^2，现辖中法生态城、蔡甸经济开发区和 10 个街道乡，总人口为 62.3 万人。全区有 28 个大小湖泊、近百座山体，是名副其实的武汉“后花园”。春秋战国时期的晋大夫俞伯牙与楚樵夫锺子期在马鞍山下的汉水古道演绎了“高山流水遇知音”的千古佳话。

近年来，区委、区政府深入践行习近平生态文明思想，始终保持加强生态文明建设的战略定力，坚定不移走生态优先、绿色发展之路。积极对标粤港澳大湾区学习经验，锚定高质量发展目标，深入开展“四大比拼”，实施“十大工程”，着力推进绿水青山生态品质提优工程，夯实流域综合治理基础，深入打好污染防治攻坚战，加快推动发展方式绿色转型，以高品质生态环境支撑高质量发展。

一、强力“减污”，生态品质稳步提升

蔡甸区始终坚持精准、科学、依法治污。推进蓝天保卫战，改善“气质”。强化源头管控，加强预警调度和部门协同，加大涉 VOCs 企业治理力度，持续开展针对工业源、移动源和生活源等的大气污染综合治理。实施大气污染治理项目 50 个，开展绩效提级企业 30 家。2015—2022 年，蔡甸区的空气质量优良率从 58.9%上升到 89.7%。2022 年，蔡甸区的空气质量优良率居湖北省县域经济一类区县考核第一名。

推进碧水保卫战，提升“水质”。全面实施河湖长制，持续加大汉江、通顺河等水体的治理和修复力度。开展长江入河排污口溯源整治 63 个，拆除汉江非法码头 14 个，关改搬转沿江化工企业 8 家，全面实施十年禁渔。2020 年以来，蔡甸区地表水国控断面水质优Ⅲ比例为 100%，全面完成上级下达的黑臭水体消除任务，劣Ⅴ类、Ⅴ类湖泊全面清零，饮用水水源地水质达标率 100%。2018—2022 年，蔡甸区是武汉市唯一连续 5 年获得汉江跨界断面考核奖励的行政区。

推进净土保卫战，保障“土质”。深入开展“无废城市”建设，大力推进固体废物减量化、资源化、无害化，提升城市精细化治理水平。持续开展军山、横山矿区整治和土壤修复治理，主要农作物化肥、农药亩均使用量逐年降低，秸秆综合利用率、畜禽粪污综合利用率和农膜回收利用率逐年提升，土壤安全得到有效保障。

二、聚力“增长”，绿色发展动能强劲

蔡甸区大力发展绿色低碳经济，做强工业、做优服务业、做大农业，多业并举、转型发展，着力构建“4432”现代化产业体系，重塑产业新格局。大力招引含金量、含新量、含绿量高的企业，激发绿色低碳新动能。中德国际产业园累计引进亿元以上项目 145 个、签约资金 1 043 亿元，集聚德国普旭、伟巴斯特、西门子、欧颂等优质德资项目，成为华中地区德资制造业密集区。先后吸引美国博格华纳、日本牧野机床等 70 家外资项目及德国小镇落户。全区高新技术企业达 497 家，绿色发展成势见效。

蔡甸区充分发挥全域旅游品牌优势，统筹九真山、花博汇、野生动物王国、金龙水寨等生态资源，发展现代文旅产业。大力塑造文旅品牌、推动文旅融合、提升文旅品质，蔡甸区文旅发展指数评分在湖北省县域经济考核中连续两年稳居榜首。2023 年 2 月，“大地欢歌”全国乡村文化活动年在蔡甸区举办，来自全国各地的来宾为蔡甸点赞。2022 年，来区游客达 1 107 万人次，旅游综合收入约 40 亿元。

三、全力“扩绿”，生态底色更加亮丽

蔡甸区始终坚持山水林田湖草沙一体化保护和系统治理，全面保护和修复生态系统。近年来，区政府投入 9 000 多万元，拆除沉湖湿地湖泊“三网”3.2 万亩，完成退养 7.8 万亩。2023 年 1 月，沉湖湿地越冬水鸟达 10.4 万只，刷新历史纪录。2022 年 11 月，沉湖湿地作为《湿地公约》第十四届缔约方大会唯一野外参观现场，吸引了世界的目光。2023 年 11 月，全国湿地保护管理座谈会在武汉召开，沉湖湿地再次作为参观现场，分享湿地保护成果。

蔡甸区大力推进绿化工作，以九真山、嵩阳山等自然保护地为基础，广泛引导公众参与植树造林，开展“村增万树”行动，充分挖掘造林绿化潜力。嵩阳林场成为武汉市首批碳中和林基地。依托嵩阳林场“互联网+全民义务植树”基地，开展市民义务植树，2021 年以来，累计参与 45.3 万人次，植树认养 97 万株，完成人工造林 3 809 亩，退化林修复 4 352 亩。近 5 年森林蓄积量增加 31 万余 m^3，全区现有林地面积 11 046 hm^2。蔡甸区被国家林草局列为武汉市首期规划国家储备林适建区域。

四、着力“降碳”，“双碳”行动扎实推进

蔡甸区将绿色低碳发展纳入经济社会发展全局，协同推进减污降碳工作，从源头上坚决遏制“两高”项目。2014 年，在习近平主席和时任法国总统奥朗德的见证下，武汉中法生态示范城落户蔡甸区，2019 年该项目获得第五届湖北省环境保护政府奖，2021 年被列为湖北省首批近零碳城镇试点示范项目。中法生态城特斯联智慧产业园建立的“光

储直柔”分布式光伏发电系统，实现了能源按需分配，获得北京绿色交易所认证颁发的“碳中和证书”。武汉千子山循环经济产业园的生活垃圾焚烧发电项目一期工程垃圾日处理能力为 1 500 t，每年总发电量约 2.7 亿 kW·h。2014—2022 年，全区万元生产总值能耗从 0.279 4 t 标准煤下降到 0.179 9 t 标准煤，下降率为 35.6%。

砥砺奋进新征程，凝心聚力再出发。蔡甸区将以第七批生态文明建设示范区命名为新起点，全面深入贯彻落实党的二十大和全国生态环境保护大会精神，牢记习近平总书记在湖北武汉考察时的殷殷嘱托，坚决扛牢生态文明建设政治责任，奋力谱写人与自然和谐共生的中国式现代化蔡甸新篇章。

着力提升绿水青山“颜值”
充分彰显金山银山“价值”

广西壮族自治区桂林市资源县委副书记、县长 王凤玲

资源县位于广西东北部，总面积 1 941 km^2，是桂林市至张家界旅游大通道的重要门户。县内生态环境优良，华南第一高峰猫儿山、第二高峰真宝鼎屹立于县内，平均超过海拔 800 m，森林覆盖率达 83.01%，年均气温 16.7℃，负氧离子含量瞬间峰值高达 38 200 个/cm^3，是国家重点生态功能区、国家地质公园、国家森林公园、国家级全域森林康养试点建设县、国家有机产品认证示范县；有广西桂林银竹老山资源冷杉、广西猫儿山两个国家级自然保护区，以及世界自然遗产八角寨、世界最美漂流基地五排河。

近年来，资源县深入贯彻习近平生态文明思想，忠诚践行“绿水青山就是金山银山”理念，全面落实习近平总书记对广西提出的“五个更大”重要要求、视察广西“4·27”重要讲话精神，严格按照《中共广西壮族自治区委员会 广西壮族自治区人民政府关于推进生态文明示范区建设的决定》和《中共广西壮族自治区委员会关于厚植生态环境优势推动绿色发展迈出新步伐的决定》的决策部署，确立“生态立县、农业稳县、产业强县、文旅富县”的发展思路。

一、上下联动，当好生态文明的建设者

在“绿水青山就是金山银山”理念的指引下，积极提升全县生态文明意识，增强全民保护生态环境的思想自觉和行动自觉。

（1）定目标：坚持绿色发展、高质量发展战略，积极融入桂林世界级旅游城市建设大局，努力打造资源世界级旅游小镇。

（2）定规划：制定了《资源县国家生态文明建设示范县规划》，明确了生态文明建设任务。

（3）定举措：将生态文明示范创建工作纳入党政绩效考评体系，形成了“党委、政府领导，部门分工负责，全社会共同参与”的生态文明创建工作格局。

二、管治并重，当好生态环境的守护者

（1）成立生态环境保护大队、派出所中队，设立生态环境保护巡回法庭，加大生态

环境执法力度。

（2）全面排查生态领域环境问题，建立清单，加强整改，守护绿水青山，全县水质达标率 100%，城市生活污水稳定达到《城镇污水处理厂污染物排放标准》（GB 18918—2002）一级 A 类排放标准。

（3）铁腕整治，严厉打击非法采矿采砂，整治污染源，对所有废弃矿山进行全面修复。

（4）多方筹措资金 1.2 亿元，解决老百姓多年来一直关注的污水、垃圾处理问题。每年投入 3 000 多万元，实现了全县所有村屯垃圾收集、转运全覆盖，城镇生活垃圾无害化处理率达 100%。

三、绿色发展，当好生态经济的推动者

（1）大力发展绿色能源经济。充分利用生态资源优势，着重推进可再生能源风电、光伏、抽水蓄能等基础的绿色能源经济。

（2）大力发展林下经济。作为广西首批林下经济示范县、广西中药材基地示范县，引进修正药业集团、四川中药材集团、代言人生物医药（广西）有限公司等企业 22 家，与广西中医药大学、中国科学院广西植物研究所等科研院所合作，以“企业出题、院校解题、政府助题”的发展模式，助推壮大林下经济，建成粤桂协作生物医药科技产业园、修正集团资源医药大健康产业园，形成三次产业深度融合医药发展格局。

（3）大力发展生态农业。依托高寒地区高海拔、昼夜温差大等得天独厚的自然条件，打造西红柿、辣椒等有机特色产业，获得中国农产品地理标志 2 个，广西有机农产品认证 36 个，绿色食品认证 14 个，农业品牌 13 个，“圳品”认证 2 个。

（4）大力发展生态旅游。依托长征国家文化公园（资源段）、苗瑶风情、丹霞风貌等特色元素，成功打造了 9 条产业生态旅游线路，每年成功举办资源县民族传统河灯歌节暨丹霞文化旅游节，举办了 2023 年中国漂流联赛总决赛暨全国漂流青少年 U 系列比赛等文化体育活动。

四、城乡融合，当好生态生活的践行者

（1）全面提升群众的环保意识和环保素养。利用六五环境日、“8·15”全国生态日和“4·25”漓江保护日等重大节日，广泛宣传生态文明创建的意义。

（2）为改善人居环境，多方筹措资金，对全县所有背街小巷进行整治提升，生产、生活、生态空间更加和谐相宜。

（3）加强乡村建设和治理，把生态文明建设纳入村规民约，推广乡村积分制、清单制、数字化，成功打造了大庄田村等中国美丽休闲乡村。

（4）倡导绿色出行，引进便民共享单车 1 600 辆，新能源公交实现县、乡、村三级

全覆盖。

生态兴则文明兴，我们将以此次创建为契机，牢记习近平总书记嘱托，当好保护桂林山水的“二郎神”，在保护中发展，在发展中保护，力争到2035年将资源县建设成集“生态环境一流、高山地质森林景观绝佳、经济高质量发展”等核心内涵于一体的、宜居宜乐宜游宜业的、人与自然和谐共生的世界级旅游强县。

以高水平生态支撑高质量发展 奋力谱写人与自然和谐共生现代化的贵阳实践新篇章

贵州省贵阳市委副书记、市长　马宁宇

贵阳是国家生态文明贵州试验区的核心区，是长江、珠江上游的重要生态屏障。我们始终牢记习近平总书记对贵州的殷殷嘱托："守好发展和生态两条底线""在生态文明建设上出新绩"；坚持把生态立市作为首要战略，大力推进产业生态化、生态产业化，协同推进经济高质量发展和生态环境高水平保护，出台了国内首部促进生态文明建设的地方性法规，组建了全国首个环保法庭、环保审判庭，生态文明建设顶层设计、制度机制、工作体系不断完善。今天，"爽爽贵阳"城市品牌越擦越亮，爽眼、爽口、爽心、爽身、爽购、爽游"六爽"魅力持续凸显，生态优势已成为贵阳最大的发展优势。

贵阳市持续聚力绿色生产。大力发展绿色山地高效农业，狠抓农业"芯片"——油研 2020 种子跻身全国冬油菜推广十大品种榜单；大力培育绿色农产品，涌现了"修文猕猴桃""花小莓"等一批国内外知名畅销品牌。贵阳矿产资源丰富，我们做足"富矿精开"大文章，以最少的资源消耗，换取最大的经济效益和生态效益，通过技术创新，解决了一批绿色发展"卡脖子"难题。同时，抢抓产业风口，大力发展大数据、新能源汽车、新能源电池及材料等战略性新兴产业，贵阳市已成为全球聚集超大型数据中心最多的地区之一，数字经济、绿色经济占 GDP 的比例均接近 50%，"中国数谷"品牌更加响亮。

贵阳市努力促进绿色消费。贵阳市享有"中国避暑之都"美誉，我们用足绿色生态资源，大力推进避暑旅游与康养旅居联动发展，不断释放绿水青山的生态价值，2023 年避暑季，贵阳成为马蜂窝全国"避暑+游玩"热度涨幅榜第一名。贵阳市建设全国青年发展型试点城市，统筹文商旅一体化发展，聚焦青年人群消费需求，打造了一系列"年轻态、新玩法"，引领绿色低碳消费新风尚。培育绿色消费品牌，路边音乐会持续破圈引流，青云市集等一批特色街区昼夜人潮涌动，新兴消费业态不断丰富。推广使用绿色产品，紧扣衣、食、住、行、游，建立绿色消费积分制，引领绿色低碳消费潮流和习惯。

贵阳市积极倡导绿色生活。将生活垃圾分类作为倡导绿色生活的引领性工作，探索建立"分、投、收、转、处"五个环节的贵阳模式，建立市、区、街道、社区四级书记齐抓共管工作机制，推动基层一线解决垃圾分、投痛点，获得广大人民群众和住房城乡建设部的认可。依托山脉、水系、绿地、林地等自然基底，全力打造千园之城，森林覆盖率稳定在55%以上，实现了“300 m 见绿、500 m 见园”的目标，形成了“一河清流、百山拥城、千园竞美”的山水林城空间格局，成为人民群众的“幸福不动产”“绿色提款机”。

贵阳市深入践行绿色文明。生态文明贵阳国际论坛已成功举办 12 届，习近平主席两次向论坛致贺信，勉励我们创新方式，继续办好论坛。论坛的全球影响力和知名度持续提升，已经成为传播习近平生态文明思想、引领全球生态文明建设与可持续发展的知名品牌、著名平台。贵阳市久久为功推动生态文明宣传教育，持续开展“六五环境日”“贵州生态日”等主题活动，把习近平生态文明思想教育纳入党员干部教育培训和中小学课程，生态文明理念深入人心，形成了共商、共治、共建、共享生态文明建设的强大合力。

贵阳市坚守生态安全底线。深入打好“蓝天、碧水、净土、固废治理、农村环境整治”五大攻坚战，2022 年，全市空气质量优良率为 100%、国省控断面水质达标率为 100%、集中式饮用水水源地水质达标率为 100%、城市建成区医疗废物无害化处置率为 100%、重点建设用地安全利用率为 100%。贵阳市的母亲河——南明河在综合治理实践中创造了 4 项全国第一，成功入选国家级美丽河湖。贵阳市还陆续啃下了城市黑臭水体、垃圾填埋场渗滤液污染等硬骨头，解决了一批老百姓身边的突出环保问题，不断满足人民群众日益增长的优美生态环境需要。

“人不负青山，青山定不负人。”我们将持续践行习近平生态文明思想，以成功创建生态文明建设示范区为新起点，不断走宽“绿水青山”与“金山银山”的双向转换通道，以高水平生态支撑高质量发展，奋力谱写人与自然和谐共生的现代化实践新篇章，为建设美丽中国贡献贵阳力量。

笃行生态立县　建美长寿镇坪

陕西省安康市镇坪县县长　陈佳斌

镇坪县位于陕西省最南部，全县总面积 1 503 km^2，总人口 5.96 万人。在踔厉奋发的新征程中，镇坪笃行生态立县之路，厚积生态底蕴，发展生态经济，弘扬生态文化。先后荣膺国家“绿水青山就是金山银山”实践创新基地、国家农业标准化示范区、国家林下经济示范基地、中国长寿文化之乡，入选“中国康养产业可持续发展能力百强县”“中国最美县域榜单”，现在，又阔步迈入了国家生态文明建设示范区行列。

一、十年久久为功，笃行生态立县

2014 年，镇坪县以习近平生态文明思想为指引，确立生态立县的发展战略，开启了经济生态化、生态经济化的绿色循环发展之路。十年来，一届接着一届干，一张蓝图绘到底，赓续奋斗、不懈努力，让良好生态成为最普惠的民生福祉、最亮丽的发展底色。一是定主线、抓决策。从 2014 年县委、县政府出台《关于坚持生态立县推进美丽镇坪建设的意见》、县人大通过《关于加强资源保护实施生态立县的决定》起，十年来我们坚持思路不动摇、口号不更替、做事不折腾，坚定不移贯彻新发展理念，一以贯之推进生态文明建设，沉心静气、久久为功。二是定考核、抓执行。保持生态文明的首位导向，与生态文明相关的 24%综合目标赋分比重左右着考核结果、关联着干部选拔。三是定投向、抓资金。年均统筹资金超 7 亿元用于生态文明建设，小县建设大生态。四是定重点、抓执法。面对突出矛盾，敢于较真碰硬，用最严格的执法和坚决的作风解决难点问题，赢得了组织认可、收获了群众好评。

二、加强生态保护，厚积生态底蕴

把绿色空间作为核心底蕴。一是严格管控保护，厚积绿色优势。全县森林覆盖率高达 88.81%，2022 年空气质量优良天数高达 364 天，空气质量连续多年稳居全省第一，水环境质量位居全省前列，2023 年 1—8 月国控监测断面水质达到 I 类。二是加强生态审核，守护绿色空间。建立产业准入负面清单，限制 11 类产业进入，禁止 3 类产业审批。三是抓实生态治理，净化绿色空间。停止小水电审批，推进小水电整治，否决了一批高污染、高耗能项目，整改关停了一批采石场、石煤矿，退出了一批损害生态的招商项目。四是建立长效机制，管好绿色空间。林长制护山，河长制护水，田长制护地，让绿色空间时刻保持在高度敏锐的管理之下。

三、践行“绿水青山就是金山银山”理念，发展生态经济

走绿色发展之路，让乡村因生态而美，产业因生态而强，群众因生态而富。一是优化空间布局，壮大中药产业。绿色产业引进来，生态工业飞出去。基地在县域，建成园区 28 个、种苗繁育示范基地 5 000 亩、标准化林下种植基地 30 万亩。加工在县外飞地，中药配方颗粒项目招商落地，20 万 m^2 标准化厂房开工建设。科研在高校，中国药科大学对口帮扶、设立研发中心。营销在全域，产业物流园开工在建。二是探索美丽经济，壮大生态旅游。建成飞渡峡 AAAA 级旅游景区，开发巴山长寿谷、林河爱情谷景区，提升曙河生态旅游经济示范区，游客流量年均增长 20%，“九山半水半分田”的环境劣势转变成支撑发展的优势元素。三是推进绿色招商，激活生态潜力。生态审核前置把关，绿色招商引来优质资本，桂花能源、陕西水务、小石茶业、安得药业、方圆制药等知名企业纷纷走进镇坪兴业投资。四是壮大集体经济，探索共同富裕。村级集体经济 100%全覆盖，村资本均超过 50 万元，依托绿色资源，实现 100%稳定分红。五是抓实生态富民，兑现生态红利。乡村旅游从无到有，从有到优，土坯房变成“香饽饽”民宿，山野菜变成美佳肴，群众获得生态实惠，生态发展成为全县共识。

四、赓续文明传承，弘扬生态文化

完善硬件，抓实软件，倡导绿色乡风，升华生态文明。一是完善设施夯基础。全面建立县、镇、村三级垃圾污水处理体系，创新建立农村环境保护基金，农村聚居区污水实现达标排放，生活垃圾无害化处理率达 99%。二是身边增绿建家园。全县累计造林绿化 6 万亩，建成公路绿色长廊 120 km，生态镇创建率达 100%。三是强化执法除陋习。森林禁伐、山林禁挖、林间禁猎、河道禁渔，处罚一批、震慑一方，“野生动物上餐桌、保护植物进花盆、生活污水入河道”的问题得到彻底整治。四是乡风文明增活力。推广乡风文明“红黑榜”，拓展村规民约，丰富群众活动，倡导绿色乡风，生态文明建设的群众参与度、公众满意度均超过 90%。

绿色是镇坪最厚的底蕴，生态是镇坪最大的财富，我们将在生态立县的道路上奋进不息！

生态产品价值实现面临的问题与对策建议

中国人民大学环境学院二级教授　曾贤刚
浙江省发展规划研究院助理研究员　俞东芳

生态产品价值实现机制就是将绿水青山中蕴含的价值变现，把生态财富转化为经济财富，让保护、修复生态环境获得合理回报。建立健全生态产品价值实现机制，是贯彻落实习近平生态文明思想的重要举措，是践行“绿水青山就是金山银山”理念的关键路径，是从源头上推动生态环境领域国家治理体系和治理能力现代化的必然要求，对推动经济社会发展全面绿色转型具有重要意义。目前，浙江、福建、江西、贵州等省份已积极开展生态产品价值实现探索，各地结合自身实际情况形成了一批“绿水青山”转化为“金山银山”的经验做法。

在理论上，生态产品价值实现作为践行“绿水青山就是金山银山”理念的重要抓手，已经引发了学术界的强烈关注和广泛讨论。但是关于生态产品价值实现机制、路径和模式等关键问题还没有真正搞清楚、回答好。在生态产品价值实现的实际工作中，很多地方已经由起步探索期发展到现在的瓶颈迷茫期。为此，笔者对当前生态产品价值实现机制存在的一些问题进行了调研并提出了一些自己的思考。

一、存在问题

（一）生态系统生产总值（GEP）核算实用性不强，在指导地方实际工作时指向性不明晰

行政区域单元 GEP 指核算一定行政区域内，各类生态系统在核算期内提供的所有生态产品的货币价值之和，主要目的是表征生态系统服务的潜在经济价值，以便更好地将自然生态保护纳入经济社会发展决策之中。GEP 核算的行政区域单元可以是省、市、县、乡、村五级中的任意一级，核算周期长度为 1 年，核算对象为物质供给、调节服务和文化服务 3 类生态产品总值。当前，GEP 核算工作在全国范围内自上而下地全面深入铺开，省、市、县级各层面积极探索 GEP 核算，相继出台了相关核算技术规范。据不完全统计，截至目前，我国与生态产品价值核算相关的各级试点已覆盖 17 个省份、50 个地级市、超过 160 个县区。2022 年，在地方核算实践的基础上，国家发展改革委、国家统计局联合发布了《生态产品总值核算规范（试行）》。从试点地区的核算结果来看，核算结果整体反映的还是自然生态本底状况，GEP 核算数值很难通过人为努力增加，这

就导致核算结果推动生态产品价值实现的实用性不强。

一是从核算结果来看，先天为主、后天乏力。在核算结果中，调节服务价值量占绝对主导地位，试算地区调节服务价值量明显高于物质供给、文化服务，普遍占GEP 70%以上，甚至90%以上。而调节服务价值量更多的是以生态系统调节气候、涵养水源、保持水土、调蓄洪水等原生的生态本底为主，会导致自然生态系统面积较大的地区 GEP 相对较高，人为努力去推动生态产品价值转化，一般只能提高物质供给和文化服务部分，但由于这两部分占比太小，就导致变化微乎其微了。

二是从核算内容来看，注重数量、轻视质量。GEP核算注重水域面积、森林覆盖率等生态系统面积大小等数量层面，而对河流、大气、土壤等生态环境质量状况欠考虑。对物质供给和文化服务类生态产品定价同质化处理，如浙江仙居杨梅产品质量较好，市场定价较高，但在 GEP 核算过程中以全省平均杨梅价格统一核算。这也导致了人为治理生态环境、提高生态产品附加值等努力没有体现在核算结果中，降低了应用核算结果推动地方改善生态环境、促进生态产品价值实现的可操作性。

三是从核算方法来看，将边际价值当成了的存量价值。当前的生态产品价值核算基本上采取的都是功能价值法，即确定拟核算的生态产品和服务的功能量，然后将生态产品和服务的价格与其相应的功能量结合，再计算出每种生态产品与服务的经济价值量。其中，生态产品和服务的价格通常是指它在市场上进行交易的价格。实际上，在市场上进行交易的价格是生态产品和服务的边际价值，它并不一定等于拟核算的生态产品和服务的存量价值。因为拟核算的生态产品和服务通常是自然资源存量，这些资源并没有进入市场。如果这些存量的生态产品数量比较大，一旦进入市场，就会对生态产品价格产生巨大影响。因此，这种认为全部存量的生态产品都是可利用且是可交易的，即把生态产品的存量与流量看成同质的，认为人们愿意为最后一个单位的生态产品付钱的观念是不成立的。

（二）生态产品价值转化路径较为单一，产值规模小，对地方经济带动不强

根据中共中央办公厅、国务院办公厅印发的《关于建立健全生态产品价值实现机制的意见》，生态产品价值实现的路径主要有生态种养和加工、环境敏感型产业、生态旅游、生态资源权益交易、生态保护补偿等。从自然资源部 2020—2023 年公布的四批次生态产品价值实现典型案例来看，37 个国内典型案例中，涉及生态修复及生态保护补偿的有 20 个、涉及农文旅的有 13 个、关于环境权益交易的有 4 个。《浙江省生态产品价值实现典型案例》收录案例 33 个，涉及生态产品价值转化的案例 17 个，均为农文旅项目。总体来看，生态产品价值实现路径较为单一，以农文旅产业为主，经济效益不强，对地方经济带动作用有限。

一方面，农文旅项目经济效益较弱。近年来，各地积极探索生态产品价值实现，创

新结合互联网流量、美学文创等，推动“生态农业+休闲旅游”等融合发展模式，积极培育精品民宿、露营、采摘、研学等丰富多彩的产品体验，如浙江省湖州市安吉县的深蓝计划、浙江温州市永嘉县的乡村音乐节等，均具有一定的热点效应，有效地促进了乡村振兴和当地老百姓增收就业。然而，整体来说，农文旅产业相对工业而言，建设周期较长、投入较大、产业链较短、经济产出和地方税收均较低，靠流量带来的网红效应也容易出现短期爆火、长期难以持续的现象，对地方经济增长的拉动作用有限。

另一方面，环境权益交易市场活跃度难提高。碳排放权、用能权、排污权等环境权益往往是企业的发展权，初次配额由政府统一分配，想要增加配额往往需要重新审批，因此企业普遍存在惜售行为，市场交易活跃度不高。此外，这些环境权益往往与行政考核挂钩，市场交易和区域间考核体系的通道尚未完全打通，如 A 县企业多余的用能权出售给 B 县企业之后，B 县能耗考核中尚不能把这部分能耗纳入，在一定程度上降低了市场购买的欲望。

（三）生态产品价值转化模式同质化突出，面临可持续发展问题

从传统产业发展到“绿水青山”与“金山银山”间的双向转化，浙江省都是先觉者，无论是乡村旅游、乡村养老还是绿色农产品等转化模式，在浙江省内都能找到成功典范。这对于起步相对较晚的地区有很好的示范作用，但也存在盲目照搬先进做法的问题，简单的复制导致了严重的同质化。而且这些转化模式的科技含量大多较低。如生态农业、生态产品粗加工、农家乐和渔家乐等升级民宿等是当前转化的主流模式，其中的科技含量与附加值都比较低。这必然导致激烈的市场竞争，存在明显的市场风险与挑战。

一些前期快速发展且成效显著的地区整体上显露持续支撑力不足、后劲乏力的问题，主要体现在以下方面：家庭作坊型的产品加工类产业，在实现精准市场定位和整体提升方面存在困难；有些以村集体经济或集体组织形式出现的项目与环境管护工作农民参与度不高，大多持有事不关己的态度；一些大型生态工业、生态农业项目招商引资虽有突破，但存在项目落地难度大、产业层次不高、人才等生产要素的瓶颈突破较难、企业发展空间受限、企业持续盈利能力弱等问题，尤其是基层政府或村级经济组织与社会资本合作的项目，其存在的风险应得到高度关注。

（四）部分生态资源产权界定比较难，市场化生态产品价值实现路径有待畅通

诺贝尔经济学奖得主科斯提出能够保证经济高效率的产权应具有明确性、专有性、可转让性和可操作性，即产权的清晰界定是资源市场配置的前提条件，产权界定越清晰，市场资源配置效率就越高。而在我国，山、水、林、田、湖、草、沙等生态资源一部分属全民所有，一部分属集体所有。全民所有部分，早在 2016 年国土资源部、中央编办、财政部、环境保护部、水利部、农业部、国家林业局就联合印发了《自然资源统一确权登记办法（试行）》（国土资发〔2016〕192 号），要求对全民所有的水流、森林、山岭、草原、荒地、滩涂以及探明储量的矿产资源等自然资源的所有权统一进行确权登记。集体所有部分，农业农村等相关部门也已经针对农村集体用地所有权、宅基地使用权、农村土地承包经营权等开展了确权登记工作。截至目前，确权工作依然任重道远，主要存在以下几个方面的问题。

一是因生态资源权属存在争议而难以确权。生态资源产权边界不清，在村与村之间、个人与个人之间存在权属争议，如有些水库在20世纪60—70年代建造，项目档案资料不全，出资情况较为复杂，水库所在地村与村之间产权关系复杂，确权比较难。二是因赋权部门职责不明晰而难以确权。生态资源的赋权部门涉及农业农村、林草、水利、自然资源等，部分生态资源如园地、养殖水面、调节服务类生态产品等的产权，因法律法规没有明确赋权于某一部门而难以确权。三是因确权成本较高而难以确权。对于年代久远，边界不清的产权归属，如林权虽然已经颁证，但林权证上地块四至边界不清，常描述为东至某岗，西至某路，北至某坑，南至某山。这些往往需要通过重新现场勘测明确边界，测绘难度大、成本高，涉及边界确认时容易产生纠纷。

（五）生态产品经营过程中存在抵押难等问题，社会资本参与积极性不高

大部分生态资源散落在农村，因其“清溪碧波、群山叠翠”的自然环境和“清新自然、心旷神怡”的舒适体验引发了不少城市居民对拥抱自然、回归自然的向往，社会资本因此也积极投入生态资源开发利用的过程。企业在投资活动中，往往需要配套融资，从现阶段的实践探索来看，目前生态资源相关的绿色金融产品主要有两类：第一类是以生态资产（或者是生态资产的使用权/经营权/未来收益权等）作为抵（质）押物，如林权抵押贷款、公益林补偿收益权质押贷款等；第二类是生态信用贷款，如浙江丽水基于建立的生态信用行为正负面清单和生态信用积分（“绿谷分”）评定机制而创新的信用贷款。

对于第一类贷款，合格的抵（质）押物往往需要具备权属明确、可估值、可流转等特点，而目前大多数生态资产难以满足这些要求。一方面，如前文所述生态资源确权较难，进展较慢；另一方面，生态资产（产品）变现能力较弱，农房租赁、林下经济、水域养殖等生态资源使用权（经营权）的溢价空间较低。此外，生态产品市场交易服务体系尚未构建，导致生态资产流通性不佳，处置存在困难。第二类贷款以信用贷款为主，额度较小，且要建立完善的信息收集管理制度较难。因此，整体来说生态资源资产在估值作价、抵押登记、不良处置等方面均存在困难，金融供给成本偏高、风险偏大，金融机构参与生态产品价值实现机制建设的积极性不高，降低了社会资本投入的积极性。

二、对策建议

（一）生态产品价值核算要结合市场情况，体现生态效益，注重实用性

现阶段 GEP 核算专业性、理论性较强，但实用性较弱。一方面，要进一步优化核算方法，不仅要关注生态系统家底“存量”的增减，更应体现人类探索生态资源资产转化利用、改变生态产品供给能力并将其转化为经济价值的“增量”，提高地方推动生态产品价值实现工作积极性；另一方面，应加强特定地域单元生态产品价值核算（VEP）及其应用，根据《生态产品总值核算规范（试行）》，特定地域单元的生态产品价值核算主要用于经营开发、担保信贷、权益交易等市场发挥作用的生态产品价值实现领域。因此 VEP 核算及应用对市场而言实用性更强，应尽快出台 VEP 核算相关标准规范，核算方法要以市场应用为导向，核算结果要紧扣市场需求，充分发挥市场配置资源的决定性作用。

（二）生态产品价值实现思路要拓宽，除了直接价值也要考虑间接价值

生态产品的直接价值一般是通过生态产品直接变现实现的，如农产品销售、生态旅游开发等，这类生态产品价值转化往往产业链短、规模小、经济效益不高。而间接价值体现了生态系统对经济的服务支撑作用，如洁净的水源、清新的空气、宜人的气候、良好的环境等生态优势可以更好地服务经济发展，让好山好水好风景演绎出好经济。中共中央办公厅、国务院办公厅印发的《关于建立健全生态产品价值实现机制的意见》提到洁净医药、光伏工程、电子元器件等环境敏感型产业，由于其对生态环境质量要求高，凸显了生态产品对经济的间接服务价值。如浙江丽水龙泉的国镜药业，企业以生产大输液系列产品为主，对原水和空气的质量要求非常高，由于龙泉的水好、杂质少、硬度低，空气质量好，企业在此落地发展，2022 年国镜药业实现工业产值达 5.62 亿元，上缴税金达 4 942.69 万元，有效带动了当地经济发展，这也是生态产品价值实现的一种模式。

（三）生态产品价值实现模式要突出特色，实现高质量发展

高质量发展既是“绿水青山”向“金山银山”转化的目标方向，也是其内源动力。浙江的成功经验在于以生态化为总体导向调整产业结构，探索形成低耗、减排、高效的高质量增长模式。一是以着眼长远的“经营”理念，推进“绿水青山”向“金山银山”转化。要着眼于生态资源的保值增值与个性化、差异化发展带来的生态价值溢价效应，着力解决产品标准、品牌等问题。如浙江丽水市通过“互联网+生态”农村电子商务模式，成功打造“丽水山耕”公共品牌。二是推动涉农产业链纵向延伸。结合地方特色，推动农业现代化、高效化转型，将农业再生产过程产前、产中、产后的诸多环节联结成完整的农业产业系统，以农业产业链纵向延伸带动效益链与价值链产生。三是促进三产横向融合。以“互联网+”为主导实现第三产业结构转型升级，通过一、二、三产融合，以区块链搭建数字经济时代第三产业的价值互联网，提高土地和其他生态资源附加价值，切实让广大群众体会到生态与数字经济融合产生的放大效应。整合农、林、旅、文等单体资源，由仅具备单一的生产性功能向具备康体养生、研学教育、度假休闲等多种功能发展。如浙江省湖州市安吉县天荒坪镇余村明确“一产接二连三”发展路径，成功将农村生态资源和特色文化融入乡村旅游。四是推动主导产业特别是生态型产业集聚发展，节约土地、市政等公共资源建设成本，借助规模优势放大科技和管理创新乘数效应，形成产业生态链和生态网，打磨高效率生产、低成本治理的产业新模式。

（四）生态资源确权工作要分类施策，逐步解决确权难题

针对能够赋权的生态资源，要从法律法规层面明确赋权部门，如建议明确由农业农村部门健全林地、园地、养殖水面等农村土地承包经营权确权登记颁证制度，自然资源部门配合做好相应的产权登记工作。针对难赋权的生态资源，一方面，可以开展载体化认定，如对于固碳、水源涵养、水土保持等无形的调节服务类生态产品，建议可以确定其依附的有形的物质资源载体，由各类载体管理部门牵头梳理无形生态产品与其载体的其他权能关系，按照相应的物质资源载体的产权归属进行权益认定；另一方面，可以探索物权化的有效路径，建议先开展碳汇所有权物权化探索，由承载碳汇功能的物质载体的管理部门明确森林、竹林、湿地等各类自然资源的“碳汇所有权”登记工作中的事权。

（五）创新绿色金融服务，撬动社会资本参与积极性

一是要研究完善反映生态价值、体现市场供需关系的生态资源资产价格形成机制，鼓励金融机构将生态产品价值纳入生态资源资产估值作价体系。二是建议金融监管部门鼓励金融机构和金融组织创新金融服务，完善普惠金融和绿色金融的配套支持政策，创新差异化金融产品，专项支持生态资源资产开发，实现金融供给与需求有效对接。三是完善金融风险防控机制，建立由融资担保机构、商业银行等多方协同的风险共担机制，按一定比例分担金融违约风险。建议研究出台不良生态资源资产处置专项管理办法，设立违约生态资源资产交易市场，为出险贷款的抵（质）物提供处置交易平台。

践行“绿水青山就是金山银山”理念　推进绿色发展 奋力谱写美丽中国建设历下新篇章

山东省济南市历下区委副书记、区长　杨福涛

2005 年 8 月，时任浙江省委书记的习近平同志在浙江余村考察时，首次提出“绿水青山就是金山银山”的重要论断。历下区始终坚持以习近平生态文明思想为指导，牢固树立“绿水青山就是金山银山”理念，将生态保护与城市建设、产业发展等有机结合，努力探索“生态美、产业绿、百姓富”的可持续发展之路，先后获评“国家生态文明建设示范区”“山东省‘绿水青山就是金山银山’实践创新基地”等称号，是全省首批生态文明强县。

在历下，看得见的绿色在快速拓展。全区空气质量优良天数达 244 天，趵突泉连续喷涌 20 年，大明湖面积由 74 hm^2 扩大到 103.4 hm^2，14 条河道河段再现岸绿水清的景色，100 条主要道路始终坚守深度保洁示范路标准，86 座城市公园遍布辖区各个角落，49 处山体重披绿装……听得见泉水叮咚，看得见一城山色，优质生态环境成为历下人民的“幸福不动产”。“看不见”的绿色也在默默增长。2022 年完成地区生产总值 2 283 亿元，增长 4.5%，完成一般公共预算收入 161.7 亿元，同比增长 4.5%；全区单位 GDP 能耗较“十三五”末下降 7.29%，煤炭消费量减少 18.07 万 t。历下入选全国综合竞争力百强主城区榜单，位居第 15。2023 年上半年完成地区生产总值 1 123.2 亿元，增长 6.8%，完成一般公共预算收入 101.7 亿元，增长 22.8%，历史性首次在半年时间突破百亿元，经济综合实力始终保持在全市第一、全省前列，获评山东省县域经济高质量发展先进县，绿色生态成为历下发展的越来越鲜明底色。

历下完善制度体系强支撑，向绿色机制要活力。始终把生态文明建设摆在突出位置，贯彻落实生态文明建设政治责任，先后成立由区委、区政府主要负责同志挂帅的区生态环境委员会、生态文明建设领导小组和“绿水青山就是金山银山”实践创新基地创建工作专班，制定污染防治工作方案、“绿水青山就是金山银山”实践创新基地建设实施方案等制度性文件，形成了区委、区政府统揽主抓、行业部门各司其职、社会各界共同参与的工作格局，为促进经济社会发展全面绿色转型提供了坚强保障。

历下聚焦生态保护主战场，向绿色环境要潜力。坚持问题导向，瞄准重点发力，把生态保护、污染治理作为贯彻落实习近平生态文明思想、践行“绿水青山就是金山银山”

理念的具体举措和实际行动。纵深推进蓝天保卫战，强力推进工地扬尘治理、道路保湿、臭氧污染防治等八大专项攻坚，$PM_{2.5}$年均浓度降至 35 μg/m^3，首次达到国家二级标准，居全市第一考核单元首位。持续深化碧水保卫战，严格压实河湖水域主体责任，深入落实河长制、湖长制，建成 100 处泉水直饮点、16 处泉水直饮工程试点，4 个考核断面全部达到功能区标准，5 处饮用水水源地水质达标率 100%。精准发力净土攻坚战，持续加强对土壤污染重点单位的监督管理，全区建设用地安全利用率 100%，土壤环境安全稳定。

历下构建产城融合新格局，向绿色发展要动力。注重把生态文明建设融入经济社会发展各领域，持之以恒打造集约高效的生产空间、宜居适度的生活空间、山清水秀的生态空间，城市品质和生态环境实现互动升级。城市更新全面突破，把片区改造同生态保护结合起来，大力推动佛慧山北入口改造等“还山”“还绿”项目，长期影响泉城风貌的千佛山北广场片区、东湖大厦拆除完毕，山城互看的美好景象即将重现。全面启动 2000 年以前建成的 402 万 m^2 老旧小区整治提升，城区雨污水分流提升改造工程全面开工，济钢二分厂淘汰燃煤锅炉关停并转，供暖热源实现升级改造、超低排放，绿色潜能逐步释放。全力推动大明湖扩建与综合治理工程，建设开放式园林城市公园，真正实现还湖于民。绿色金融全面发力。积极抢抓科创金融改革试验区和绿色低碳高质量发展先行区建设重大机遇，成功发行全国首笔“碳中和、乡村振兴”双贴标债券、山东首单“可持续发展债”，推动企业绿色转型升级。积极争创国家气候投融资试点，建设济南 CBD 集中供冷等优质项目，每年减少碳排放 12 万 t。城市环境全面提升，大力实施赶牛岭、藏龙涧等生态修复项目，稳步推进小汉峪、全福河、大辛河 3 条河道治理工程。坚持“全域织绿”原则，高标准打造龙泽路等 10 条绿化景观道路，龙鼎滨水公园等 6 座城市公园，总长度达 74.7 km 的“U”形山体休闲绿道网络全部串联，全区绿化覆盖率达 47.2%，辖区居民“推窗见绿、出门进园”的绿色共享生活变为现实。

历下营造生态环保大共识，向绿色风尚要效力。理念最深层的魅力和最持久的生命力，就在于打动人心、重塑观念、融入文化。我们坚持思想先行，以争创“绿水青山就是金山银山”实践创新基地带动全社会形成高度生态自觉，党政领导干部率先垂范，100%参加生态文明培训。充分利用植树节、全国低碳日等节点，广泛组织线上线下主题宣传活动，2023 年六五环境日国家主场活动就在历下举办。深入开展绿色家庭、绿色学校、绿色社区等创建行动，将绿色生活理念普及衣食住行各方面。以庆祝首个全国生态日为契机，先后举办了“绿见未来生态文明之旅”启动仪式、“走向生态文明新时代，谱写美丽山东新篇章”主题活动，越来越多居民成为“绿水青山就是金山银山”理念的见证者、维护者、贡献者，生态文明理念更加深入人心。

在历下生态优先已成共识，绿色发展理念深入人心，“绿水青山就是金山银山”实践卓有成效。下一步，我们将全面加快“绿水青山”与“金山银山”双向转化的步伐，协同推进降碳、减污、扩绿、增长，全力推动绿水青山“生态颜值”和人民生活“幸福指数”同步提升，坚持为群众种下“绿色”希望，为产业贴上“绿色”标签，为城市书写“绿色”未来，让生态优势更多更好地转化为发展优势，让优质生态环境成为最普惠的民生福祉，全力以赴交出人与自然和谐共生的“历下答卷”，将“绿水青山就是金山银山”理念转化为推进绿色发展和美丽中国建设的有力实践。

云端周宁 逐绿前行

福建省宁德市周宁县委副书记、县长 陈文卿

福建省宁德市是习近平总书记曾经工作过并一直“魂牵梦绕”的地方，是习近平新时代中国特色社会主义思想的重要孕育地和实践地。周宁位于宁德西北部，县城平均海拔达 800 m、居华东之首，素有“云端之城”的美誉。习近平总书记在福建工作期间，曾多次来周宁，留下许多“四下基层”的生动实践。尤其是 1988 年 7 月至 1989 年 1 月，时任宁德地委书记的习近平同志先后 3 次走进周宁黄振芳家庭林场，并带着调研成果，极具创造性地提出“森林是水库、钱库、粮库”的“三库”绿色生态理念。2022 年 3 月 30 日，习近平总书记在参加首都义务植树活动时，深刻指出“森林是水库、钱库、粮库，现在应该再加上一个‘碳库’”，赋予“三库”绿色生态理念新的实践内涵。此后，习近平总书记在海南、北京、黑龙江等地又多次提及森林“四库”理念，更让我们备受鼓舞、倍感振奋、倍增信心。

30 多年来，周宁人民饱含对习近平总书记的深切感恩之情，牢记嘱托、逐绿前行，以“四绿”行动践行“四库”理念，加快推动“绿水青山”与“金山银山”间的转化，先后获评国家重点生态功能区、国家生态文明建设示范区、国家水土保持示范县、中国天然氧吧等一批国家级生态环境领域综合性荣誉，并跻身福建省县域经济发展“十佳县”，走出了一条经济“高质量”与生态“高颜值”相得益彰、人与自然和谐共生的“周宁路径”。

一、立足“森林是水库”，着力“养绿”涵水，守护“绿水青山”之美

一是扩增“绿色版图”。坚持造林与育林同步，绿化与美化并行，大力推进造林绿化、森林抚育、封山育林等工作，构建“总量适宜、分布合理、景观优美”的森林生态系统。30 多年来，全县林地面积增加了 42.54 万亩，森林覆盖率从 42.8%提高到 72.96%，建成 112 个“绿盈乡村”。扎实开展水土流失综合治理，综合治理水土流失面积 4.5 万亩，水土流失率从 2015 年的 9.33%下降至 6.03%。二是深化“治山护林”。建立“林长+”协作机制，完善公安、法院、检察院、林业部门“四位一体”治理体系，推进“智慧林长”建设，实现林地专业化、规范化、精细化管护。落细落实林长制，配置县级林长 11 名、乡级林长 112 名、村级林长 146 名，确保每块林地都有专人负责、专人管护。三是守护“碧水清流”。“十三五”时期以来，累计投入治水经费 5.4 亿元，建成安全生态水系 89 km，

完成改水超 300 km。在福建省内探索采用建管一体化模式推进农村生活污水治理，智慧监管典型案例在数字中国建设峰会上推广。创新推行“企业河长”“智慧河长”“民间河长”等管理机制，推动“河长制”向“河长治”转变，域内 54 条大小河流水质综合合格率达 100%，河长制考核实现“六连优”。

二、立足“森林是钱库”，着力“兴绿”聚财，走好“点绿成金”之路

一是以“生态农业”富民强村。当年按照“靠山吃山唱山歌”的理念，大力发展高山马铃薯、高山云雾茶等特色产业，带动农业提质增效、农民增产增收；2022 年，全县农林牧渔业总产值增长 5.9%，农村居民人均可支配收入增长 9%。注重把“美丽生态”做成“美丽经济”，将高山冷凉花卉“一县一业”与“庭院经济试点县”创建工作有机融合，引进百合、多肉、文心兰、小菊等花卉苗木龙头企业，健全联农带农机制，推广“美丽庭院+花卉”模式，让乡村庭院既有“看头”、更有“赚头”。二是以“要素流转”富民强村。搭建农村生产要素流转融资平台，为各类生产要素提供线上登记公示、撮合交易、融资对接等服务，推动“沉睡资产”变为“增收活水”。2022 年以来，共盘活旧山场、老茶园、抛荒地等 3 万多亩，为林下经济发展提供了广阔空间，带动近万人就业增收。三是以“文旅康养”富民强村。依托“年代最久远的鲤鱼溪”、全国重点文物保护单位——宝丰银矿遗址等载体，持续擦亮“鲤鱼文化”“古银矿文化”等特色 IP，高标准打造“三库”生态文明学习实践基地、仙风山森林公园等一批打卡地，吸引众多游客前来“研学游”“红色游”“古村游”，有效带动周边群众在“家门口”就业致富。同时，成功举办 2023 第五届生态康养与健康养老大会，引进“链主”型企业，推动康养产业与养老、旅游、地产等深度融合，为县域发展和群众增收注入了新动力。

三、立足“森林是粮库”，着力“扩绿”积粮，夯实“粮稳民安”之基

一是丰富“餐盘子”。树立大食物观，以青山密林为依托，采取“林下套种”“林中放养”等方式，打造林果、林菌、林药、林蜂、林菜、林下养殖等系列森林食品产业，绿色生态食品供给能力明显增强。同时，创新开展“周宁有鲤·邀您来种田”活动，通过干部带头、社会参与、农户代耕、共享收成等方式，动员全县“认领一亩田”，昔日的荒山变成了粮仓，有效提升了粮食综合生产能力。二是培育“金种子”。深化与重点院校、科研院所的战略合作，建成“金种子”保种和孵化培育中心，实施马铃薯、中华鲟、高山花卉、优质种猪等种业创新项目，培育优质种质资源，多肉、大花蕙兰种苗市场份额分别约占全国的 70%、60%。成功举办 2023 年南方（周宁）高山马铃薯种业与产业创新发展大会，建成福建首个马铃薯原原种雾培基地。三是打造“旺铺子”。大力构建“三品一标+名特优新”品牌价值体系，打响“周宁有鲤”区域公共品牌，线上有

商城、线下有门店，引领“土特产”跨出小循环、涌入大市场。

四、立足“森林是碳库”，着力“固绿”减碳，开辟“绿色崛起”之道

一是转型“多碳”企业。设立产业发展基金，扶持传统铸造企业兼并重组、技改搬迁，迈向绿色化、智能化发展。扎实推进茶企“煤改电”，全面完成“电制茶”改造，实现电能替代 580 万 kW·h，减排二氧化碳约 5 440 t。二是打造“零碳”标杆。周宁抽水蓄能电站全面投产，总装机容量 120 万 kW，年发电量 12 亿 kW·h，每年可节约标准煤约 20.79 万 t，减排二氧化碳 41.58 万 t。聚力打造绿色低碳园区，周宁不锈钢深加工产业园成为福建首个工业园区危险废物集中收集贮存转运试点。三是开辟“用碳”渠道。周宁国有林场完成宁德市首笔碳汇排放交易，后洋、苏家山等 9 个村卖出碳指标 3.4 万 t，生态资源量化为农民手里的“真金白银”。创新“绿色”金融产品，为拥有林业资源的农户、村集体、合作社等经营主体，打造专属“碳汇贷”，推动“青山变现”。

下一步，周宁县将以正在开展的主题教育为契机，深入学习贯彻习近平生态文明思想，像保护眼睛一样保护生态环境，坚定不移走生产发展、生活富裕、生态良好的文明发展道路，做深做实习近平总书记“四库”理念萌发地这张城市名片，着力打造“绿水青山就是金山银山”实践创新的“周宁样板”，为建设美丽中国、实现人与自然和谐共生的现代化做出“周宁贡献”。

扛牢“首倡地”政治责任　推动“锰三角”绿色发展

湖南省湘西土家族苗族自治州委副书记、花垣县委书记　廖良辉

2013年11月3日，习近平总书记亲临花垣县十八洞村视察，首次提出“精准扶贫”重要理念。花垣县既是“精准扶贫”首倡地，也是“锰三角”核心区，县内锰、铅锌等矿产资源丰富，是知名的“东方锰都”“有色金属之乡”。自20世纪70年代起，花垣县全面开发锰、铅锌等矿产资源，带来许多突出生态环境问题。2021年4月，习近平总书记对“锰三角”突出生态环境问题作出重要批示。

近些年来，在习近平总书记和党中央的亲切关怀下，在省委、省政府和州委、州政府的坚强领导和各级生态环境部门的关心支持下，花垣县牢固树立“绿水青山就是金山银山”的理念，切实扛牢首倡地政治责任，全力推进矿业综合整治，县域生态环境质量持续改善，成为湖南省矿业转型绿色发展改革试点县和全国矿业绿色发展示范区。

一、坚持问题导向，推进环境治理

花垣县始终聚焦中央生态环境保护督察、长江经济带警示片等反映的突出生态环境问题，以最高标准、最严要求、最大力度推进“锰三角”矿业污染整治。2021年以来，国家调研组等上级交办的30大类问题全部完成整改，矿山覆土复绿13 000余亩，完成19个涉矿村环境综合整治，1 195个矿硐完成永久性封堵。依法办理一批生态环境损害赔偿案件，文华公司案件追偿金额达3 890万元，被最高人民检察院列为全国公益诉讼指导性案件。2021年，国控、省控断面水质居全省各县市区第4位（其中改善指数居第1位）。2022年，环境空气质量综合指数及改善幅度排名全省各县（市、区）第1位。2023年4月，花垣县矿业生态修复案例入选湖南省第二届国土空间生态修复十大范例；6月，成功摘掉全国非煤矿山安全生产重点县的“帽子”。第三方大样本调查显示，人民群众对花垣矿业环境治理总体满意率达97.6%。

二、坚持标本兼治，推进矿业整合

花垣县矿业开发最无序时，全县有近千个开发主体。我们坚持以壮士断腕的决心大力推进矿业整合退出。截至2022年年底，全县锰矿山整合为1家（湘西福阳锰业有限公司）；电解锰冶炼企业保留1家（湖南东方矿业有限责任公司）。全县6个铅锌采矿权、7条铅锌浮选生产线、6座铅锌尾矿库全部退出。保留的湖南志弘矿业公司大脑坡新铅

锌矿山是亚洲最大的单体铅锌矿山，每年可实现产值10亿元以上。

三、坚持系统施策，推进转型发展

花垣县是湘西世界地质公园的重要组成部分，绿色是花垣最亮丽的底色。我们坚持把推动矿业转型升级作为根本出路，助力县域高质量发展。整合全县国有企业成立十八洞发展集团有限公司，收购或控股部分优质矿业企业，推动国有资本主导矿业发展。以产业开发区、长沙十八洞产业园为依托，做优做强锰、锌、钒等优势产业链，培育壮大矿业精深加工、电子信息、储能设备等新材料新能源新技术产业集群。总投资52.7亿元的十八洞紫霞湖美乡村振兴综合开发（EOD）项目一期正在加快推进。与中南大学等高校合作，攻关锰渣资源化利用难题；吾道环保科技有限公司年处理30万t锰渣增量综合利用项目已开工建设。华垣环能科技有限公司年处理240万t尾渣的生产线、国内首条移动泡沫保温制砖生产线建成投产。利用废旧矿坪、尾矿库等发展光伏和蚕桑产业，33万kV光伏发电项目已开工建设，桑树种植面积全省第一。

十八洞村地处“锰三角”区域，是全县矿业综合整治的缩影。十八洞村曾被习近平总书记誉为“小张家界”，有着独特的生态资源。我们坚持在发展中保护，在保护中发展，围绕打造绿色生态宜居和美乡村，因地制宜发展乡村旅游和特色产业，聚焦打造世界地质公园“十八洞溶洞”和全球界线层型剖面“金钉子”，拓展生态产品价值实现路径，让村庄既有“绿色颜值”又有“金色价值”，走出了一条生态美、产业兴、百姓富的可持续发展之路。精心编制《十八洞村村庄规划》，获得湖南省第一届国土空间规划优秀案例特别奖，被评为中国美丽休闲乡村、第一批中国传统村落。大力实施产业富民行动，发展猕猴桃1 000亩、油茶300亩，开办十八洞山泉水厂，打造了“十八洞”“十八洞村”等区域公共品牌。获评国家AAAAA级旅游景区，近300人在家门口吃上“旅游饭”。2023年1—9月，十八洞景区接待游客68万人次，旅游收入达1 453万元，2023年村集体经济收入有望突破500万元。

新的征程上，花垣县将深入践行习近平生态文明思想，全面落实全国生态环境保护大会和黄润秋部长10月7日在花垣的调研指示精神，切实扛牢政治责任，高标准、高质量地推进矿业绿色转型发展，努力绘就山清水秀、天蓝地绿、景美人和的城乡图景，奋力打造十八洞新时代红色地标，推动“锰三角”真正变为“绿三角”，为美丽中国建设贡献花垣力量。

坚守“生态立县”战略　谱写绿色发展新篇

甘肃省甘南藏族自治州舟曲县委副书记、县长　舒时光

舟曲地处青藏高原、黄土高原、四川盆地接合部和川甘陕三省交界处，是藏汉文化的交汇带和长江上游重要水源涵养区。全县面积 3 015 km^2，林草覆盖率高达 72.17%，水电资源、光照资源丰富，金、锑、铁、铜等矿产资源储量十分可观。特殊的地理位置和深厚的文化积淀，使舟曲既有西北的雄浑大气，又有江南的灵秀温婉，素有“藏乡小江南”“陇上桃花源”的美誉，近年先后获得“中国最具民族风情百佳县”“中国楹联文化县”“中国天然氧吧”“全国休闲农业重点县”等称号。

然而，十多年前，舟曲为世人所熟知的却是世纪生态之殇。2010 年 8 月 8 日，舟曲发生了举世震惊的特大泥石流灾害，近两千人瞬间罹难，家园尽毁，满目疮痍，舟曲儿女承受了不堪承受之痛。自此之后，全县上下痛定思痛，统一思想，决定告别挖金采矿等来钱快的传统发展模式，牢固树立并坚守“生态立县”发展战略，积极推动生态产业化、产业生态化协同发展，积累了一系列可复制、可推广、可持续的“绿水青山”与“金山银山”双向转化实践经验和创新机制。

一、欲引凤凰来，先栽梧桐树

十余年来，舟曲严守生态红线，筑牢绿色根基，抓住生态环境保护主要矛盾和矛盾的主要方面，以钉钉子精神做好地质灾害避险搬迁、长江大保护及历史遗留矿区修复工作，确保“不让一滴污水进长江”，持续巩固提升白龙江流域保护暨百里风情线打造成果。2022 年，舟曲地表水、地下水、水源地水质优良比例保持在 100%；空气质量优良天数比例为 99.7%。

二、尊重自然、顺应自然、保护自然

经历了世纪生态灾难，没有任何一个地方能比舟曲更深刻地理解“尊重自然”所蕴含的意义。我们全力加强国土空间规划与管制，在生态环境承载力范围内因地制宜、合理开展经济社会活动，宜林则林，宜草则草，宜农则农，宜游则游，宜荒则荒。先后完成 17 批次 3 107 户 12 361 名群众跨市州地质灾害避险搬迁，极大地减轻了环境承载压力，保障了人民群众生命财产安全。

三、统筹谋划，高举高打

借智借力，规划先行，充分发挥中国农业科学院、中国环境科学研究院、北京大学、甘肃省环境科学设计研究院等省内外专业机构和专家的指导帮扶作用，用好用足科技力量提高“绿水青山”与“金山银山”双向转化成效。吸引多名教授、博士生导师挂职蹲点帮扶或成为生态环境顾问，先后编制县域旅游规划、特色农业规划，以及中藏药材、从岭藏鸡、中华蜂、黑土猪、羊肚菌、花椒等专项规划。

四、坚持系统观念，做深做透“融”字文章

做好保护和发展融合，传统与现代融合，藏汉民族融合，历史文化与自然景观融合；注重规划融合，产业融合，远近融合，渠道融合，构建居民增收机制，推动特色产业发展与乡村振兴、生态保护、休闲农业、乡村旅游相融合，实施区域旅游和优质农产品“双品牌”战略，持续提升居民收入。

在“生态立县”战略推进中，舟曲全力构建生态产业体系，加快发展全域旅游，积极探索新能源助力共同富裕路径模式，努力把生态优势转变为发展优势，把自然禀赋转变为经济财富，并形成了生态农业赋能“借绿生金”、全域旅游引流“守绿换金”、绿色能源助力“减碳添金”等“绿水青山就是金山银山”创新模式和典型案例。

十余年的涅槃重生，群策群力补齐生态建设弱项短板；十余年的砥砺奋进，众志成城厚植生态文明绿色底色；十余年的惊艳蝶变，万众一心擎起绿色发展时代旗帜。惟其艰难，方显勇毅；惟其笃行，方显珍贵。经历了泥石流巨大创伤的舟曲儿女，更加珍惜绿水青山的馈赠。回望过去，舟曲对生态欠账痛心疾首；把握今天，我们对生态建设不遗余力；展望未来，我们对绿色发展信念如磐！下一步，舟曲将持续坚守“生态立县”战略，以“绿水青山就是金山银山”实践创新基地建设为抓手，在生态功能提升、环境质量改善、绿色低碳发展、“绿水青山”与“金山银山”双向转化机制等方面持续发力，久久为功，善作善成，倾力打造生态环境高水平保护与经济高质量发展协同推进的县域样板，彰显“绿水青山就是金山银山”理念在民族融合区和重要生态安全屏障地的指导意义。

二、区域再生水循环利用论坛

从"三个维度"下功夫
在"三个结合"中推进区域再生水循环利用

中国生态文明研究与促进会会长 张波

新时期我国生态文明建设生机勃勃，一大批先进地区、先进单位创建了国家生态文明建设示范区和"绿水青山就是金山银山"实践创新基地，济南市、山东省乃至全国的水和大气环境质量都有了显著改善。现在济南市所有的国控断面水质都达到了Ⅲ类标准，山东省的Ⅲ类水断面比例也很高，蓝天白云、繁星闪烁已基本成为常态。坦率地讲，这些成绩已经超过了笔者在山东当厅长时的预料。成绩难能可贵，也来之不易。与此同时，我们也看到，中国的生态环境保护依然任重道远。一些主要矛盾取得有效突破，但是原来的次要矛盾又上升为主要矛盾，不少深层次问题尚未根本解决，工作中系统性、协同性不足的问题还比较突出。

党的二十大提出，要协同推进降碳、减污、扩绿、增长。笔者认为这是新时期对我国生态环境保护的总要求。早在中国生态文明研究与促进会（简称研促会）成立之初，习近平总书记就做出重要批示，要求研促会深入研究和把握生态文明建设规律，为党和政府推进生态文明建设建言献策。这既是工作要求，也是殷切期望。我们一定要深入学习贯彻习近平总书记重要批示精神、党的二十大精神及全国生态环境保护大会精神，聚焦生态文明建设的关键领域、关键环节，积极探索专题工作组机制，努力在促进顶层设计与基层探索、科学研究与解决问题、有为政府与有效市场更好结合的过程中，充分发挥社会组织的积极作用。

区域再生水循环利用就是这样一个关键领域。十几年前，在南水北调东线治污工作中，研促会就提出过这个概念，当时是在局部进行探索，现在是在全国范围内开展试点。所谓区域再生水循环利用，就是将达标排放的尾水，通过人工湿地水质净化工程等生态环境保护措施进一步改善水质后，统筹用于一定区域内生态、生产、生活的一种污水资源化模式。这项工作如果做得好，不仅可以转变高耗水的发展方式，为缺水地区的生态用水提供比较稳定的保障，还可以进一步降低碳排放，改善水环境，进而改善一个地方的生态健康状况，甚至可以在缺水的地区形成一个个大水面，再通过沿河环湖生态保护，把原来脏乱差的低价值空间变成高价值空间。不仅使人民群众更有获得感、幸福感，而且很有可能在沿河环湖形成新的经济增长点。所以，大力推进区域再生水循环利用，是贯彻落实党的二十大关于“协同推进降碳、减污、扩绿、增长”总要求的有效途径。

区域再生水循环利用意义重大，但好事做好并不容易，需要组织跨界力量，从技术、经济、管理三个维度深入研究把握区域再生水循环利用的规律方法，努力形成比较系统的框架体系和政策建议。

从技术角度来看，区域内再生水的生产、利用、调蓄，包括人工湿地的净化能力要做好统筹，如果不匹配、不协调，就可能会在工程上出问题。再生水营养物质比较丰富，再生水调蓄的湖泊有出现水华现象的可能，需要有针对性地开展生态修复，避免发生这些问题。凡此种种都需要从技术上给出明确的指导。

从经济角度来看，一个地区可能同时存在源于本地的优质地表水和优质地下水、跨境河流带来的客水，以及重大水利工程跨流域调水等多种水资源。如果取水单位可以很方便、很便宜地取用优质的新鲜水，那么谁还愿意使用再生水呢？因此需要下决心理顺水资源价格体系并深化水权管理改革，为再生水循环利用创造合理规范的市场环境。

从管理角度来看，像济南这样的喀斯特地貌，地下泉水很多，如果再生水设施建的位置不对，会不会影响地下泉水的水质呢？因此为保证有毒有害的物质不能进入地下水体系，还没有稳定完成治污任务的地区先不着急开展试点，要探索建立水资源、水生态、水环境相协同的管理体系。

研促会最近成立了两个专题工作组，一个是区域再生水循环利用专题工作组，另一个是流域协同保护专题工作组。今后还会成立若干个这样的工作组。区域再生水循环利用论坛是区域再生水循环利用专题工作组成立后举行的第一次研讨会。

希望同志们坚持问题导向，不是擅长什么研究什么，而是解决难点、堵点问题需要什么就研究什么，努力把科学研究与解决问题更好地结合起来。区域再生水循环利用论坛还邀请了很多企业和金融机构的业务骨干，大家工作在第一线，对市场运行中的情况比较清楚。现在很多地方有债务负担，实践证明单靠财政的投入是做不好环保工作的。希望大家深入研究，地方政府怎么作为才能有效地激发市场，努力把有为政府和有效市场更好地结合起来。专题工作组既要积极地为支撑部委司局的顶层设计服务，还应当深入基层，为有条件的地方先行先试提供帮助，努力将顶层设计和基层探索更好地结合起来。我们这么大的国家，东西南北中差异很大。在工作中要求“齐步走”很难，但是可以鼓励有条件的地方先行先试，力争在局部实现突破，形成可以复制的好经验好做法。如果越来越多的地方形成突破，就会积小胜为大胜，为全面推进区域再生水循环利用事业做出积极贡献。

山东省区域再生水循环利用情况简介

济南市委常委、副市长　任庆虎

水是生命之源，生产之要，生态之基，当前我国各地普遍面临水资源短缺、水环境污染和水生态恶化等问题，三个问题深入交织，相互制约，成为制约经济高质量发展和生态文明建设的突出短板。2021年，生态环境部开展区域再生水循环利用试点，着力构建一个污染治理再生水循环利用和生态保护有机结合的治理体系，探索出一条破解水资源、水环境和水生态“三水统筹”治理难题。协同推进降碳、减污、扩绿、增长的绿色途径。

济南因泉水而闻名天下，但同时也是一座缺水的城市，人均水资源占有量仅为283 m^3，针对城市规模不断扩大，经济社会快速发展，用水规模持续增长的现状，济南市坚持节约用水和挖潜开源并重，深入挖掘利用再生水资源，先后出台“十四五”时期节约用水规划，再生水利用规划等。

从区域层面统筹再生水生产、调配、利用的整体布局。突出加快再生水生产利用项目建设，确定了江湖生态湖水工程、再生水信息化监管系统等25项建设项目，计划总投资约23.5亿元。全面实施污水处理厂外排水统一管理，分批对全福河、兴济河等16条河道进行再生水补水，助力小清河每天出境水量保持在170万t以上，小清河出境断面2023年水质创纪录达到地表水Ⅲ类标准。

区域再生水循环利用是突破水资源瓶颈的重要途径，济南市将着力加强区域统筹协调，推进城市污水厂、人工湿地、再生水、调蓄库塘等项目建设，建立区域再生水调配体系，破解再生水供需矛盾，进一步严格污水处理运行管控，对纳入区域再生水循环利用体系的污水处理厂加强源头管控，规范过程管理，严格末端监管，积极构建再生水调配体系，将再生水纳入城市水资源统一调配，发挥再生水多余价值。力争到2025年再生水利用率达到50%及以上，推动再生水成为城市新的第二水源。

参加区域再生水循环利用论坛的都是再生水领域的专家学者，大家围绕再生水热点问题深入探讨，分享成果经验。不仅是再生水领域的盛会，更为济南了解再生水动态，掌握前沿科技信息，进一步提升再生水利用水平提供了难得的机会，真诚地希望各位专家能够不吝赐教，畅所欲言，对济南再生水利用建言献策多提宝贵意见，我们将把大家的真知灼见认真吸收好，充分借鉴好，努力探索减污、降碳、协同、增效的水生态保护新路径。

区域再生水循环利用系统的特点与综合效益

生态环境部环境规划院 张文静

我国是水资源短缺的国家，人均水资源不足世界的 1/4，我国一年要处理超 600 多亿 m^3 的污水，其中有 580 亿 m^3 的水都是生活污水，这些水处理达标以后，大部分都直接排放了，如何把这些水充分利用起来，是我们目前需要解决的一个重要问题。区域再生水循环利用就为污水的资源化提供了思路。从 2019 年国家开展污水资源化的研究开始，区域再生水循环利用就被作为一项重点的工作纳入其中，而且在 2022 年启动了区域再生水循环利用的试点，把这项工作作为水生态环境保护和污水资源化的核心任务。什么是污水资源化，在区域再生水循环利用里污水资源化主要将达标排放的尾水、重点支流或入湖的关键节点的水资源，利用人工湿地等进一步净化，把净化后的水进行区域统筹用于生产、生态，实现污水治理、生态保护、循环利用有机结合的治理思路。

区域再生水循环利用有三个关键词：区域、循环、利用。这种模式要开展区域上的统筹，把区域上的水生态问题、水资源问题及社会经济的绿色发展问题，进行综合分析，然后提出区域再生水循环利用模式。循环利用重点是把平时生产、生活排放的水，收集处理完后进一步净化，再进行利用。这个闭环既能实现水资源的高效利用，又可以解决新鲜水短缺的问题。

区域再生水循环利用模式和传统的再生水利用有一些比较明显的差异。传统的再生水利用，主要是点对点模式的利用，就是把污水处理厂的出水通过管线水送给再生水用户，这种模式更像西医治疗的方法，发现病以后，找到治疗的药，直接用这个药解决问题。区域再生水循环利用模式，是做了区域统筹的治理方式，更像是中医，体现了中医的特点，既要体现个性化又要体现均衡化，还要体现天然化。第一，会通过人工湿地的净化提高水质，提高水的生态功能，保证在循环利用过程中，生态属性是不变的。第二，用水进行统筹，提高用水的效率，实现以再生水作为新的水源解决生态补水的问题。第三，整个循环过程讲究生态的调蓄和天然输配，通过生态系统自净的能力满足对用水水质的要求及减少输送过程中的环境负面影响。第四，提供了水域融合的模式，通过生态系统的净化、水资源的合理利用，形成生态、水环境及水资源综合治理的模式。

区域再生水循环利用的闭环中有几个要点。一是水源问题，因为要循环到区域的生态环境系统里，所以要保证水是安全的。二是生态净化设施，要保证在调蓄和输送的过程中避免出现水生态问题，如水华等。三是再生水用户，区域再生水循环利用面对的是在生产用水、生态用水、生活用水等多方面用水有需求的用户，所以从区域角度要协调河湖补水的需求、市政杂用的需求、生活用水的需求，要开展再生水利用用户的挖掘。

从环境的综合效率来讲，总结几类典型案例。

第一类，着眼水生态环境效益，能起到解决水资源短缺矛盾、提升水环境质量、恢复水生态功能等作用，同时也是减污降碳的重要路径。从经济层面来讲，这个模式不仅着眼于水生态环境的治理，还从经济模式上提供了一些研究实践方向，如通过区域再生水循环利用推进高耗水产业绿色发展等，这类案例给高耗水产业进行产业转型带来了重要契机。

第二类，通过产城融合产生社会经济的价值，通过经济价值反向促进社会积极性。具体案例如包头市将污水处理厂的出水经过人工湿地净化供给工业园区使用，这个案例每年可以利用超 300 万 t 再生水，节约水费超 3 000 万元，同时减少黄河的用水压力。此外，马踏湖通过建设尾水湿地，不仅净化了河道水质，也提高了当地的生态环境质量，河湖水质从原来的Ⅴ类，甚至劣Ⅴ类提升到Ⅲ类，原生鱼类、鸟类也充分恢复过来。北京的新凤河也是通过人工湿地建设，进一步保证了新凤河的生态基流，通过湿地净化水质从劣Ⅴ类提升到Ⅳ类，水生植物的覆盖率提升了 40%，当地鱼类资源也得到恢复。

第三类，通过建设人工湿地减污降碳。人工湿地虽然在净化水质的过程中产生二氧化碳、甲烷以及二氧化氮，但其具有生态固碳的重要作用。以山东省为例，我们测算了整个山东 187 块人工湿地，每年扣除产生的碳源后，仍可固碳 13.04 万 t/a，这个数字是非常可观的。除了生物固碳作用，通过区域再生水循环利用设施也可以减少污水处理厂的深度净化费用，并远距离调水解决水资源短缺问题。通过对比人工湿地和污水处理厂生物净化模式可知，人工湿地与污水处理厂生物净化相比节约能耗 40%，节约药耗 20%，也节约了远距离调水的能源消耗。

区域再生水循环利用模式对经济发展是有促进作用的，在市场的积极下，该模式在国家推动下建成后，能够通过自己的生命力不断推进。像南四湖和微山湖，通过人工湿地建设，逐步形成了自己的生态产品，产生了经济效益，保证了人工湿地进一步发挥长久效益。

污水处理厂尾水人工湿地净化工程建设与长效维护

山东师范大学校长 张建

目前我国的再生水利用率不高，2021年出台的《关于推进城市污水资源化利用的指导意见》指出，全国地级以上缺水城市再生水利用率目标为25%以上。济南市的目标是要达到50%，走在了全国前列。人工湿地是一种非常好的生态修复技术方案，不仅可以净化水质，还具有通过光合作用固定二氧化碳的生态存储功能，每同化1g氮可以固定26g二氧化碳。

根据笔者团队对全球人工湿地研究与应用的相关文献做出的分析，近二十年是人工湿地发展最快的时期。2000年之前，人工湿地研究与应用发展比较缓慢。从2000年开始，人工湿地在中国得到了应用和发展，也在世界上得到了更多的关注。目前中国是人工湿地应用最多的国家。据我们对全球人工湿地工程的数据统计，目前人工湿地应用的工程主要在欧洲、亚洲和北美地区落地，其中亚洲占到32%，而中国是最多的。我国的人工湿地总面积达到674万hm^2，近10年翻了一番。人工湿地在全国的分布特点是东南多、西北少。从山东省的建设情况来看，根据2021年的数据，排污口下游支流入干流处（包括河流入湖口），共建有人工湿地258个，建成面积约26.9万亩，净化水量达到638万t/d，超过60%的人工湿地用于处理污水处理厂的出水，这对山东省力争实现国控断面所在河流上游“一河口一湿地，一水厂一湿地”的目标提供了有力支撑。临沂市、烟台市入选了生态环境部首批区域再生水循环利用试点城市，武河人工湿地目前是国内面积最大的国家级人工湿地，现在正在筹建国家湿地公园。

从人工湿地技术的相关应用来看，人工湿地在具体的应用过程中还存在一些问题。一是与其他季节相比，冬季的净化效果大幅度降低；二是净化效率不高，占地面积比较大，出水容易发黑发臭；三是湿地植物到了冬季腐烂，影响水质。针对这三个方面问题笔者团队做了一些技术上的创新。

一是供氧问题。湿地对污染物去除和净化需要氧气，污水处理厂供氧大多依靠风机，但湿地没安装风机，为了提高效率，有一些湿地通过安装风机、制造潮汐流等工程措施进行供氧，但效果非常有限。笔者团队做了一个改进，通过虹吸出水的方式来实现快速供氧，大幅度提升了供氧效率。整个流程主要是通过设置虹吸出水管自动实现进水和排水，进而达到了潮汐的效果。在进水过程中，水是很缓慢地进入湿地，这个过程中进水可以和空气充分接触，实现供氧。当达到虹吸水位时，会快速排水，这个过程氧气会被快速吸入水中接触机质。不但效率非常高，而且在夏天和冬天效果都非常好，特别是总氮和氨氮去除效果非常明显，去除率可以达到90%及以上。

二是温室问题。冬季建造生态温室工程会增加建设和运行维护成本。笔者团队通过研究发现，冬季有些植物会枯萎，但对另一些植物来说正好是生长季，所以人工湿地另一个有效的过冬措施就是建大型的蓄水池把水蓄起来，或者把人工湿地的水力停留时间延长到 30 天以上，虽然这对湿地面积提出了更高要求，但如果做好植物种类的搭配，补充耐寒植物，冬季也可以达到好的出水效果。通过一整年对进行过冬植物搭配和未进行过冬植物搭配的工程的比较发现，两者的效果差异非常大，而过冬植物搭配措施在工程上也是比较容易实现的。

三是植物资源的利用问题。针对冬季植物枯萎腐烂导致湿地水质变差，笔者团队做了一些研究，一个是收割时间，比较分析不同收割时间对净化效果的影响；一个是对收割后的植物资源进行利用。我们发现，控制好植物在冬季收割的时间可以有效提升氨氮的去除效果，这是因为收割对供氧的影响。收割之后的植物怎么用，现在研究得很多，包括用于制造生物炭、燃料、燃气等。笔者团队是将其做成生物炭填料并返还到了湿地中，补充湿地的有机质，提高微生物的净化效果，再促进植物生长，还可以固碳。植物长成再收割，就完成了循环过程，在一定程度上使资源利用率和处理效果大幅度提升。这一处理方式在 2002 年最早开始进行试验，2004 年开始中试，从生物多样性恢复情况来看，工程效果是很好的。马踏湖湿地在 2003 年 4 月曾经完全消失，后来通过湿地净化让水重新回到马踏湖里，使完全“死亡”的湖泊重现生机。

从人工湿地的发展趋势来看，在 2015 年之前，全球湿地的研究和应用的关键是净化效果，近几年我们开始更多地关注生命周期评价、碳减排、可持续运行、再生水回用、新污染物治理等，这个变化和我们国家的发展需求是比较契合的。

关于新污染物，研究发现，湿地可以为全氟化合物等在环境中无法降解的新污染物的治理提供有效的技术路径。可以在污水处理厂加设专门工序，通过特殊的生物反应和化学反应来处理这些新污染物。关于碳减排，笔者认为碳汇未来可以作为绿碳纳入碳减排中考虑。对于湿地的可持续运行，笔者团队认为智慧湿地的运行和管理存在一些可经济化管理空间。填料堵塞问题也是湿地长期运行过程中值得关注的问题。在管理和运行维护方面，山东省湿地目前运营的主体，政府占 48%，第三方占 27%，还有 24%现没有运营主体。湿地作为一个生态系统是需要工程维护的，探索好的运行机制和模式，对湿地的管理进行绩效评价，都可以为湿地可持续运行提供有效的机制保障。

再生水配置利用与管理

中国水利水电科学研究院教授级高工 王丽珍

一、再生水利用工作进展

在国家层面，2012 年发布的《关于实行最严格水资源管理制度的意见》，要求鼓励并积极发展污水处理回用，2015 年发布的《关于加快推进生态文明建设的意见》，要求积极开发利用再生水等非常规水源。2015 年发布的《关于印发水污染防治行动计划的通知》，进一步要求将再生水等非常规水源纳入水资源统一配置，具备使用再生水条件但未充分利用的钢铁、火电、制浆造纸、印染等项目不得批准其新增取水许可，2019 年发布的《国家节水行动方案》，进一步提出要统筹利用好再生水等用于农业灌溉和生态景观，并要求洗车、高尔夫球场、人工滑雪场等特种行业优先利用再生水等非常规水源。2019 年课题组在王浩院士的指导下，对实施国家污水资源化进行了专题调研并编写了《关于实施国家污水资源化的建议》，这个文件得到了习近平总书记的批示，2021 年十部委联合印发了《关于推进污水资源化利用的指导意见》，拉开了我国污水资源化利用的序幕。

在水利部层面，一是坚持规划引领，2021 年联合印发了《"十四五"节水型社会建设规划》。二是加强配置管理，2017 印发了《水利部关于非常规水源纳入水资源统一配置的指导意见》。2022 年联合印发了《关于印发"十四五"用水总量和强度双控目标的通知》，首次明确了省级行政区非常规水源最低利用量的控制目标，并进一步指导各省（自治区、直辖市）将控制目标逐级分解到市、县、区，并加强监督考核，推动各地按时完成最低利用量控制目标。2023 年印发了《关于加强非常规水源配置利用的指导意见》。三是规范统计口径，2019 年印发了《关于进一步加强和规范非常规水源统计工作的通知》。四是开展试点建设，2021 年六部委联合印发了《典型地区再生水利用配置试点方案》。其他相关部委也印发了一系列文件，都在积极推进污水资源化利用。

二、再生水利用情况

2012 年实行最严格水资源管理制度以来，我国再生水利用量逐年增加，2012 年到 2022 年提高了 3.2 倍，再生水利用量占非常规水源利用量的 86%，再生水利用率从 2012 年的 8.4%提高到 16.3%。虽然我国再生水利用率在逐年提高，但是对比发达国家，还处于相对较低的水平。例如，以色列再生水利用率已达到 80%，国内像北京再生水利用率已超过 60%。粗略估算，如果以再生水利用率达到 80%计算，再生水年利用潜力约 470 亿 m^3。

三、再生水利用面临的问题

一是法律法规不健全，目前尚未直接明确再生水开发利用的有关要求和规定，也未直接明确再生水开发运营的监管主体。二是再生水利用涉及发展改革、生态环境、住房城乡建设等多个部门，对再生水利用进行探索的数据资料未能得到有效共享。三是相关标准规范缺乏有效衔接。在再生水水质标准方面，住房城乡建设部、水利部均出台了相关标准，但是不同标准之间的指标和限值不尽相同。再生水利用量住房城乡建设、水利部门均未进行年度统计，而且统计口径不一。四是输送管线建设相对滞后，再生水利用工程建设缺少专项资金渠道，导致配套管网覆盖率相对较低。五是激励性政策缺位。在水价方面，原水、再生水，不同类别的水源及不同行业用水之间的价差不明显，导致水价对整个水资源利用结构影响较小。

四、再生水配置利用的总体要求

再生水利用总体目标是2025年地级及以上缺水城市再生水利用率达到25%及以上，黄河流域中下游力争达到 30%，京津冀地区达到 35%，到 2035 年，建立起完善的非常规水源利用政策体系和市场机制，其基本原则包括科学规划、统一配置、目标管理、应用尽用、政策激励、市场驱动、因地制宜、精准施策等。

五、强化配置管理

在配置管理方面，一是规划层面要求在流域和区域水资源综合规划中要将再生水纳入水资源供需平衡分析，规划再生水的利用方式与规模，并进行科学布局。二是在水资源论证时，要充分论证再生水利用的可行性和合理性，并提出相应的配置方案。在取水许可方面，建设项目具备使用再生水条件但未充分利用的，不得批准新增取水许可。在计划管理方面，核定下达用水计划时，对具备利用条件的用水户，明确最低利用量指标；若按照计划应当使用而未使用，或者使用量未达到要求的用水户，要核减其下一年度的常规水源计划用水指标。

六、配置利用方面

一是要扩大再生水利用的领域。二是要在工业生产方面做到应用尽用。三是在城市杂用和生态环境用水方面，要在水质满足要求的条件下，优先配置再生水；在农业灌溉方面，要在满足水质标准的要求下，稳妥推进再生水用于农业灌溉。例如，我们课题组负责的郑州市非常规水源利用规划案例，课题组主要做了再生水、积蓄雨水、矿井水。再生水部分，在供给端分析评估了再生水的利用潜力；在需求端分析了潜在再生水用户，并对需水进行预测。在全市层面和区县层面做了相应的再生水配置方案，课题组对分水厂又编制了进一步配置方案，即从水厂到再生水用户的点对点配置方案。在这个基础上还提出了污水处理厂提升工程方案。规划了再生水利用的供水格局——“两环、一线、网状辐射”，在该供水格局的基础上，设计再生水利用的配套工程布局。

七、相关建议

一是在新城建设和城市改建过程中同步规划、同步设计、同步建设，与城区规划相结合的再生水输配管网，科学规划再生水利用的布局，提高城市再生水利用水平。二是因地制宜，坚持集中与分散相结合，创新再生水利用配置模式。积极推行点对点的利用模式，在城市中布设再生水取水点，供城市杂用取水。三是统筹用水大户，分质供水，扩大再生水利用领域和规模。形成低水低用、高水高用、再生水应用尽用的多种水资源配置格局。四是坚持约束激励并重，通过税费优惠，财政补贴，合理运用价格杠杆激励再生水生产者和使用者的积极性，建立健全一套政策制度体系，不断提高再生水利用水平。五是坚持两手发力，不断拓宽投融资渠道。在积极争取财政资金支持的基础上，发挥财政资金引导撬动作用，引导鼓励地方专项债、金融资金和社会资本投入建设。

区域再生水循环利用设施建设与运营模式

北控水务集团北控水务研究院院长　薛晓飞

我国水务事业经过几十年快速发展取得了巨大的进步，成绩斐然。从 2011 年以来，水利部、生态环境部各部委发布以及联合发布了很多政策性文件，“十二五”到“十四五”期间，再生水利用规模稳步上升，不到十年的时间再生水利用率提高了 4.6 倍，在世界范围内也是首屈一指的。但再生水整体利用比例和污水处理比例依然较低，部分目标还没有实现，部分的城市虽然全面实现目标，但是实现的程度和构成不太一样，对环境经济的贡献还需要进一步考量。按住房城乡建设部文件城镇污水处理规划量于 2025 年达到 861 m^3/a，如果按照 25%～50%的再生水利用率，还有大量的再生水源可以再挖掘。

站在企业的角度来讲，现在并不清楚非常规水资源特别是再生水在国家水资源配置体系内的地位。对标国际标准，我国极度缺水、重度缺水城市比例占到一半以上，从我国现在用水构成来看，并不能完全体现我国缺水的现状，再生水资源仅占所有水资源利用量的 3%，这是应该正视的问题。因此，非常规水资源在国家水资源战略中的地位是一个非常重要的底层问题。

首先，结合我国目前水权配置格局，水权的问题、水资源费的问题、水权交易的问题需要被更清晰地界定和解决。目前大部分城市污水由自来水厂代收，各地方的可用性补助最后以政府购买服务的形式支付给污水处理厂，或由政府直接运营污水处理厂；污水处理后作为再生水销售，污水变成了水资源，但从法律层面上看，其水权没有被赋予清晰的界定，目前还没有相关的系统的法律文件界定这类供水的水权，全国各类企业在推进这类业务时候都会遇到类似的问题。

其次，设施是制约再生水利用的关键。整个市政排水体系回用率达 26%～27%，但再生水管网占市政总管网的覆盖率仅为 2%～3%，所以，宏观上通过短期内再生水利用量和质的大幅提升、回用率达标，实现促进地方经济发展的目标，挑战巨大。管网的完善要整合全社会的资本共同完成，投资的经济效益及商业模式也是限制再生水管网完善的关键，是后续所必须解决的问题。

北京再生水利用率超过 60%，国内领先，其中人工生态占 92%。建议未来考核再生水使用，应该根据不同区域的水资源禀赋和经济产业发展现状，制定差异化的考核指标，考核指标不但要包括总回用率，也应关注再生水回用的类型和去向，推动再生水利用更好地服务地方环境和经济发展。例如，财政条件好的城市可以政府补贴的形式以高标准全部处理为准Ⅳ～准Ⅲ类水，满足环境生态需求，其他大部分城市可结合当地实际条件，针对不同区域特点制定、执行差异化指标体系。

再生水产业发展，不能只依靠政府财政支持，更应因地制宜多元化发展，需要体制机制方面的梳理与创新，需要探索新路径、新模式，减轻政府压力，实现可持续发展。例如，因为用水产业和再生水产业间的桥梁没有完全打通，导致部分传统水处理指标体系没有涵盖用水产业需求，但这些并非全貌。事实上，部分区域污水处理厂排放的部分指标已经远高于产业用水的大部分指标。如果政府和业界规划单位在进行再生水利用的顶层规划时与产业需求相结合，全面优化区域布局，将污水处理、再生水利用、产业用水统筹考虑，就近满足产业发展的要求，将更加经济有效地推动再生水产业发展。

水利部在黄河流域水资源的管控上成效显著，1981 年开始建立了黄河流域水权交易平台，为黄河流域整体水资源的健康使用和可持续发展提供了有力的机制保障。再生水领域也可以考虑探索建立类似机制，保障不同区域再生水在各类水资源中的地位，进而推动产业规划、管网等配套工作。

产业用水方面，可以借鉴以色列、新加坡、阿联酋等一些国家的经验。中国 30 多个省级行政区中近 1/3 人均再生水使用量低于 1 000 m^3，属于联合国定义的水短缺国家。新加坡在国家意志保障下推动再生水产业的发展，提出“以水立国”，逐步推动淡化海水、新生水、再生水进入现有的水资源配置体系，到 2060 年淡化海水和新生水将占到可利用水资源的 85%，届时也将结束与马来西亚的整体供水协议。北控水务集团参与了新加坡国家水务系统 32 万 t 新生水项目，处理后的水直接进行中间调蓄，然后直接进入市政管网。

以色列首先解决了再生水利用的法律政策保障问题，1959 年颁布《水资源法》，1971 年通过《水资源法》修正案，要求每一滴污水至少循环一次，农业等能使用再生水就不能优先使用其他水。以色列再生水利用率已经超过 90%。一个人均水资源量只有 200 多 m^3 的地区，成了欧盟第二大蔬菜水果供给国，向全世界供应水果蔬菜和瓜果，实现了再生水利用和产业发展的良性结合。

美国由联邦政府立法，分别在 1972 年、1974 年颁布《清洁水法》《安全饮用水法》，各州根据自己的水资源禀赋立法，在 40 多个州出台了对应的水资源法、水循环法，如加利福尼亚州就专门制定了本州明确的水质控制法，明确规定再生水利用时禁止使用自来水等条例。完善的再生水立法体系快速推动了再生水在各州的有效利用，并在这个法律保障基础上建立起一套行之有效的价格体制机制。中国各地水资源差异较大，有必要制定差异化的再生水利用政策。

再生水行业或产业的发展，需要逐步由政府主导向市场主导转变，充分激发市场的活力，将再生水利用区域水资源配置中的地位提升到战略高度，吸引各类周边产业充分介入，通过向产业、工业或其他有价值的方向和领域提供优质供水并获取合理收益，整体上实现污水处理与生活用水、产业用水、生态用水的统筹，既能反哺生态环境，又能减轻政府和财政压力，同时真正推动整体再生水产业的良性可持续发展。这是对“绿水青山就是金山银山”理念的实践，也是再生水行业可持续发展的有效路径。

推进再生水资源多元化利用 打造清水绿岸、鱼翔浅底的水生态

北京排水集团总经理助理兼智慧水务中心主任 于丽昕

首先，笔者简要介绍一下北京排水集团（以下简称集团），集团是北京市国资委下属的基础设施一级企业，是北京市中心城区污水处理和再生水利用的特许经营服务企业。主营业务包括污水收集、污水处理、再生水利用和污水处置。近年来集团一直推行厂网一体化的运营管理，主要负责北京中心城区雨污水管线 9 200 km，102 座雨污水泵站，污水通过污水管线进行收集，之后进入 11 个再生水厂进行处理，处理能力是 423 万 m^3/d。生产的高品质再生水，通过 22 座输水泵站、930 km 的再生水管线输送到工业、景观、环境、市政杂用等各个行业当中。

从北京水污染治理的历程来看，1958 年第一座一级污水处理厂建设运行，1973 年成立了污研所，1990 年首座二级污水厂北小河厂建设运行。2001 年，开始生产再生水（当时称中水或冷却用水）、第一个用户为北京第一热电厂，自 2008 年开启了大发展时期，污水处理率达到 90%，再生水回用率达到 50%，兑现了“奥运承诺”，当时的污水处理能力是 267 万 m^3/d。2010 年北京市涉水业务重组，涉及污水收集、污水处理、再生水利用和污水处置四大业务板块，排水集团负责厂网一体化建设和运营管理。2013 年开始实施《北京市加快污水处理和再生水利用设施建设三年行动方案》，取得的最重要的成效就是实现了污水处理能力的提升，从 267 万 m^3/d 提升到 423 万 m^3/d，同时水质达到了《水污染物综合排放标准》（DB 11/307—2013）B 排放限值（简称京标 B），除了总氮指标，其他都要达到地表Ⅳ类水质标准。2016 年实施了《北京市进一步加快推进污水治理和再生水利用工作三年行动方案（2016 年 7 月—2019 年 6 月）》，在污水处理能力提升的基础上做末端的截污纳管，治理了黑臭水体，自此实现了旱井水的入河。2021 年发布了《北京市碳达峰实施方案》，同年公布的《北京市城市积水内涝防治及溢流污染控制实施方案（2021—2025 年）》方案关注溢流污染控制，保证了雨季水生态的良好发展。

下面先谈谈再生水资源利用的长远规划和全面管理。北京市是资源非常短缺的城市，人均水资源 118 m^3，远低于国际相关标准，所以再生水利用非常的重要。全市（北京市）规模以上（1 万 t 以上）的再生水厂产量为 667 万 m^3/d，中心城区 12 座，集团负

责其中的 11 座。全市管网 2 165 km，中心城区由集团运营管理（930 km），5 条是专线的供水管线和配水管线，专线供水管线 99 km，其余是配置管线。从再生水的整体利用情况来看，再生水利用占全市供水的 30%，河湖景观 90%以上的供水都是再生水。用于环卫用水的占总水量的 20%～30%，用于生活用水的占 1%，工业用水的占 15%～47%。集团 2022 年再生水供水 4.92 亿 m^3，其中用于河道环境、生态补水的占将近 80%，工业用水的占 10%，景观环境公园湖面用水的占 6%，市政杂用的占 5%左右。这里统计的再生水的输配量是通过再生水泵站管线输送到用户端，在用户端计量计算的水量。

再生水利用的政策支撑非常关键，国家多部门联合发布的《关于推进污水资源化利用的指导意见》提出“节水即治污”的理念，北京市落实最严格的水资源管理制度，特别是 2023 年 3 月 1 日实施的《北京市节水条例》，涉及再生水利用的条款有两个方面内容非常重要，一是要根据北京城市总体规划及相关专项规划，加快再生水管网建设，扩大再生水利用；二是在第四十三条明确了应当使用再生水的四个方向，包括园林绿化、环境卫生、建筑施工等行业用水，冷却用水、洗涤用水、工艺用水等工业生产用水，公共区域、住宅小区和单位内部的景观用水，降尘、道路清扫、车辆冲洗等其他市政杂用水。这对再生水的规划发展以及拓展利用起到了非常重要的作用。从专项规划角度来说，要从五个层面提高再生水利用水平，一是要摸清家底，把水厂、管网、用户基本情况梳理清楚；二是要厘清能力，污水处理厂产水率一般是 90%～96%，要厘清原流水量是多少，泵站和配套干线的输水能力怎么样，有哪些是需要改善的，绿化、河湖、环卫、小区、住宅、工建等用户之间的空间分布情况如何，这些都影响再生水输水管道管网的建设；三是要优化配置，根据实施的难度形成近期、中期、远期的规划，并根据规划的时间范围进行相应的精细化配置；四是构建系统，要根据水厂的能力、地形地势、需求进行分区建设以及区域之间的连通，这样才能形成再生水配置的整体规划；五是项目落地问题，例如，对相对集中的用户，如果水量低就要专线供水，如河湖、工业这些用水大户，首先要考虑出水管线是不是和水厂匹配，是不是需要加铺管线，是不是需要对管网加密来补充“面”上的空白，特别是要考虑连通“最后一公里”真正服务好用户，这些决定了我们补水管线的建设等。

再分享一下集团在北京中心城区再生水利用的情况。水厂共 11 座，423 万 m^3，达到京标 B 的标准。工艺三个：“1+1”、一体化和 MBR，“1+1”是指在原来的二级污水处理基础上再加上消化配池、脱色消毒设备；一体化主要是用砂滤池和臭氧进行整合的工艺。再生水整体供应量 2022 年达到 4.92 亿 m^3，发展非常迅速。对于再生水利用覆盖面的整体要求是：工业用水全覆盖，北京要求电厂、垃圾焚烧等类型的用户，使用双水源，双管线系统保证工业用户用水，这方面的建设正在不断完善。

目前，再生水已成为中心城区河道补水的重要水源，占比逐年提高，像奥林匹克公园等有湖面的公园补水量非常多，每年在 3 000 万 m^3 左右。而市政杂用再生水的重点是补齐空白、全面覆盖，其中管线建设的配套至关重要。环卫、绿化、洗车使用再生水，用水成本大幅降低，大家积极性很高，下一步绿化是非常重要开拓方向。

再谈谈笔者对于系统治理和打造良好的水生态环境的一些观点。工程建设是基础，《北京市加快污水处理和再生水利用设施建设三年行动方案（2013—2015 年）》首先解决了污水处理能力和水质方面的问题，《北京市进一步加快推进污水治理和再生水利用工作三年行动方案（2016 年 7 月—2019 年 6 月）》解决整个截污纳管建设问题，让河道不再纳入污水的同时进行补水，实现了整个的水生态系统。2021 年发布的《北京市城市积水内涝防治及溢流污染控制实施方案（2021—2025 年）》的目标之一是到 2025 年，中心城区溢流口、跨越口在场次降雨小于 33 mm 时污水不入河，解决雨季的水环境问题。

完成建设的下一步是优化运行，厂网一体化需要供水源头、供水过程、供水保证等涉及的各方协同，每个环节都要做大量的工作。厂网一体化，要从流域层面调度，首先要实现跨流域跨厂域的水量调度，保证水厂稳定运行和再生水达到用户的水质、水量和水压要求。在过程控制上，水厂要通过系统的智慧化的多系统协同，运用多种运行策略保证各项指标基本达标。

要建立开发机制，以前是用户主动报装再生水设备，《北京市节水条例》发布之后，再生水置换成为当前最重要的工作之一，集团主动联系用户，把院里边现在用着自来水的部分换成再生水。在河湖补水方面，一共建立了 49 个补水点位，这对水环境的改善起到了非常重要的作用，生物的多样性水平明显提示。

未来首先要把再生水作为可调度可配置的资源；其次要落实好专项规划，推进流域的联调、调区的连通，以及“双环六廊多网辐射”的再生水格局的形成；再次要扩大现有用户范围，尤其是拓宽用量很大的再生水用户的管网应用；最后是探索再生水协商定价机制，以及具体的实施方案，推动再生水行业收益再次投入再生水设施的建设。

三、区域生态安全与绿色发展论坛

扎实履行生态保护监管职责
为美丽山东建设筑牢坚实基础

山东省生态环境厅核安全总工程师　张可

良好生态环境是最普惠的民生福祉，生态文明建设是“国之大者”。2018 年 6 月，习近平总书记在山东考察时指出，要牢固树立“绿水青山就是金山银山”的理念，加大生态文明建设力度，让山东山绿起来、水清起来、环境美起来。山东牢记习近平总书记的殷殷嘱托，坚决贯彻习近平生态文明思想，深入落实黄河流域生态保护和高质量发展战略，扎实推动绿色低碳高质量发展先行区建设，坚决打赢污染防治攻坚战，全方位、全地域、全过程开展生态环境保护，生态文明建设发生了历史性、转折性、全局性变化。

加强自然生态保护监管，着力提升生态系统多样性、稳定性、持续性，是维护国家生态安全、推动绿色发展的有力保障。习近平总书记在全国生态环境保护大会上提出，要加大生态系统保护力度，切实加强生态保护修复监管，拓宽“绿水青山”转化为“金山银山”的路径。山东省各级生态环境部门深入贯彻落实习近平生态文明思想，扎实履行生态保护监管职责，努力在重点区域、重点领域、关键指标上实现突破，划定并严守生态保护红线，加强对自然保护地人类活动的监督，国家和省级自然保护区违法违规问题整治销号率达到 100%，生物多样性保护力度不断加大，目前黄河三角洲、泰山—徂徕山的生物多样性保护优先区域调查记录到的物种有 1 923 种，青头潜鸭、中华鳑鲏、震旦鸦雀等珍稀动物在山东省的湖泊、湿地“落户安家”、繁衍生息。通过不懈努力，牢牢守住自然生态安全边界，提供更多优质生态产品，以高品质生态环境支撑经济社会高质量发展，为建设美丽山东、保护多彩山河筑牢了坚实基础。

生态环境部自然生态保护司、中国生态文明研究与促进会和南京环境科学研究组织的区域生态安全与绿色发展论坛，众贤毕至，群英咸集，给我们提供了一次非常难得的学习机会，此次论坛必将进一步推动山东自然生态保护监管工作取得更大新进展。齐鲁青未了，美景在路上。让我们携手前行，共同书写人与自然和谐共生的美好画卷。

守牢美丽中国生态安全底线
推动区域发展绿色低碳转型

生态环境部南京环境科学研究所副所长 徐海根

“万物各得其和以生，各得其养以成”，这是习近平总书记在2022年COP15领导人峰会主旨讲话中曾引用的一句古语，意思是万物各自得到各自的自然融合的和合之气而产生，各自得到了各自相应的滋养而成长，这句话传递出了中国的生态文明理念，蕴含着传统哲学的生态智慧。2023年7月，习近平总书记在全国生态环境保护大会上强调，“要守牢美丽中国建设安全底线，贯彻总体国家安全观，积极有效应对各种风险挑战，切实维护生态安全、核与辐射安全等，保障我们赖以生存发展的自然环境和条件不受威胁和破坏”。区域生态安全与绿色发展论坛以“守牢美丽中国生态安全底线，推动区域发展绿色低碳转型”为主题，在当下具有特别重要的意义。

党中央、国务院高度重视生态安全和绿色发展问题。党的十八大以来，我国不断深化生态安全和绿色发展战略部署，系统开展顶层设计，推动生态保护修复制度改革创新，稳步提升生态保护修复监管能力，为保障经济社会可持续发展奠定了坚实的生态安全基础。

近年来，生态环境部积极推动生态安全和绿色发展工作。加快构建以国家公园为主体的自然保护地体系，完善自然保护地、生态保护红线监管制度，开展生态系统保护成效监测评估。实施重要生态系统保护和修复重大工程、生物多样性保护重大工程，科学评估生态修复工程实施成效，确保生态安全屏障更加牢固。同时，在严守生态环境保护底线的基础上，做好重大项目环评审批服务。深化“三线一单”生态环境分区管控。研究制定“两高”行业环评管理规范性文件，严把“两高”项目准入关口，将严格控制“两高”项目盲目上马作为督察重点。推动减污降碳协同治理，做好全国碳排放权交易市场履约周期管理等工作。

生态环境部南京环境科学研究所作为生态环境部直属科研院所，长期支撑生态安全和绿色发展工作的顶层设计与地方实践。在自然生态保护司指导下，紧扣指导协调和监督生态保护修复工作的职责，加快制定完善生态保护修复标准规范，全过程参与生态保护红线评估调整及监管试点，着力抓好生物多样性保护与国际履约工作，全力支撑“绿盾”自然保护地强化监督专项行动，积极保障自然保护地整合优化监督审核工作，工作取得了明显成效。下面，结合工作实践，笔者分享一下对生态安全和绿色发展工作的理解。

一是提高政治站位，以党建引领生态保护修复。要把思想认识行动统一到以习近平同志为核心的党中央的重大决策部署上来，站在全面推进生态文明建设的战略高度，从改善生态环境质量、提升生态系统稳定性、促进经济高质量发展的现实需要出发，系统谋划设计生态安全和绿色发展工作的实施框架和实现路径，落实好理论探索、人才队伍建设、能力建设等工作，用科技创新破解绿色发展难题，高质量完成管理支撑、社会服务、科学研究，以实际行动践行“两个维护”。

二是坚持系统观念，提高生态系统质量和稳定性。中国发展已经进入新的历史阶段，生态保护修复必须坚持以习近平生态文明思想为总领，坚持山水林田湖草沙是生命共同体，统筹山水林田湖草沙一体化保护与修复，以提升生态系统服务功能、改善生态环境质量、维护生态安全为目标，按照严守底线、提升质量、增进福祉、深化实践的思路，探索建立生态保护修复综合管理模式，着力提高生态系统自我修复能力和稳定性，促进自然生态系统质量整体改善，筑牢美丽中国生态根基。

三是坚持开拓创新，不断优化重大战略区域绿色发展模式。党的十八大以来，习近平总书记亲自谋划、亲自部署、亲自推动了京津冀协同发展、长江经济带发展、粤港澳大湾区建设、长三角一体化发展、黄河流域生态保护和高质量发展等区域重大战略。坚持生态优先、绿色发展是实施区域重大战略的应有之义，打造国家重大战略绿色发展高地是立足新发展阶段、贯彻新发展理念、构建新发展格局、促进高质量发展的必然要求。我们需要不断探索生态文明建设的有效路径，加快形成节约资源和保护环境的空间格局、产业结构、生产方式、生活方式，促进人口、经济、资源、环境协调发展。

绿色低碳创新工业大区高质量发展路径

深圳市生态环境局龙岗管理局局长 洪晓群

深圳市龙岗区作为工业大区在探索绿色低碳发展过程中获得了一些成果和经验，希望借此抛砖引玉，与大家共同探讨获得更多、更好、更优的城市高质量发展路径。

第一，我们立足自身实际，做出了工业大区发展的龙岗选择。龙岗区位于深圳东北部，辖区面积 388 km^2，下辖 11 个街道 111 个社区，管理人口 413.53 万人，为深圳的经济、产业和人口大区。龙岗一直以来坚持产业立区、制造业当家，曾连续 5 年居全国百强新城区榜首，规模以上工业企业超 2 700 家。2023 年上半年，龙岗区地区生产总值（GDP）为 2 313 亿元，第二产业增加值占 GDP 比重为 65.33%。

改革开放初期，龙岗区大力引进“三来一补”和三资企业，工业逐渐成为龙岗的支柱产业。粗放的发展模式造成土地综合效益低，劳动密集型、高耗能、低附加值的产业居多，工业用地呈零散、混乱状态，产出效益低，大量废水、废气排放造成生态环境污染。在此形势下，2000 年，龙岗率先在全国提出“富口袋也要富脑袋”口号，以文明为动力，推动城市绿色文明转型，初步认识到要金色 GDP，更要绿色 GDP。尤其是党的十八大以来，龙岗区积极贯彻生态文明发展战略，以低碳建设为突破口推动城市低碳战略转型，健全绿色低碳循环发展的经济体系，全面推进绿色产业转型，切实将生态效益转换成社会效益、经济效益。获评第六批“绿水青山就是金山银山”实践创新基地、首批“国家低碳城（镇）试点”、“全国首批产城融合示范区”、“国家级文旅特色小镇”、国家生态文明建设示范区、“2022 年度低碳榜样”政府案例等一系列荣誉，集聚多个国字号“金招牌”。

第二，我们厚植绿色基底，开展了绿色低碳转型的龙岗行动。一是发挥低碳战略引领作用，率先发布区级“双碳”顶层设计。为全面落实中央、省、市关于碳达峰碳中和的决策部署，响应落实“双碳”战略目标，龙岗区勇于挑战，争做急先锋，抢做排头兵，作为首批广东省碳中和试点、示范区在全国率先出台《龙岗区节能减碳总体方案》《龙岗区减污降碳协同增效行动方案》，力争成为国家碳达峰试点城市、产业低碳技术创新和数字化赋能典范、国家产城融合绿色低碳发展引领区，打造工业大区绿色可持续发展的“龙岗样板”，为全国各地提供可复制、可推广的产业大区绿色低碳发展新样本。

二是探索低碳转型落地路径，打造城市绿色低碳名片。依托深圳国际低碳城，率先探索中国低碳发展转型之路，并逐步上升为国家战略。先后出台《深圳国际低碳城总体发展规划纲要（2012—2020 年）》《深圳国际低碳城产业发展总体规划》等关于土地利用、产业发展、综合交通、公共设施和生态环境等的规划文件，推动低碳由理念到落地。创新实施“城馆会”一体化格局，成功举办十届深圳国际低碳城论坛，成为绿色低碳领域的大事件、文化 IP，极大地提高了国际低碳城知名度。会展场馆融入 120 项绿色低碳技术设计，是低碳理念的具体实践，支撑低碳城品牌、扩大国际影响力、促进招商引资。低碳城为深圳国际低碳城论坛提供了空间载体，是低碳论坛理念在空间上的转化落地，为城市低碳发展和建设积累了实操经验。

三是坚持绿色发展，推动绿色高质量增长模式。加快推动产业绿色低碳转型。以清洁生产审核、园区循环改造等为抓手，全面淘汰低端落后产业，升级打造特色产业园，推动企业转型升级，累计淘汰落后低端企业 1 547 家。做大做强绿色低碳产业，以深圳国际低碳城区域为集中承载区引进低碳型产业，聚集 314 家规模以上企业、245 家国家高新技术企业、14 家上市企业、100 家亿元企业，涵盖文化创意、新材料、环保、航空航天等战略性新兴产业。增强了产业的绿色创新能力。建设深圳国际大学园，引进香港中文大学（深圳）、深圳北理莫斯科大学等高等院校和科研机构，增强基础创新能力。推动生态环境部与深圳市人民政府共建的“一带一路”环境技术交流与转移中心（深圳）落户龙岗，该中心被列入国家发展改革委“一带一路”建设重点项目。全区国家高新技术企业总量达到 2 810 家，各类创新平台总量达到 253 家，柔性引进的两院院士及国际知名他国工程院院士 8 名，累计引进、培育创新创业团队 50 个。高新技术产业产值占工业总产值比重超过八成，战略性新兴产业增加值占全市比重超过 1/6。

第三，我们不断开拓创新，开展了减污降碳协同增效的龙岗探索。一是重点攻坚，开辟电镀行业减污降碳落地路径。以重点行业企业为突破，全面梳理、优化电镀行业生产工艺流程，创新污染治理手段，科技管理双向发力，推动污染物、碳排放量“双降”，产品质量、价格“双升”。率先出台首个行业减污降碳协同增效指引——《龙岗区电镀行业减污降碳协同增效指引（试行）》。

二是降碳生金，建立全省首个企业碳标识服务体系。通过梳理企业发展特征与诉求，结合监管要点，制定《龙岗区企业碳标识评价服务方案》，建立具有龙岗特色的碳标识评价与管理运用体系，开展企业碳标识分类分级评价工作，形成低碳领跑者、低碳中坚者、低碳追赶者名单，实行差异化服务与管理。做实企业碳标识评价与运用规范，与中国建设银行龙岗支行建立互认“低碳绿色企业”名录库，打通降碳生金融资渠道，为企业降碳生金注入强劲动力。

三是改革创新，开创全国环保合规先河。对涉表面处理、炼金和珠宝首饰加工企业开展专项整治，印发《龙岗区东江流域涉污企业环保合规建设白皮书》，指导企业落实各项污染防治措施，全面提升企业环境规范化、标准化建设水平，逐步走出从事后监管向前置防范和化解企业生态环境保护风险的新道路，推动企业从“要我治污”到“我要治污”的转变，推动生态环境领域政府、企业、园区、社会组织和个人，共建、共治、共享。

四是以高水平保护促进高质量发展。龙岗区一直坚持以“有为政府”与“有效市场”组合发力，共同促进城市绿色低碳发展。为持续优化营商环境，激发市场主体内生动力，龙岗深化“放管服”改革，出台“绿色撑企 20 条”“促高质量发展 18 条”等，以极简政务、极准监管、极优服务、极惠扶持为辖区企业提供便利、高效、纾困服务，激励企业绿色转型。

五是培养全民低碳意识，营造共建共享绿色城市的发展格局。在全民低碳意识培养方面，我们也加大力度积极引导全社会共同参与到城市绿色低碳发展建设当中。我们通过打造绿色标识，开展绿色产品认证，引导市民进行绿色消费，也在加紧建设碳普惠平台，营造绿色生活、绿色出行等场景，鼓励全社会参与到绿色行动中来。通过开展绿色创建活动，如建设环境教育基地、自然学校、绿色企业等，将绿色低碳的理念渗透到各行各业之中。在 2023 年的首个全国生态环境日活动上，我们还发布了生态龙岗“绿水青山就是金山银山”环游地图。地图选取了龙岗区“绿水青山就是金山银山”实践创新转化案例、近零碳排放单位、深圳市环境教育基地，融合“绿水青山”和“金山银山”双向转化与“双碳”建设成果，规划添绿增金、点碳成金、降碳生金三条生态环游线路，展示龙岗生态之美。

“人不负青山，青山定不负人。”龙岗将不断牢固树立“绿水青山就是金山银山”的理念，坚持生态优先和绿色发展，积极构建完善现代绿色产业体系，全力打造宜居宜业的生态高地，努力成为人与自然和谐共生的深圳东部中心典范，努力建设以绿色低碳为新优势的生态之区，不断做好污染防治的“减法”和生态低碳发展的“加法”，让市民群众获得感成色更足、幸福感更可持续、安全感更有保障。

山东省自然生态保护监管工作情况简介

山东省生态环境厅生态处处长　王青

近年来，山东省各级生态环境部门深入贯彻落实习近平生态文明思想，在生态环境部自然生态保护司的关心指导下，在生态环境部南京环境科学研究所等技术单位的大力支持下，站在人与自然和谐共生的高度，扎实履行生态保护监管职责，为美丽山东建设筑牢坚实基础。

一是生态保护监管制度体系逐渐完善。2021 年以来陆续发布了《山东省生态环境厅关于加强生态保护监管工作的实施意见》《山东省自然保护地生态环境监管工作暂行办法》《生物多样性保护战略与行动计划（2021—2030 年）》，2023 年制定了首个陆海统筹的《山东省生物多样性保护条例》，率先印发了省级生态保护红线生态环境监督办法，与自然资源等部门联合印发《山东省自然保护区生态环境问题整改销号实施细则》，年内即将出台《关于进一步加强生物多样性保护的实施意见》。随着这些规定、办法、意见的制定出台，生态保护监管制度体系更加完善，各级生态环境部门在开展监管工作的过程中，目标更加明确，职责更加清晰，程序更加规范，成效更加显著。

二是部门协同工作机制基本建立。立足监督性监管职责，与相关部门不断探索建立分工更明确、责任更清晰、监管更高效的合作机制。自然保护地方面，与自然资源、交通、水利、农业农村、海警部门密切配合，开展“绿盾”自然保护地强化监督检查专项行动和各类自然保护地执法检查专项行动。生态保护红线方面，与自然资源部门共同加强管理，对生态保护红线内允许的有限人为活动和国家重大项目，明确认定程序，加大监管力度。生物多样性保护方面，与自然资源、农业农村、公安等部门连续几年联合举办各类宣传教育活动，极大提升了公众保护生物多样性的意识。

三是重点区域领域监管成效日益凸显。自然保护地方面，在山东省黄河流域 10 个自然保护区率先开展生态环境保护成效评估工作，推动各自然保护地不断提升生态环境质量。生态保护红线方面，2022 年选择 2 个县域作为省级试点，2023 年要求每市选定一个县域作为试点，开展生态保护红线基础调查、生态功能评价、生态破坏问题监管、保护成效评估等工作，创新提出了省级生态保护红线生态破坏问题监督流程，为下一步全面开展监督工作探索积累经验。生物多样性保护方面，在黄河三角洲、泰山—徂徕山、崂山等重点地区开展生物多样性调查，与中国环境科学研究院在黄河三角洲建立了黄河流域首个生态环境定位观测站，建设了东平湖青头潜鸭等 10 余个养护观测站，不断加强宣传科普，形成全社会关心关注生物多样性保护工作的良好氛围。

尽管山东省自然生态保护监管工作进展良好，但是面临的形势依然严峻。在客观条件方面，山东省自然生态空间较小，本底条件较差，同时经济体量大、开发强度高，人类活动对自然生态系统干扰大，自然生态保护监管面临较大压力。工作开展方面，山东省自然生态保护监管工作基础比较薄弱，尚未建立“空天地”一体化生态监管体系和生态质量监测网络体系，技术支撑力量不足，与面临的形势和任务相比，监管能力建设存在较大差距。

为此，山东将在自然生态保护司的指导下，向兄弟省份学习先进经验，在以下方面重点开展探索：一是不断优化监管格局，积极发挥监督协调职能，主动与自然资源、水利、农业农村等部门协调配合。二是持续夯实监管能力，谋划建立“空天地”一体化生态监管体系，建立生态质量监测网络，积极争取经费保障，加强队伍培养和建设。三是坚持以点带面，鼓励自然生态本底条件相对较好、工作基础比较扎实的地区率先探索生态保护监管工作，如国家和省级生态文明建设示范区、“绿水青山就是金山银山”实践创新基地、省生态文明强县等，带头在生态保护红线、自然保护地生态破坏问题监督、生物多样性保护、生态补偿制度创新、生态保护监管部门合作机制等方面先行先试，积极探索，形成可复制、可推广的工作经验，对全省起到示范带动作用。

山东省将以习近平生态文明思想和党的二十大精神为指引，按照全国生态环境保护大会的安排部署，锐意进取、奋勇争先，努力推动全省自然生态保护工作再上新台阶，为建设美丽山东、美丽中国做出贡献。

努力构建生态安全屏障　加快美丽幸福西藏建设

西藏自治区生态环境厅党组成员、副厅长　阿松

青藏高源被称为“世界屋脊”“亚洲水塔”“地球第三极”，拥有独特的地理环境，是国家重要的生态安全屏障。党的十八大以来，以习近平同志为核心的党中央，站在保障中华民族生存和发展的历史高度，多次就西藏生态环境保护工作发表重要讲话、作出重要指示批示，要求“把青藏高原打造成为全国乃至国际生态文明高地”。我们始终牢记习近平总书记嘱托，深入贯彻落实党中央决策部署，积极推进国家生态文明示范区建设，着力打造生态文明高地，生态环境持续保持良好，为维护国家生态安全做出了西藏贡献。

一是不断夯实区域生态安全基础。截至 2023 年第三季度，全区环境空气质量优良天数比例达到 98.9%，城镇集中式饮用水水源地水质达标率为 100%，主要江河湖泊水质达到或优于Ⅲ类水体比例保持 100%，土壤环境质量总体稳定。国务院新闻办发布的《西藏和平解放与繁荣发展》白皮书显示，全区生态系统整体稳定，环境质量持续向好，是世界上生态环境最好的地区之一。

二是持续强化区域生态安全建设。据统计，“十三五”期间，全区投入生态保护建设资金 202.30 亿元，是“十二五”时期 96.75 亿元的 2.09 倍。深入实施《西藏生态安全屏障保护与建设规划（2008—2030 年）》，截至 2023 年第三季度累计投入 127.2 亿元。持续推进国土绿化行动，实施拉萨南北山绿化和“两江四河”流域植树造林工程，全面消除了“无树村”“无树户”，森林覆盖率提高至 12.31%，草原综合植被盖度达到 47.14%。在拉萨市和山南市分别组织实施了山水林田湖草生态保护修复试点项目。

三是加大自然保护地保护力度。自治区人大、政府和有关部门相继颁布、制定和出台了一系列与国家相配套的自然保护地法规和规章，全区珍稀野生动物种群呈现恢复性增长。发现白颊猕猴等新物种 5 个、东歌林莺等新纪录物种 5 个。强化高黎贡山生态系统保护，在吉隆县开展生物多样性保护优先区域生物多样性调查。对 81 处各类自然保护地进行优化调整，持续开展“绿盾”自然保护地强化监督检查专项行动，退出自然保护地矿业权 242 宗。

筑牢西藏生态安全屏障是把青藏高原打造成全国乃至国际生态文明高地的需要，也将为生态文明建设提供西藏方案和西藏经验。下一步，西藏生态环境系统将坚决扛起为中华民族生存和发展做贡献的政治担当和打造国家乃至国际的生态文明高地的使命担

当，坚决贯彻落实习近平生态文明思想和习近平总书记关于西藏工作的重要论述，坚决在筑牢生态安全屏障上持续发力建新功，在建设美丽新西藏上久久为功出成效，确保西藏生态安全作用更加明显、生态安全地位更加巩固、生态安全屏障更加坚实！

生态优先、绿色发展
奋力打造绿色低碳高质量发展“莱山样板”

山东省烟台市莱山区人民政府区长　蒋海华

莱山区位于山东省胶东半岛东北部，美丽的黄海之滨，1994 年建区，总面积 285 km^2，常住人口 41.9 万人，是烟台市委、市政府驻地和全市的行政中心、科教中心。近年来，莱山区深入学习贯彻习近平生态文明思想，牢固树立和践行“绿水青山就是金山银山”的理念，在生态环境保护上坚持系统谋划、统筹建设、网格管理、联合执法、全民参与，构建起协调联动、高效运转的大环保格局，全区生态环境质量持续改善，河湖岸线保护率达到 100%，环境空气质量主要指标常年优于国家二级标准，先后入选山东省生态文明强县、第三批省级生态文明建设示范区、第三批省级“绿水青山就是金山银山”实践创新基地、第七批国家级生态文明建设示范区等。

一、坚持把生态优美作为民生之基，全力打造和谐共生的宜居家园

莱山区濒临黄海，海岸线长 10 km，山、林、河、湖、海、岛等资源丰富，具有良好的自然禀赋。近年来，莱山区坚持整体思维、系统理念，不断将资源优势转化为生态优势、发展优势。高标准开展植树造林，建成围子山、辛安河、沿海防护林三大省级自然保护区，森林覆盖率达到 46%。积极开展美丽河湖、效益河湖、数字河湖建设，2020 年开展省级美丽河湖评选以来，辛安河、瀑拉河、朱柳河 3 条河流先后入选；投资 9.4 亿元打造了凤凰湖公园、逛荡河绿带公园，带动周边居住、商业、产业集聚发展；大力开展数字河湖建设，建设瀑拉河“数字孪生”试点，河湖管理水平将大幅提升。投资 1.5 亿元建设 20 km 山海步道，实现串山、观海、揽城，沿线的渔人码头、耕海 1 号、海韵路等项目成为网红打卡点。良好的生态环境成为莱山区最亮丽的名片，近 10 年常住人口平均每年新增 1 万人以上。

二、坚持把污染防治作为应尽之责，系统实施标本兼治的攻坚举措

对于影响生态环境的系统性问题，我们坚持全域统筹，克服资金压力，通过打包实施生态环境重点工程，一次性解决以往需要反复治理的顽疾。2017 年，立足于中心城区的区位特点，实施全域禁养，投资 2.4 亿元拆除畜禽养殖大棚近千处，彻底杜绝畜禽粪

便对空气、水源的污染。2019—2022 年，累计投资 5.8 亿元完成城乡供水一体化和农村改水改厕，从根本上解决了农村地区污水横流问题，全域消除黑臭水体。投资 7 000 余万元在全省率先实现城乡生活垃圾分类全域覆盖，成功承办全省现场会、华东六省一市现场会。主动接受市人大专题询问及社会监督，健全完善环境空气质量污染防治三级网格管理、河（湖）长制等体制机制，将东风河、马家都河支流整治纳入烟台母亲河——夹河流域综合治理大战略，确保环境问题隐患“早发现、抓苗头、细排查、严整改、堵源头”；以建设全省法治政府示范区为契机，不断强化执法能力建设，严厉打击破坏生态环境的违法行为；加大宣传力度，鼓励群众对生态环境违法行为进行有奖举报，形成全员参与的良好氛围。

三、坚持把绿色低碳作为治本之策，不断提升产业发展的质量能级

烟台市是山东新旧动能转换综合试验区“三核”城市之一，2023 年成功举办了山东省首个以绿色低碳高质量发展为主题的国际性盛会。莱山区作为烟台市的中心城区，被赋予建设全市“3060”创新区和绿色低碳技术产业区的重大使命。近年来，坚持加快生产方式绿色转型，累计投入 150 亿元开展工业技改，建成市级“绿色工厂”7 个，全区 124 家规模以上工业企业中，拥有省级“专精特新”企业 73 家、国家级“小巨人”企业 14 家、省级“独角兽”企业 2 家，省级以上创新平台 100 家。大力发展节能环保、高端装备制造、新一代信息技术等新兴产业，全面落实服务企业专员制度，“一企一策”制订骨干企业倍增培育计划，常态化开展双推双促、企业联盟活动，成功创建省级生态环境保护特色产业园，依托杰瑞环保、金正环保、仕净环保、东方威思顿、融发核电等骨干企业，打造特色园中园，总投资超百亿元的中集“零碳”智造产业园、“专精特新”产业园、电子信息和人工智能产业园等专业园区加快建设，形成治水、治土、治气全产业链发展格局，节能环保绿色低碳产业产值超百亿元。

生态环境保护工作功在当代、利在千秋。莱山区将坚持以习近平生态文明思想为指导，坚决扛起美丽中国建设的政治责任，不断提升生态环境保护的专业能力，以高品质生态环境支撑高质量发展，奋力打造绿色低碳高质量发展的“莱山样板”。

南平市关于区域生态安全与绿色发展的工作开展情况

南平市生态环境局党组成员、副局长　林琳

南平，俗称闽北，辖区土地总面积为2.63万km^2，下辖10个县（市、区），山岭耸立，低丘起伏，河谷与山涧小盆地错综其间，形成以丘陵为主的低山区地貌特征，森林覆盖率78.89%，位居全省前列，各类自然保护地49处，武夷山国家公园位于其中。通过多年努力，截至2023年共有1个市本级、8个县（市、区）获得国家生态文明建设示范区称号，此外，武夷山、邵武、松溪3个县（市）还获得“绿水青山就是金山银山”实践创新基地命名。

一、区域生态安全工作开展情况

2021年10月12日，我国正式设立了包括武夷山国家公园等在内的第一批国家公园。习近平总书记来闽考察时谆谆嘱托：“武夷山有着无与伦比的生态人文资源，是中华民族的骄傲，最重要的还是保护好。”南平市委、市政府认真贯彻落实习近平总书记的重要讲话精神，围绕以武夷山国家公园为主体的自然保护地体系，建设环国家公园保护发展带（以下简称环带）。环带涉及建阳区、邵武市、武夷山市、光泽县4个县（市、区），南平市以国家公园为核心和重点保护区，坚决保护好该区域；划定保护协调区（国家公园红线外约1 km范围）和发展融合区（保护协调区外约4 km范围），进一步扩大周边保护范围，为国家公园保护提供充裕的缓冲空间，提升了生态涵养能力。为进一步厘清思路、明确方向，南平市委、市政府要求形成接地气、可操作、投运营一体的环带“1+3”规划体系。为确保规划切实可行，走深、走实，积极谋划环带内生态环境保护类项目，努力争取中央资金、省级资金支持环带建设。截至2023年10月，共谋划56个项目，总投资74.69亿元，其中进中央库项目12个，总投资2.5亿元，进省库14个，总投资41.12亿元。

二、绿色发展工作开展情况

在环带内，南平市积极探索了生态产品的实现路径，大力培育“五个一”（一座山、一片叶、一根竹、一瓶水、一只鸡）优势生态产品。

一座山，就是武夷山，南平市利用自己的生态优势，大力发展旅游业，把武夷山国家公园作为最突出的生态产品，全力推进环带建设，促进旅游业的发展。

一瓶水，依托优质的矿泉水的资源，南平市发展了一瓶水的产业。利用光泽县非常丰富的水质资源引进落地的武夷山的矿泉水项目，当年产量就达 16 万 t，累计产值超 6 亿元。

一只鸡，光泽县拥有我国规模最大的自养自宰白羽肉鸡专业的生产企业之一圣龙集团。白羽鸡产业链绿色发展模式有力推动了乡村振兴，光泽县也被打造成了中国生态食品城和千亿元视频产业集群。

一根竹，就指竹产业，因为南平市现有竹林面积 652 万亩，竹产业总值超过 480 亿元，位居全国市区第一，且环带内的邵武，还获得了“中国竹家居之都”的称号。

一片叶，是指茶叶。南平的茶文化特别是武夷山的茶文化源远流长，是中国茶叶最齐全的茶产区之一，也是红茶鼻祖——乌龙茶的故乡、白茶发源地，武夷山还是万里茶道的起点。2022 年全市茶产业链达到 410 亿元，茶叶成为推动我们经济发展的金叶子。通过生态产品的培育，南平市践行“绿水青山就是金山银山”的理念，通过绿色经济，把生态优势、资源优势转化为经济优势、产业优势，让“绿水青山”转化为“金山银山”，更好地实现强市富民的目标。

下一步，我们将坚持稳中求进工作总基调，立足新发展阶段、贯彻新发展理念、服务和融入新发展格局，全方位推进绿色高质量发展超越，坚定不移地走生态优先、绿色发展之路，加快环带建设，拓宽“绿水青山”与“金山银山”间的转化新通道，建美绿水青山、做大“金山银山”，加快建设全国绿色发展示范区，奋力谱写新时代富美新南平建设新篇章。

四、流域协同保护论坛

在中国生态文明论坛济南年会流域协同保护论坛上的致辞

山东省生态环境厅党组成员、副厅长　赵峰

党的十八大以来，在以习近平同志为核心的党中央掌舵领航下，在习近平生态文明思想的科学指引下，生态环境保护发生了历史性、转折性、全局性的变化，全面开启了以美丽中国建设全面推进人与自然和谐共生的现代化新征程。水是生态环境的基本要素，促进“人水和谐”是碧水保卫战的根本要求。山东遵循习近平总书记“还给老百姓清水绿岸、鱼翔浅底的景象”的殷殷嘱托，深入推进流域协同保护、系统治理，取得显著成效。2022 年，山东省国考断面优良水体比例达 83%、优于国家下达的年度目标 15.7 个百分点，Ⅴ类及以下水体动态清零。2023 年前三季度，山东优良水体比例提升幅度全国第一。

实践中，山东省持续构建完善污染治理、循环利用、生态保护有机结合的治理体系。坚持系统观念、统筹谋划。从生态系统整体性和河湖流域系统性出发，统筹水资源、水环境、水生态等要素，保水质与增颜值并举，打通水里岸上、陆地海洋、地上地下、城市农村，着力推进地表水污染与地下水污染协同防治、陆域海域统筹治理。马踏湖、东平湖、灵山湾等入围全国美丽河湖、美丽海湾。坚持问题导向、精准施治。把开展入河排污口排查整治作为关键举措，已初步完成入河排污口的排查、溯源、监测，整治完成率超过 90%。扎实推动入海河流总氮污染治理与管控，持续开展入海河流消除劣Ⅴ类水体行动。2023 年春夏航次山东省近岸海域优良水质比例分别提升 13.5 个百分点和 14.1 个百分点，再次刷新监测纪录。坚持协同保护、多元共治。我们与河南省签订黄河流域首份省际横向生态补偿协议，推动鲁苏豫皖四省建立南四湖流域水生态环境联防联控机制，在省内实现了县际间流域横向生态补偿全覆盖、全兑付，真正“让保护者受益”。同时，生态环境损害赔偿案件数量和案值均居全国首位，切实做到“让破坏者受罚”。“保护责任共担、流域环境共治、生态效益共享”的良性治理格局已经形成。

流域水环境水生态的法律保护——以永定河为例

生态环境部首席法律顾问 别涛

本文以永定河为例，针对流域协同管理的法律保障从四个方面展开讨论。

第一，流域系统完整性要求。与其他国土面积较大的国家，如俄罗斯、印度、巴西等不同，那些国家江河长，但大多数是联邦制，当下中国有自己的特征，更有利于流域水环境水生态保护。6 300 多 km 长的长江，如果在联邦制的国家为其单独立法是很难想象的。但是我们也存在一些法律上的问题，地方政府只对辖区环境质量负责，以永定河为例，仅长 860 km 却流经 50 多个县市，50 多个县市只能负责本县市的一段，所以需要流域协同管理。水资源的管理要按照习近平总书记的要求尊重自然、顺应自然。尊重自然规律，要做到三个协同，管理、经济、技术协同，因此在管理上也要顺应自然规律。

第二，系统保护的政策性管理。当前提到的控制排污口，旨在加强面源污染治理。面源污染治理仍处在探索阶段，工作有难度且需要创新，尤其是在《中华人民共和国长江保护法》发布后，生态环境部、农业农村部根据流域的特征对生态系统考核指标和对象进行了调整，长江流域生态考核指标，过去考核重点是排放，现在是考核水体质量，水体是否清洁，COD 是否过高。而且现在设计的指标也比较科学，总之第一要求保证有水，第二要求水体清洁，第三要求水中是有生命的，在农村江河水里必须有鱼，水必须有流动，上下贯通天地交融。

中共中央、国务院印发的《国家水网建设规划纲要》（以下简称《纲要》）考虑到了水网特征性、流域和水网交错的问题，其中除了生态环境部，水利部、国家发展改革委、自然资源部也做了贡献。《纲要》指导思想里面除了安全保障、防洪减灾，还提到了实现经济效益、社会效益、生态效益、安全效益相统一。《纲要》中提到的工作原则，分别是立足全局、保障民生，节水优先、空间均衡，人水和谐、绿色生态，系统谋划、风险管控，改革创新、两手发力。《纲要》制定的发展目标有 2025 年和 2035 年两个时间节点。《纲要》的印发为国家现代化发展提供水安全保障。

《纲要》中提到了完善河湖生态保护治理体系。一是要加强加快河湖生态保护治理，其中特别需要关注的是生态补水、保障河湖生态流量、禁止侵占河湖等问题。不久前笔者再次考察永定河时，想到朱镕基同志在 1998 年讲的话，如果人不给水通道通路，水就不给人以活路，在河湖上盖了大量的房子，一场水来了之后，恐怕水火无情。所以要加快划定河湖管理范围和岸线保护范围，没有足够的缓冲地带和保护范围，一场大水都要归零。二是加快地下水超采综合治理，这也很重要，尤其是重点地区，如黄河的上中游，陕西、河北一带，这些地带生态很脆弱，要以流域为单位，以山清、民富为目标，统筹治理打造清洁生态流域。三是推进水源涵养与水土保持，这一点笔者就不做过多介绍了。

《纲要》中还提到要推动国家水网高质量发展，其中建设生态水网工程，需完善规划政策体系。2021 年国务院印发的《黄河流域生态保护和高质量发展规划纲要》涉及 9 省区之多，强调综合提升上游的水源涵养能力，中游水土保持水平，下游增强生态系统稳定性，加强全流域水资源节约集约利用等法律法规制度建设，保障黄河的安全，治理污染。此外，还要做好基础工程的建设，永定河流域在新型基础设施建设方面做得很好。

流域协同保护需加快改革，用改革推动流域治理，健全生态产品的价值实现机制，要让上游的保护实现经济效益，这样才能可持续发展。关于生态价值，国家设有专门的资金进行横向补偿，包括生态环境损害赔偿资金等，保护要受益，违法要受到惩罚。同时还要保持区域间的开放合作，关注流域各地区之间、上下游区域合作协同的问题。在区域协作方面，支持山东、山西、内蒙古深度对接，京津冀协同发展，推动黄河、长江流域的生态保护、协同保护修复等，这些要求对理论研究、产业发展、绿色投资都很有启发的。

第三，流域性保护法律规定。一是国家层面上，笔者仅就下面几个法律中关于流域保护的规定进行阐述。现行的《中华人民共和国水污染防治法》规定，按流域或按区域进行统一规划，但流域和区域谁服从谁是值得思考的。现行的《中华人民共和国水污染防治法》提高了要求，国务院有关部门和县级以上地方人民政府在开发、利用和调节、调度水资源时，应当统筹兼顾，维持江河的合理流量和湖泊、水库及地下水体的合理水位，要建立重要江河、湖泊的流域水环境保护联合协调机制，实行四个统一，即统一规划、统一标准、统一监测、统一的防治措施。实施流域的环境资源承载评价和能力预警机制。有些地方出现过载的情况就要调整，要有所节制。

国务院印发的《水污染防治行动计划》，提到了节约保护水资源，以及与水环境、水生态相关的内容。在“着力节约保护水资源”中，要求加强江河湖库水量调度管理，科学确定生态流量。关于水环境保护也谈到，全力保障水生态环境安全，尤其是第二十八条提到了保护水和湿地生态系统。因此永定河官厅水库，要加强对生态的保护，科学划定生态红线，禁止侵占水源涵养的空间，加快生态保护修复。要还林还草还湿地，已经侵占的要限期退还，缺了要补充。要设置两车道宽的缓冲带和隔离带，以抵御洪灾。

《中华人民共和国长江保护法》是最大的流域保护法，涉及规划、管控、生态修复、绿色发展方面，涉及的领域其实远远超过了污染防治和水资源调度的范围，是立足于绿色发展的立法。其中规定，要科学确定生态流量及河流、湖库水量的管控指标，要把水量纳入年度调水的计划，确保生态用水纳入水利工程日常调度，要保障江河基本用水的需求。与《中华人民共和国长江保护法》相比，《中华人民共和国黄河保护法》在标准上、应用上都有进一步的发展，提到了高质量发展。其中有几条是对生态用水的要求，这点类似于《中华人民共和国长江保护法》。流域保护必须有保障，起码的生态水位必须有，而且要通过制定并实施方案予以保障。

《中华人民共和国水法》对水资源的规划和配置也有专门的要求，区域按照区域流域的特征实行统一规划，注意区域规划与流域规划的关系和各自的内涵。国家指明了有限的水资源调配使用的方向——生活优先兼顾生产和生态，首先要满足生活用水，兼顾工农业生产用水和生态环境用水。

《中华人民共和国水土保持法》从责任、规划、预防、治理等方面对生态保护提出了要求。《中华人民共和国湿地保护法》是湿地保护方面的法律，涉及湿地水资源的保护利用。《中华人民共和国生物安全法》提到要保障流域生物资源安全。

《中华人民共和国青藏高原生态保护法》是特殊区域的生态保护法，有关于生态布局、生态修复和生态风险防控的内容。与之类似的还有一些地方性的立法，在 20 世纪 90 年代就有关于淮河流域和太湖流域的条例，贵州省赤水河流域有一项关于酱香型白酒的保护条例，还有关于赤水河流域保护的条例；赤水河流域地跨云贵川三省，在三个省的协同下，赤水河流域各地政府一起商定的《赤水河流域保护条例》颁布之后分步实施，这是协同立法方面难得的范例，同时该条例章节中提到了规划投资、资源保护、绿色发展、区域协调等内容，这都启发了笔者。

《长江流域水生态考核指标评分细则（试行）》是生态环境部、国家发展改革委、水利部、农业农村部四个部门制定的，有关于水资源、水环境等，涉及 50 多个水体，针对河流的有 10 个指标，湖泊的有 11 个指标，水库的有 6 个指标，分为好、中、差三个等级。

第四，跨行政区环境立法依据。在地方性的法规方面，省一级可以根据本省实际情况制定当地需要的地方性法规，市人大及其常委根据本市的具体情况和实际需要，依据宪法、法律、行政法规等，在综合考虑地方专属事权、执行国家法律法规的基础上，地方可以制定地方性法规。地方之间的协同立法，要建立区域协同的立法机制。民族地区立法，有自治条例和单行条例。永定河流域从山西、内蒙古一直到渤海贯穿京津冀地区，需考虑京津冀地区协同发展战略，在京津冀协同发展基础上的永定河保护，我们应该敢于想，敢于提。

国家战略核心之一是要扩大流域生态容量和生态空间。山西、河北、河南、内蒙古，这些地区人口高度密集，空间、容量和社会发展不够匹配，需要进行调节。习近平总书记很早就提出着力扩大环境容量生态空间，“十三五”规划也提到扩大环境容量和生态空间，相关的论坛许多也提到了区域一体化和协同发展，提到了生产、生活、生态协调的空间发展，地方政府也有相关协议。永定河流域内各地区应始终围绕这些做文章，在国家没有专门立法的情况下，制定了相关规定，还有几个地市如张家口、大同也有规章，但使用范围比较有限，做不到全流域管理，客观上需要研究永定河协调综合立法。

最后建议为了永定河生态保护和高质量发展，参照长江和黄河保护的立法和研究，进一步将其纳入国家经济一体化战略布局。同时推动永定河流域协同保护立法，具体可以参照《太湖流域管理条例》和《淮河流域水污染防治暂行条例》中国家和地方的协同治理的办法。

永定河流域协同治理实践与探索

永定河流域投资有限公司总经理 彭增亮

一、永定河流域概况

永定河是海河水系最大的一条河流，流经蒙晋冀京津 5 省（区、市），总长 865 km，流域面积 4.7 万 km^2，是华北地区重要的生态走廊和重要的人口、产业、经济载体，是我国四大防洪重点江河之一，是京津冀水网“六横三纵”中的重要一横，也是首都北京的母亲河。

永定河流域的问题，其实与北方其他流域大同小异。一是水资源禀赋差，超载严重；二是水环境承载力低，污染严重；三是生态空间不足，功能退化；四是区域协同管理能力薄弱，亟待加强。

二、永定河流域投资有限公司基本情况

2014 年 3 月 14 日，习近平总书记在中央财经领导小组第五次会议上指出，“要统筹永定河上下游用水，进行中小河流综合治理，恢复自然生态和流量”。次年，永定河全面修复被纳入了《京津冀协同发展规划纲要》。2016 年，国家发展改革委、水利部、林业和草原局共同印发《永定河综合治理与生态修复总体方案》，明确了永定河综合治理与生态修复的指导思想、基本原则及治理目标和重点治理措施。2017 年，永定河综合治理与生态修复部省领导小组成立，同年印发《关于组建永定河流域治理投资公司的指导意见》，当年京津冀晋四省市签署《京津冀晋四省市人民政府组建永定河流域投资有限公司合作框架协议》，次年永定河流域投资有限公司正式成立。

三、流域协同治理工作

（一）模式和机制，是流域协同治理的基础

作为首家由国家顶层设计、以流域为单元、跨省级行政区的流域一体化治理投资公司，永定河流域投资有限公司贯彻“绿水青山就是金山银山”理念和习近平总书记提出的“节水优先、空间均衡、系统治理、两手发力”的治水思路；落实水利部“统一规划、统一治理、统一调度、统一管理”工作要求，深化探索“两个一体化”模式，以市场化方式高效组织实施永定河流域综合治理与生态修复；不断强化机制支撑，探索协调工作、

协同治理、农业节水、横向生态补偿、资金平衡五大机制；做实投建管运一体化平台推动实现流域长效、可持续治理，推动构建“流域统筹、区域协同、部门联动、政府指导、企业主体、两手发力”的治理管理格局，打破“一地一段一岸”治理局限，凝聚起治水管水的强大合力。

（二）规划引领，是流域协同治理的关键

《永定河综合治理与生态修复总体方案》《关于组建永定河流域治理投资公司的指导意见》《京津冀晋四省市人民政府组建永定河流域投资有限公司合作框架协议》《永定河综合治理与生态修复总体方案（2022 年修编）》《加快推进永定河流域治理管理现代化工作方案》5 个顶层文件是永定河综合治理与生态修复制度设计上的纲领性文件，国家、地方法律法规和相关行业政策及每年京津冀协同发展工作要点等，构成了永定河综合治理工作的政策依据和法理基础。业务规划方面以《永定河综合治理与生态修复总体方案》为指导，在流域尺度上以提升生态系统多样性、稳定性和持续性为目标，兼顾生态、社会、经济多种因素，将永定河划分为水源涵养区、平原城市段、平原郊野段、滨海段 4 个区段，突出重点，分区施策。水源涵养区以增加水源涵养能力、维持河道生态基流为重点，平原城市段以保障中心城区防洪安全为重点，平原郊野段以恢复河流自然特性为重点，滨海段以打造滨海生态走廊为重点。

（三）要素协同，是流域协同治理的重点

永定河流域要素协同治理着眼于现实，以生态空间和生态环境治理提升为目标，主要体现在“水”和“林”。上游最主要解决水土流失问题，目前中度及以上流失面积由 5 699 km^2 减少至 649 km^2，减少了 89%。启动实施农业节水项目 24 个，完工后可新增节水灌溉面积 57.63 万亩，新增节水能力 8 353 万 m^3。

（四）数字孪生，是流域协同治理的支撑

聚焦永定河综合治理与生态修复需求，遵循数字孪生流域建设总要求，充分运用物联网、大数据、云计算、人工智能、数字孪生等新一代信息技术，搭建数字孪生平台，完善信息化基础设施，建设“2+N”水利智能业务应用，构建网络安全体系。重点支撑永定河流域水资源管理与调配、官厅水库下游防洪的“四预”功能，兼顾河湖管理、节水管理、工程运行管理和流域水文化等业务应用，全面建成具有“预报、预警、预演、预案”功能的“数字孪生”永定河，实现数字化场景、智能化模拟、精准化决策。

（五）四位一体，是流域协同治理的总要求

围绕“生态筑基”和“产业运营”两个抓手，实现降碳、减污、扩绿、增长协同增效，实现功能上的“四位一体”。例如，节水就是最大的减污；城市再生水用于河湖生态补水，农业灌区改造实现节水，就是在实现“四位一体”的功能。

四、流域协同治理成效

（一）河流生命复苏

目前永定河全线通水逐步常态化，河槽河型基本塑造完成，河流功能恢复，河流生态廊道基本贯通，流域水网主骨架初步形成，逐步恢复了自然河流形态。

（二）流域生机再现

河流生境逐渐恢复，流域生物多样性、稳定性、持续性稳步提升。截至 2022 年调查发现浮游植物 424 种，浮游动物 269 种，底栖动物 274 种，鱼类 51 种，鸟类 360 余种，国家一级保护动物黑鹳已连续三年在永定河山峡段越冬。流域沿线地下水位均呈回升状态，永定河平原段 2022 年 12 月与 2017 年 1 月相比地下水位平均回升 3.4 m。2022 年全线通水，通水河长 865 km。重点河段岸滨带和滩地总面积 1 005.3 km^2，2022 年植被覆盖面积 288.3 km^2，占总面积的 28.7%，比 2016 年滩地植被面积增加了 152 km^2。

（三）城乡安全发展

通过五年的治理，在水资源补给、节水能力提升、控制水土流失、防洪能力提升、水生态服务价值增长、沿线经济社会价值提升等方面促进了城乡安全发展。增加了流域水资源补给，地表水补给 35 亿 m^3、地下水回补 9 亿 m^3。2016—2021 年，中度及以上流失面积由 5 699 km^2 减少至 649 km^2，减少了 89%。2015—2022 年，永定河水生态服务价值增长了 257.35 亿元，年均增长率为 11.20%。启动实施农业节水项目 24 个，完工后可新增节水灌溉面积 57.63 万亩，新增节水能力 8 353 万 m^3。2016—2022 年，流域沿线各地市反映经济社会价值提升的主要指标数据均实现两位数的增长，高于京津冀地区平均增长率 10 个百分点。

经过五年的治理，永定河经受住了“23·7”流域性特大洪水的检验。该特大洪水流域降雨总量超 40 亿 m^3，北京段降雨总量超 16 亿 m^3；最大降雨点位出现在门头沟，达到 1 014.5 mm，是北京地区有仪器测量气象记录 140 年以来的历史最高值。流域产流量超 6 亿 m^3，北京段产流量超 3 亿 m^3。卢沟桥最大洪峰流量为 4 650 m^3/s，超 50 年一遇标准，是 1925 年以来最大值。降雨落区重叠度高，7 月 30 日—8 月 1 日，强降雨落区集中在门头沟、房山等西部山区，门头沟区平均降雨量为 586 mm，超多年年平均降雨量 11%。官厅—三家店区间流域径流系数达 0.27，其中青白口以上流域径流系数达 0.38，远超海河流域多年平均径流系数。洪峰演进快，三家店拦河闸最大洪峰达 3 750 m^3/s，洪峰仅用半小时就传播至卢沟桥；卢沟桥最大洪峰流量从 1 000 m^3/s 上涨到峰值 4 650 m^3/s，仅用了 1.5 h。

五年来，流域水网越织越牢，防洪减灾设施逐步完善，协同防御能力不断提升，在应对本次特大洪水中发挥了重要作用，主要体现在以下五个方面。

1. “流动的河”贯通行洪通道，保障了首都安全

全面疏浚流域骨干河道，打通了干流 120 余处断点、堵点，实现了自 1996 年断流以来 865 km 河道首次全面贯通，增加了河道行洪断面。有效应对河流“善徙、善淤、善决”问题，采用“以水开路、用水引路”、生态补水水头冲刷下切及人工诱导等方式，解决部分河道主槽不明显、沙质河床水流走势易变等问题，有效避免洪水游荡，减轻横河、斜河影响，确保了干流堤防安全，保障首都防洪绝对安全。保障河道行洪空间，依托流域各级河长，深入推进河湖“清四乱”常态化、规范化和河道碍洪问题清理整治，不断强化水域岸线空间管控。其中，北京段腾移树木 5 万余棵、迁移电线杆 500 余根、腾退土地 6 400 余亩；河北泛区段异地搬迁村庄 9 个 900 余户 3 600 余人，征迁土地 1 000 余亩，大幅减少了洪水受灾人员转移压力、洪水淹没风险和受灾损失。

2. “安全的河”筑牢防洪体系，减少了洪水影响

永定河综合治理与生态修复完善了以大型水库为骨干、河道堤防为基础、蓄滞洪区为依托的流域防洪工程体系。在水库治理方面，保障防洪库容安全、加强水库除险加固和安全管护，提升了应急调度能力。在河道堤防建设方面，上下游新建和加固堤防 369 km，干流堤防达标率为 99.7%，有效防范了北京段和大兴机场段溃堤风险。在蓄滞洪区建设方面，完成泛区内主槽清淤疏浚 70 km，将天津段主槽过流能力提升至 200 m^3/s，减少了泛区淹没范围，加快了洪水消退速度。

3. 构建管理新格局、畅通调度体系，提升了防御能力

构建流域治理管理新格局，由国家进行顶层设计和推动，建立部省联合推进机制，组建部省协调领导小组，成立流域公司，统一规划、统一治理、统一调度、统一管理，协调解决重大难点问题，安排中央资金支持流域治理项目建设，全流域一盘棋，形成了“流域统筹、区域协同、部门联动、政府主导、企业主体、两手发力”的治理管理格局，为流域协同联动共同应对特大洪水奠定了基础。推动形成“上下游、左右岸、干支流”统一调度体系，在持续的生态补水中，构建了“信息共享、会商研判、资源互助、协调联动”的防汛应急工作格局，提高了洪水统一调度和应急处置效率，为防洪救灾赢得了宝贵时间。洪水期间，官厅等水库提前停止下泄，“上蓄”洪量超 7 000 万 m^3；清水河斋堂水库推迟大流量泄洪，有效应对“双峰”洪水过程；公司运营的珠窝、落坡岭水库作为山峡段仅有的两座控制性水库，充分发挥了拦蓄功能，消峰率达 50%，保障了库区落坡岭火车站滞留旅客和下游人民群众的安全，也保障了大坝安全。卢沟桥等枢纽“中疏”，滞洪水库首次启用，累计蓄滞洪水 7 500 万 m^3，最大限度发挥蓄洪调峰作用，将卢沟桥洪峰流量由 4 650 m^3/s 调低至北京出境时的 1 330 m^3/s。永定新河等河道“下排”，永定河泛区“适当地滞”，最大蓄洪量达 2.56 亿 m^3，洪峰流量由固安站 2 250 m^3/s 削减至屈家店枢纽的 245 m^3/s。

4. 五年治理造就专业队伍，形成了防汛主力

五年治理锻造了专业化、职业化的治水铁军，在本次抗洪救灾及灾后恢复重建工作中，公司广大职工在关键时刻发挥了最为关键的作用，体现了强大的凝聚力、强烈的责任心、过硬的战斗力、强大的自信心。当好汛前监测预报“前哨兵”，及时高效汇总分析流域沿线雨水情监测预报信息，建立洪水演进模型，开展洪水调度推演。当好汛中应急抢险“主力军”，迅速组建 99 支 1 300 余人的应急抢险队伍，妥善处置北京宛平湖燕化管架桥、天津武清区罗古判村、廊坊固安县北村闸等多处险情，配合属地政府完成泛区人员转移。当好汛后恢复重建“突击队”，迅速组建由 20 余名外部专家和 10 余名公司业务骨干组成的洪水调查专项工作队，组织近 10 家科研单位开展洪水调查和复盘工作，绘制全流域洪水淹没范围图和主槽变化对比图，系统检视流域防洪体系运用情况，梳理流域水利设施和水利工程运行情况、生态环境变化情况，科学评价洪水造成的影响，为后续应急修复、恢复重建工作打下坚实基础。

5. 保护重大基础设施不受冲击，保障了经济社会正常运转

永定河地处京畿要地，不仅是京津冀防洪的重要保障，还关系到南水北调中线工程、大兴国际机场等重要基础设施防洪安全。永定河综合治理在重大基础设施保障工作中，始终注重完善机场蓄滞洪体系，发挥主动蓄洪功能。新建滞洪湿地累计蓄滞洪量 330 万 m^3，在机场地区降雨量高于大兴区平均降雨量 51%的情况下，避免了机场临空经济区直接遭受威胁，有效维护了机场飞行秩序。加强跨河设施安全防护，保障区域交通和供水安全。平原南段沿线建有跨河桥梁 19 座，跨河管架桥 10 座，流域治理有效保护了跨河设施安全。其中，燕化管架桥的安全防护保障了京西南 300 万群众和多家工业用户的用水安全；跨干流重要铁路、公路桥梁无一损毁，最大限度地降低了洪灾对人民群众正常生产生活秩序的影响。强化防灾减灾救灾配套设施建设，有效保障了沿线群众生产生活安全。累计建设巡河道路 477 km、跨河桥 100 余座，在本次特大洪水中发挥了救灾生命通道作用，助力泛区 8 小时完成 15 万人安全转移。

企业视角下流域高质量绿色发展思考

中国长江三峡集团长江生态环境工程研究中心教授级高级工程师　李翀

生态环境问题与资源开发利用相伴而生，处理好高水平保护与高质量发展的关系是实现绿色发展的关键。本文站在企业的角度，提出以流域为单元统筹考虑保护与发展的科学性，并结合实例，阐述了企业通过统筹生态环境治理和生态产品价值实现，推进流域绿色生产方式和绿色生活方式转型实现对流域绿色发展的思考与实践。

一、为什么以流域推动绿色发展

流域作为水文循环和物质循环的载体和山水林田湖草沙的基本单元，承载了丰富的生态环境要素。同时，流域也支撑了不同产业的发展，孕育了长江、黄河等多种文化和文明。可以说，流域是一个融合了生态、生产、生活等复杂系统的基本单元。

以流域为单元推动绿色发展可以开拓以生态资源发展绿色低碳产业、以产业生产绿色产品、以产品促进绿色生活转型的路径，形成从生态到生产、从生产到生活、再从生活回到生态的闭环，更有利于实现流域的高水平保护与高质量发展。因此，以流域为单元推动全社会绿色发展，具有重要的意义和迫切的需求。

二、如何实现流域高质量绿色发展

习近平总书记强调，经济发展不应是对资源和生态环境的竭泽而渔，生态环境保护也不应是舍弃经济发展的缘木求鱼，而是要坚持在发展中保护、在保护中发展，实现经济社会发展与人口、资源、环境相协调。因此，实现流域高质量绿色发展，需要深刻理解高水平保护与高质量发展的关系，要将高水平保护与高质量发展作为相互融合的整体统筹考虑，而不是两个独立的矛盾的个体。具体可从以下两个方面进行考虑：一是高水平保护如何支撑高质量发展；二是高质量发展如何进一步提高保护水平。

对于高水平保护如何支撑高质量发展的思考。一是通过统筹生态环境治理和生态产品价值实现，以生态资源发展绿色低碳产业，探索流域生态产品向生态资本转化路径，打通高水平保护与绿色产业高质量发展的关键环节。二是通过构建流域治理与开发的统一企业主体，逐渐扩大业务范围，将流域综合治理项目与相关产业进行整合包装，促进生态环境保护与资源开发的协同。三是通过探索“生态治理+产业”发展模式，如“能源+环保”“资源+环保”“灌溉+环保”“文旅+环保”等，以资源有序开发反哺流域治理投入，实现可持续“造血”的流域绿色发展。

对于流域高质量发展如何提高保护水平的思考。笔者认为，通过生产和生活两个方面的高质量发展，推动流域生产方式和生活方式绿色低碳转型，可以达到以高质量发展促进生态环境高水平保护的目的。

在生产方面，依据循环经济的理念，探索生产、废物的处理与处置、资源的开发与利用相关的多个产业协同减污的绿色发展路径。以湖北省磷矿产业为例，磷矿产业在生产的同时，面临着尾矿库、废水、废渣等引发环境问题的风险。从企业角度出发，可以联合多个企业主体构建磷矿生产循环经济模式。治理企业作为治理主体参与生态环境保护工程投资，可获得包括新增可利用土地指标、矿山旅游和林业碳汇等一系列资源，这些资源又可以由治理企业出售给从事土地开发、文旅开发等工作的市场化主体，实现治理企业的可持续运营。此外，磷矿开采后，资源加工过程会产生磷石膏等副产品，需引入固废处置主体将磷石膏进行资源化利用，生产城市建材，其产品可用于土地开发主体的生产建设，实现磷矿开采区中小流域的资源循环和生态环境保护。

在生活方面，通过探索绿色产品增值路径，带动中小流域村镇居民参与流域保护的积极性，推进生产、生活方式的绿色转型，实现在支撑我国农业农村绿色发展的同时降低面源污染风险的目标。可通过构建覆盖村、企、农的水基金，把小流域内的村集体、企业和农户连接起来，实现利益共享。通过产生高质量的绿色产品，提高村民的生活水平，带动村民自愿继续参与生态环境保护工作，通过化肥农药减量等实现传统农业生产方式的绿色化，形成了“高质量产品—高水平保护—更高质量产品”的良性循环，更好地保护生态环境。相关治理模式已由大自然保护协会（TNC）在浙江杭州的青山村开展探索实践。

三、企业推动长江柏临河流域绿色发展思路

柏临河位于湖北省宜昌市主城区东部，是长江一级支流，流域面积约 480 km^2，涉及宜昌市夷陵区和伍家岗区。柏临河流域上游以农业为主，中下游以工业为主，城镇集中在流域下游。宜昌市稻花香酒厂和生物医药园区都聚集在柏临河中游，对柏临河下游水质断面的考核达标产生较大的压力。

根据对流域高水平保护与高质量发展的思考，有三种企业参与柏临河流域绿色发展的思路：①统筹流域环境治理与资源开发。柏临河生态资源丰富，通过探索以统一的企业主体实施“生态治理+高附加值产业”的发展模式，支持全流域环境治理，保障下游环境质量考核达标。②与村集体（农户）实现利益共享。在上游通过提供农业技术支持，

推广农业面源污染控制技术，提升生态产品质量，与村民共享绿色产品收益，带动村民主动参与绿色生活方式转型，减少农业面源污染。③参与构建循环经济园区。围绕中游的工业园区，依托产业特征应用有机废弃物资源化利用和工业废污水资源化等技术，设计资源循环路径，促进工业企业间及工业与农业间的协同绿色发展。最终实现柏临河流域“水清岸绿、生态友好、低碳循环”的流域绿色发展愿景。

创新支撑长江流域生态环境监管与考核

生态环境部长江流域生态环境监督管理局长江流域生态环境监测与
科学研究中心总工程师 王英才

本文主要跟大家分享创新支撑长江流域水生态环境监管与考核的相关工作情况，具体内容包括长江流域水生态现状与主要问题、规划引领长江流域水生态环境保护、考核驱动流域高质量发展新模式、科技支撑水生态环境管理与考核、下一步工作建议五部分。

一、长江流域水生态现状与主要问题

长江流域从面积、人口、GDP和水资源的角度来看都具有非常重要的地位，发展潜力巨大。在整个“十三五”期间，长江流域水质持续向好，干流水质已经连续三年都是III类，优良率达到97%及以上，目前水质提升的潜力已不是很大。从流域调查结果来看，目前主要问题集中在生态方面，突出表现在①城镇化发展挤占江河湖库生态空间；②水利工程建设改变水文情势，降低河湖连通性；③局部支流水环境污染严重，总磷尤其突出；④面源污染负荷重，长江中下游湖泊富营养化严重；⑤水生态系统退化，栖息地受损、生物多样性下降。从流域的上下游来看，源头区主要存在水源涵养能力下降、河流连通性下降和局部污染等问题。上游地区存在纵向连通差、濒危种减少、岸线破坏、“三磷”污染、栖息地受损等问题，中游地区则存在纵向连通差、濒危种减少、岸线破坏、面源污染、栖息地受损等问题，下游地区存在岸线受损、栖息地破坏、面源污染、蓝藻水华频发、关键种群退化等主要问题。

二、规划引领长江流域生态环境保护

长江流域“十四五”规划与以往的规划有很大的不同，原来都是水污染防治规划，而“十四五”编制的是水生态环境保护规划，加上“保护”两个字就与以前有了很大的不同，标志着工作重点由原来的水污染防治开始向水生态环境保护与修复转变，原来主要是控污，现在要在控污的同时开展生态保护与修复，特别是修复生物的栖息地成为未来的重要工作。

在“十四五”规划目标体系中首次加入了“生态目标”，包括恢复“有水”河流的数量和恢复本地鱼类的种类，整个流域规划在审查阶段也鼓励各地市加入更多的水生态保护目标，这与以往相比有很大不同。

整个流域规划构建了“一干、七支、两大水系、四湖、四区、三群”的水生态环境保护空间布局，与以往规划有很大的不同。生态环境部明确提出“十四五”规划要可落地，要保证实施效果，这就需要加入督导机制，需要有一支队伍专门负责督导、调度、检查，建立保障机制促进规划目标实现。

三、考核驱动流域高质量发展新模式

《长江流域水生态考核指标评分细则（试行）》发布之后，地方对考核的重视程度明显增加，开始招聘专业人员，转观念、写规划、提能力，各个考核省份都在往前推进，考核驱动作用非常明显。

文件在考核指标体系的设置上充分考虑了可行性，首先是选择遥感监测类指标，以提高效率，降低成本，其次才是自动监测，最后才是人工监测，人工监测主要是集中在生物类指标。指标体系的问题导向型非常明显，水生态系统健康指标在整个指标体系中占了 45%～50%，再加上生境恢复类指标约占整个指标体系的 80%，水环境和水资源类指标，只占了 20%左右，这样设置主要是引导地方将重点放在水生态环境保护与修复上。评价的整体逻辑主要是拿现状值与期望值进行比较，期望值指水体曾经达到或可能达到的理想状态值，这次没有设置达到期望值的时间，可以 5 年实现，也可以 10 年实现。因此，这样考核很契合高质量发展要求，地方可根据实际情况，按照生态系统的恢复规律科学确定修复顺序和修复周期。期望值的设定是考核的创新，旨在减轻地方压力，更好地支撑高质量发展，也是体现了对生态环境保护认识的提高。

四、科技支撑水生态环境管理与考核

水生态考核是史无前例的创新，需要大量的科技创新进行支撑。目前考核支撑还存在很多短板，最主要的是理论上的短板，包括生态系统中生物分布规律、相互之间的制约关系与恢复规律等还需要深入研究；监测技术装备还远远满足不了大范围考核监测的需要，总体来说在监测评估、治理修复、保护机制、管理方面的技术创新还有不足，难以高效支撑水生态考核工作。我们计划从以下几个方面加强研究：①长江流域水生生物群落维持机制与演变规律研究；②长江流域水生生物监测技术与设备研究；③长江流域水生生物评估技术研究；④长江流域水生态修复与调控技术；⑤长江流域水生生物保护机制研究。

五、下一步工作建议

第一，转思路，整个长江流域从规划层面由以污染防治为主向以水生态环境保护与修复为主转变。第二，建体系，切实提高水生态监测评价能力。第三，摸本底，尽快掌区域水生态状况，这也是未来的工作重点。第四，定规划，科学开展长期水生态修复工作。考核的目标导向改变以后，立足高质量发展，依据系统内部各指标的相互关系，科学设定合理的可实现的目标，明确修复顺序，建立保障机制，确保修复能够落到实处将成为实现目标的重点。

人类活动强干扰下的流域生态服务价值测算及实现途径研究

中国水利水电科学研究院正高级工程师 付意成

本文在专家提出的流域协同管理理念和实践经验的基础上，立足于价值实现这一具体举措，探讨水利工程建设影响下的流域生态系统服务价值的测算方法及实现途径。

第一，研究背景。①当前对水利工程生态系统服务价值研究较少，在生态系统服务价值评估、水利工程生态系统服务价值测算、水利工程生态系统服务价值实现等方面尚缺少系统性研究方法和系统性研究体系。②在对国内外生态系统服务价值测算理论、方法及应用层面存在的不足进行梳理的基础上，中共中央办公厅、国务院办公厅及水利部出台了大量文件，强化了流域水生态价值的功效，使其成为流域可持续发展重点。③笔者所在课题组从生态系统服务功能、水利工程服务功能的研究及实现等方面进行国内外研究进展的梳理。为兴建多目标的复杂水利工程系统适应人类生产和生活的需要，应妥善处理好水与人、人与水两个方面的关系，因此，亟需开展现代水利工程建设的生态服务功能价值计算，以实现水生态系统结构完整性和整体平衡性。

多数水利工程在运行过程面对的现实困境，亟需科学测算流域生态服务价值“江湖救急”。现在的生态服务价值评价体系，多为对陆域、水域生态服务价值测算结果的简单叠加，结果大多失真，往往会出现“公说公有理，婆说婆有理”的局面，此时相关政府部门难断公允。当前针对水利工程生态服务价值的评价，不同部门和专家有不同的声音，水利工程建设和运行管理与流域生态系统服务功能价值实现的关系如何，如何量化流域水利工程建设的正负向效应，是当前行业关注的热点和难点问题。生态服务价值计算是确定生态补偿额度的一种重要方式，也是确定生态补偿额度上限的一种重要方法。生态服务价值的实现过程就是生态功能发挥的过程，合理计算面向流域水生态服务功能的生态补偿额度，是判定生态服务价值实现与否的关键。

在生态服务价值实现过程中，公平与合理如何兼顾？从科学体系角度来讲，绝对的公平难以实现，寻求相对公平的生态服务价值实现方式是当前学术研究和实践重点。在生态系统服务价值实现过程中，寻求公平与合理兼顾的方法，明晰基于自然的解决方案（NbS）下的水利工程科学管理模式与水利工程生态服务价值实现间的关系，借助动态博弈利用完善的“讨价还价”和“完全竞争”模式，构建流域生态补偿标准的科学测算模式，以实现生态服务价值测算结果公平化。

第二，生态服务价值测算及实现理论研究。基于公共物品、不完全市场结构、效用价值论寻求生态保护投入和效益之间的差值，这个差值正是生态补偿标准要考虑的问题。生态系统可以提供多种服务，是一种特殊的综合资产。生态系统在提供维持生存的支撑与保障的同时，还为经济的发展提供原材料和能量投入。在实现生态系统增值和利用其为人类提供多种服务的过程中，生态系统价值的减损是不可避免的。影响人类福祉提升的因素包括经济商品、服务消费，以及制约生态服务功能发挥和价值实现的重要信息。为了实现水利工程影响下人类福祉的可持续提升，应该关注区域经济增长和流域生态环境之间的协调性和协同性。

生态系统服务功能与生态产品和服务紧密相连，但它们之间并非一一对应。水利工程生态系统服务功能的实现受到多种因素的影响，但主要影响因素为生态系统组成要素和生态生理过程。生态系统服务的总经济价值包括利用价值（直接利用价值和间接利用价值）、存在价值和选择价值。从生态服务调控过程来看，连续性生态系统具有的总价值要高于生态系统各项功能价值的总和（也就是“1+1＞2”的功效），这为在水利工程规划和管理中实现生态效益最大化提供了有力依据。当前开展流域生态系统服务价值估算通常涉及两个步骤：基于基础信息（土地利用/土地覆盖）与生态模型（土壤保持模型、InVEST 模型）量化生态系统的生物物质供应量和产品产出量；使用经济估值法（市场价格、重置成本、旅行成本、资产价值法）或成本-收益转化法对生态系统服务（ES）进行估价。水利工程生态系统生态补偿标准的计算，实际上与流域上下游的水质目标、上游保护成本、上游机会成本等有关，这些因素对均衡博弈模型的构建与优化求解起到重要作用。

第三，生态系统服务价值的测算框架。生态系统还存在一些潜在的基础功能，因此生态系统服务的综合价值要远大于每种生态系统服务带来的单个价值之和，它们之间存在出于系统自身的有机联系和相互依赖性所产生的“1+1>2”的效应。从流域水利工程生态系统服务种类所属空间单元的特点出发，结合地物空间与功能价值的匹配性，开展不同生态系统（森林、草地）同一类生态功能（涵养水源）的价值核算，进行区域“单向”功能价值确定。大多数关于生态系统服务的研究都是基于 InVEST 模型，以该模型模拟和探索生态系统服务，或基于改进的价值等效方法估算生态系统服务的价值。当前主要采用改进的回归分析、效益转移法进行生态系统服务价值的综合测算，完善生态系统服务系统化测算体系。能值分析将不同类别的能量、资源、产品甚至劳动力和服务等不同类型难以统一度量、比较的项目统一量纲（太阳能等效能值），为环境负载计算和环境经济效益计算提供了新的方法。能值计算作为将外界输入的信息和物质通过能值转换率转变成统一、可比较的数值的过程，是一个“异中求同”的过程。水利工程生态价值的测算应以自然流域和人为影响区域为主体。流域生态补偿的特性也体现于水利工程生态系统。在对调查结果进行非零和处理的基础上，当前的流域生态补偿投入值和生态支付意愿的关系满足 $v \geqslant c+1/4$。流域上下游对生态补偿标准的信息不对称时，对当事人声誉的影响、第三方仲裁的存在对补偿标准均衡解的计算起着重要作用。如果流域上下游可以有效地交流，从均匀交易的角度可知，双方能形成有效率的交易机制。在当前的激励相容机制下，其高效率的意义在于流域上下游可实现整体利益最大化。

第四，研究应用。本文以永定河廊坊段作为对象，开展流域水利工程生态系统服务价值测算。探求廊坊市生态服务功能提升和区域经济可持续发展的动力，揭示水利工程在北方缺水区的生态服务价值，提出流域水利工程改善方向和区域发展导向。廊坊市水生态系统脆弱，生态服务功能严重不足。近年来，廊坊市耕地土地利用类型呈减少趋势，建筑用地土地利用类型呈增加趋势。廊坊市城市发展格局与生态系统服务功能改善之间具有自适应性。土地利用结构的变化是形成生态系统服务价值空间多元化的基础，也是功能时空异质性形成的重要影响因素，为价值的空间转移分析提供了方向引导。土地利用结构的变化中耕地与建设用地之间的转化最为突出。土地转化比较集中的区域主要分布在中心城区的永定河及龙河流域，以及北三县的泃河、潮白河、北运河流域。水利工程生态系统服务价值（ESV）与社会经济发展密切相关。人们对 ESV 的支付意愿通常受到支付意愿强烈程度和支付能力的影响。对中国土地单位面积 ESV 系数取值进行的调整，考虑到海河流域、廊坊市生物多样性和生态服务价值的差异，2000 年、2010 年、2020 年分别按照差异为 0.58、0.75、0.95 的生物量因子对价值计算工程进行修正。当前，“水韵廊坊”的生态画卷已具雏形，在此过程中，水利工程的正向影响和综合保障作用显著。ESV 计算过程中社会发展的干预小于生态系统功能的影响。

水利工程 ESV 与形状指数（SI）呈负相关，与 Shannon 多样性指数（SHDI）和聚集指数（AI）呈正相关。

斑块（水利工程建设）越密集，景观要素的形态越规整，有利于生态系统生物多样性的维持和功能发挥。

ESV 与 AI 之间存在显著的正相关关系，表明各土地利用类型在廊坊市均有分布，且空间分布均衡。在保持流域、区域生态健康的前提下，识别完整水生态系统的要素构成和健康水平，是开展水利工程生态系统价值测算的关键。水土资源在支持生态经济复杂系统的存在和维持其运行方面发挥积极作用，有效改善了生态经济功能，并提升了经济价值、社会价值和生态环境价值。

基于廊坊市出入境控制断面水量监测数据，2020 年（枯水年）上游北京市、下游天津市对廊坊市的水量补偿标准分别为 1.30 元/m^3、0.56 元/m^3，在综合计算和比较分析的基础上，得出北京市、天津市对廊坊的水量补偿金额分别为 1.34 亿元、2.02 亿元。

在确保廊坊市水利工程生态对保护和社会经济发展的作用基本均衡的情况下，下游的天津市、上游的北京市对廊坊市的水量-水质生态补偿额度分别为 24 270 万元、17 687 万元。

利用完善的“讨价还价”和“完全竞争”两种模式开展由完美均衡产生的协议特征研究，探求流域上下游非零和博弈解的适用条件。在对调查结果进行非零和处理的基础上，当前的流域生态补偿投入值和生态支付意愿的关系满足 $v \geqslant c+1/4$。

守一湾碧水　绘生态泉城

济南市生态环境局水生态环境处处长　李计珍

济南在山东的地位是举足轻重的，黄河在山东的入海口一级支流有 11 个，其中有 10 个在济南，笔者认为济南市在习近平总书记提出的黄河流域生态保护和高质量发展战略中应该是“主阵地”和“主舞台”。

小清河是山东的母亲河，流经 5 个地市，小清河从 20 世纪 70 年代起水质一直是劣Ⅴ类，通过小清河治理，小清河水质发生了翻天覆地的变化。这中间有一个特别的节点，这个节点就是 2017 年的中央环境保护督察，小清河从 20 世纪 70 年代起一直在开展精准治理，但是此前成效有限，还需要进一步加强。所以在 2017 年中央环境保护督察时，山东省一共有 15 个被追责问责的问题，其中济南市有 2 个，最大追责的主体就是小清河，小清河连续多年水质超标劣Ⅴ类，达不到国家的考核要求，而且当时估算的废水流量是 6 万 m^3/d，实际上 2017 年至今，小清河流域的新增日排水量是 79.5 万 m^3，几乎是当时中央环境保护督察反馈问题估算的 10 倍，需要新增 80 万 m^3 的污水处理能力，才能解决污水问题。小清河是济南市一条特殊的河流，是济南市唯一的纳污河流，承接济南市 700 多万人口、8 000 亿元 GDP 的生产、生活污水，所以小清河的治理压力非常大。

从 2019 年开始小清河水质发生了翻天覆地的变化，出现历史上第一次达标，第一次达到Ⅴ类水质，2019 年 2 月、3 月、4 月连续稳定达到Ⅴ类水质，创造了当年第一个历史纪录。在同年 5 月、6 月、7 月又创造了一系列的历史纪录，小清河达到Ⅳ类水质的标准，虽然 8 月水质有所波动，但到了 9 月、10 月、11 月，水质达到了劣Ⅲ类标准，实现了月均值三提升，2019 年年均值达到Ⅳ类水质标准。2020 年小清河在全线施工且通航情况下水质标准仍然达到年均Ⅳ类，2021 年年均值历史上第一次达到Ⅲ类水质标准，2022 年年均值历史上第一次达到Ⅱ类水质标准，从 2019 年前的劣Ⅴ类到 2022 年的Ⅱ类，实现年均四连升，创造了小清河水质改善新的历史纪录。

正是这样的成绩让小清河被评为山东省 2019 年度生态环保十大事件。当时小清河被中共济南市委组织部确定为现场教学点。中央电视台《新闻联播》在 2020 年 12 月 12 日，播放了采访当时的济南市政府副秘书长，现任山东生态环境厅厅长侯翠荣的新闻。

除了水质改善，水生态质量在这 5 年也有大幅攀升，从 2021 年济南市首次进行了小清河水生生物多样性调查之后，每年的水生生物多样性水平都有大幅提高，水生态监测也创造了历史纪录。2022 年在山东特别是济南一种小鱼——“中华鳑鲏”大量涌现。

这种鱼类是水体清洁的指示性物种，它曾一度消失，这次再现是对水质特别是水生态质量提升的佐证。

2022 年小清河断面历史上第一次达到Ⅱ类水质标准。与“十三五”时期相比，氨氮浓度大幅降低，当年山东省生态环境厅在全省推广了小清河治污经验。中国生态文明研究与促进会张波会长回到山东济南也到了小清河，对小清河水质提升做出很高的评价，他看到小清河由清到污到黑再到现在重新变清的过程。2023 年小清河的试航，在中央电视台《晚间新闻》进行了简单报道。

小清河的治理以中央环境保护督察为契机，有四点经验值得分享。一是保证了持续的经济投入，小清河治理花了近百亿元后，又投入了 273 亿元进行雨污分流。二是从系统治理出发，重点做加减乘除法。在生活污染治理的问题上做加法，5 年新增污水日处理能力 75.9 万 m^3。在工业污染治理上做减法，在小清河沿岸，规模以上的工业企业已经荡然无存，清退“散乱污”企业 7 190 家。在面源污染治理上做除法，从小清河上游开始，特别是从起始点治理面源污染。三是在队伍建设方面，提出一个口号：支部要建在河上，党员走到河边。2023 年通过徒步的方式排查，排查了超 8 600 km。四是流域的联防联控，济南市的联防联控走在全市前列，济南市和上游的德州市、下游的滨州市建立了山东省联防联控机制。小清河获得了 3 000 万元的生态补偿。

五、城乡绿色发展与共同富裕论坛

以绿色低碳高质量发展促进共同富裕

2023 年 10 月 29 日，中国生态文明论坛济南年会城乡绿色发展与共同富裕论坛成功举办。论坛以“推进绿色低碳高质量发展，打造共同富裕实践样板”为主题，由中国生态文明研究与促进会主办，中共蒙阴县委、蒙阴县政府承办。

生态环境部自然生态保护司司长王志斌，中国生态文明研究与促进会副会长兼秘书长刘青松，山东省政协常委、人口资源环境委员会主任宋继宝，山东省生态环境厅一级巡视员葛为砚，济南市政协副主席刘霞，临沂市政协副主席、蒙阴县委书记王丽云分别致辞，对会议召开表示祝贺，围绕会议主题和相关议题阐述观点。

蒙阴县委书记王丽云以“坚持生态立县、生态富民、生态强县”为题，习近平生态文明思想研究中心副主任、生态环境部环境与经济政策研究中心副主任、研究员俞海以“正确处理好高质量发展和保护关系的理论逻辑和实践逻辑”为题，北京大学习近平生态文明思想研究中心主任郇庆治以“推动实现共同富裕目标战略的生态思维”为题作了主题演讲。

会议指出，“绿水青山”与“金山银山”的相互转化是城乡绿色低碳高质量发展的有效途径，要正确处理高质量发展和高水平保护的关系，走绿色低碳高质量发展之路，通过生态文明示范建设，鼓励各地因地制宜建立多层次、多领域、多渠道的激励机制，引领保护与发展协同共进，以高品质生态环境促进高质量发展。要充分利用好生态资源、自然资源、文化资源，转化为发展优势和富民优势，不断提升特殊类型地区特别是革命老区发展能力。要加强典型路径模式总结提炼，创新传播推广形式，为建设人与自然和谐共生的现代化汇聚全民力量。

湖州师范学院党委书记、“绿水青山就是金山银山”理念研究院院长、“绿水青山就是金山银山”智库联盟执行理事长金佩华，中国社会科学院习近平生态文明思想研究中心秘书长黄承梁，中国生态文明研究与促进会理事、广东省政协委员、广东省生态文明与绿色发展研究中心主任张修玉，“全球碳治论坛”执行秘书长孙冰，中国生态文明研究与促进会研究部主任胡勘平进行了交流对话，从“绿水青山就是金山银山”实践创新、乡村振兴与美丽乡村建设、生态文明与共同富裕、“碳治”与城乡发展等角度发表了观点。

会议进行了成果转化与供需对接，举行了蒙阴县 GEP 一键核算平台启动仪式暨 2022 年 GEP 核算成果发布仪式。蒙阴县委副书记、县长苗运全介绍，2022 年，蒙阴县全县生态产品总值（GEP）为 331.57 亿元，比 2021 年增长 6.98%，物质产品、调节服务、文化服务占比分别为 23.36%、55.76%、20.88%。其中，调节服务总价值占比最高，为157.58亿元，比2021年增长17.32%。活动现场还举行了济临经济协作区项目集中签约仪式，山东省自然资源厅党组成员、副厅长、省林业局副局长、一级巡视员马福义，山东省发展改革委二级巡视员王海明作了讲解和介绍。此次共有12个项目签约，合同总投资86.7亿元，涵盖生态工业、高效农业、康养文旅、EOD等多个领域，将为加快济临经济协作区建设、推动蒙阴经济社会高质量发展注入新动力。

蒙阴县是沂蒙精神发源地、孟良崮战役发生地，也是山东省首个同时拥有“绿水青山就是金山银山”实践创新基地和国家生态文明建设示范县荣誉称号的地区。近年来，蒙阴县坚决贯彻习近平生态文明思想，坚持“绿水青山就是金山银山”理念，以创建美丽中国先行示范区为目标，探索出了生态立县、生态富民、生态强县“三步走”实践路径，从2021年开始，每年举办践行“绿水青山就是金山银山”理念蒙阴会议，成果不断丰厚，关注不断扩大，影响不断深远，既扩大了蒙阴绿色发展的朋友圈，又提升了美丽蒙阴的知名度和群众的满意度。

来自浙江省湖州市、新疆生产建设兵团第一师阿拉尔市等地区，北京大学、北京林业大学、山东大学等高校和蒙阴县相关部门、乡镇、客商及有关企业、媒体等近百名代表参加了会议。

在中国生态文明论坛济南年会城乡绿色发展与共同富裕论坛上的致辞

济南市政协副主席　刘霞

生态文明建设是关系中华民族永续发展的根本大计。党的十八大以来，在习近平生态文明思想的科学指引下，生态文明建设从理论到实践都发生了历史性、转折性、全局性变化，美丽中国建设迈出重大步伐。济南坚决落实习近平总书记对山东、对济南工作的重要指示要求，完整、准确、全面贯彻新发展理念，把生态文明建设摆在重要位置，生态济南绿色基调愈加浓厚，人与自然和谐共生的美丽画卷已经全面铺展开来。济南先后获得“国家园林城市”“国家森林城市”“全国水生态文明城市”等荣誉称号。

党的二十大报告指出，中国式现代化是人与自然和谐共生的现代化。扎实推进共同富裕，不仅要物质富裕，还要精神富足、生态富美。习近平总书记曾这样阐述环境与民生的关系：“良好生态环境是最公平的公共产品，是最普惠的民生福祉。”作为山东半岛城市群核心城市、黄河流域中心城市，济南牢固树立“绿水青山就是金山银山”理念，奋力蹚出一条具有泉城特色的城乡绿色低碳高质量发展新路子，推动城乡融合共同富裕。

党的十八大以来，济南市深入践行绿色低碳高质量发展要求，持续实施两轮“四减四增”行动，产业结构不断向绿色化、高端化、规模化迈进，目前全市“四新”经济占比达到39%，数字经济占比达到47%，高新技术产业占比达到56%及以上，先进制造业占制造业比重达到60%及以上。济南钢铁“壮士断腕”关停在济南的钢铁主业，加快构建新一代信息技术、智能制造、现代服务三大产业体系，从“钢铁之城”向“深绿之城”成功转型，实现了浴火重生、凤凰涅槃，2021年济钢重返中国企业500强，引领绿色转型助推产业发展。

济南市多措并举、扬长避短，创造性地将生态治理、生态产业与精准扶贫有机结合，实施绿色发展 “十大行动”，促进三次产业深度融合，助力乡村振兴。历下区以绿色发展促经济提升，成功创建国家生态文明示范区，2023年又获评“绿水青山就是金山银山”实践创新基地，同时位列2023年百强区全省之首，南部山区打造了全省首个生态产品总值（GEP）核算区县、商河县以生态产业化经营实现“绿色共富”、平阴县赋能“平阴玫瑰”成为生态产品区域品牌等，取得了一系列重大成果和重要制度创新，“绿水青山”走出生态共富路。

乘风破浪潮头立，扬帆起航正当时。济南市 2023 年“项目突破年”工作动员大会上印发了《济南市深化新旧动能转换推动绿色低碳高质量发展三年行动计划（2023—2025 年）》，该文件明确了未来三年济南市深化新旧动能转换、推动绿色低碳高质量发展的重点任务，要求济南努力在十个领域“先行一步”。突出“含绿量”、降低“含碳量”，谋划推动总投资超过 2.4 万亿元的 1 301 个重点项目，聚力打造城乡绿色发展和共同富裕引擎。

济南在城乡绿色发展和共同富裕方面，还需要向领导、专家和同人们学习，消化吸收城乡绿色发展与共同富裕论坛汇聚的智慧和高见，与各地一道共同推进建设美丽中国。

不断推动生态文明研究与促进工作提档升级

中国生态文明研究与促进会副会长兼秘书长　刘青松

中国生态文明研究与促进会（以下简称研促会）和蒙阴一起，举办了城乡绿色发展与共同富裕论坛。这个论坛既是中国生态文明济南年会的分论坛，也是践行“绿水青山就是金山银山”理念蒙阴会议的一种创新形式。论坛围绕“推进绿色低碳高质量发展，打造共同富裕实践样板”这一主题，邀请部委、省市领导，生态文明建设领域的知名专家学者和企业界人士共同聚焦研讨绿色低碳高质量发展，凝聚城乡绿色发展共同富裕共识。

生态文明建设是关系中华民族永续发展的根本大计。党的十八大以来，以习近平同志为核心的党中央坚持把马克思主义基本原理同中国具体实际相结合、同中华优秀传统文化相结合，赋予生态文明建设理论新的时代内涵，形成了习近平生态文明思想。在2023 年 7 月召开的全国生态环境保护大会上，习近平总书记发表重要讲话，进一步创新、丰富和发展了习近平生态文明思想，为新征程推进生态文明建设提供了理论指引和根本遵循。

近年来，山东深入学习贯彻习近平生态文明思想，牢固树立“绿水青山就是金山银山”理念，从战略定位、决策部署等方面，以前所未有的决心和力度狠抓生态文明建设，蓝天、碧水、净土三大保卫战成效显著，环境治理持续加强，城乡环境不断改善，逐步蹚出了一条生态优先、绿色发展的现代化道路。临沂蒙阴是山东首个同时获得“‘绿水青山就是金山银山’实践创新基地”和“国家生态文明建设示范县”荣誉称号的县，在生态文明建设和绿色低碳高质量发展上成效显著，叫响了“崮秀天下，世外桃源”的县域品牌，向共同富裕之路迈出了坚实的步伐。

新征程要实现高质量发展，就必须继续将生态文明建设摆在至关重要的位置，建设人与自然和谐共生的现代化。研促会是以生态文明研究与实践为主要工作职能的全国性社团组织。新时期，研促会将全面贯彻落实全国生态环境保护大会精神，认真践行习近平生态文明思想，加强学习、积极实践，努力在建言献策、支撑服务、传播推广、合作交流等方面有所作为、有所贡献、有所突破。

下一步，研促会将全面推动专题研究与促进工作组工作。工作组的创建是研促会贯彻落实习近平生态文明思想和全国生态环境保护大会精神的创新实践和具体行动，旨在统筹政产学研各领域资源，以发现问题、解析症结、谋划对策、推动落实为主线，开展相关领域的理论研究与技术攻关，通过重点突破带动全局发展，为相关部委司局的重点工作提供技术支撑，为全国典型地区和行业提供指导咨询，支持配合相关方面共同抓好生态文明建设决策部署的贯彻落实，不断推动生态文明研究与促进工作提档升级。

良好的生态环境是人类生存和社会发展的基础，美丽中国建设需要携手推进、共同参与。研促会真诚希望与政研学企等各方面力量加强在生态环境保护、生态文明建设等方面的交流互鉴、合作共赢，在我国建设人与自然和谐共生的现代化进程中做出应有贡献。

努力谱写美丽山东建设新篇章

山东省生态环境厅一级巡视员　葛为砚

习近平总书记在党的二十大报告中指出，“高质量发展是全面建设社会主义现代化国家的首要任务”“推动经济社会发展绿色化、低碳化是实现高质量发展的关键环节”。当前，绿色低碳发展已成为全球大势、时代命题。在党中央的亲切关怀下，2022 年 8 月，国务院印发国发〔2022〕18 号文件，支持山东建设绿色低碳高质量发展先行区，这是全国第一个以绿色低碳高质量发展为主题的战略布局，第一个以国发文件赋予山东的重大战略任务。山东省委、省政府牢记习近平总书记殷切嘱托，认真贯彻落实习近平生态文明思想，把绿色低碳高质量发展先行区建设作为山东各项工作的总抓手，全力推动绿色低碳高质量发展取得扎实成效。

一是强化绿色低碳高质量发展顶层设计。省委、省政府出台了《山东省建设绿色低碳高质量发展先行区三年行动计划（2023—2025 年）》和分工落实方案，按照“长短结合、切实可行”的原则，明确绿色低碳高质量发展的时间表和路线图，全力推进先行区建设强势开局。在全国率先制定发布《美丽山东建设规划纲要（2021—2035 年）》，将绿色低碳转型发展先行区作为美丽山东建设 3 大战略定位之一，统筹谋划，协同推进，一并实施。

二是全力推动经济社会绿色化低碳化转型。充分发挥生态环境保护倒逼动能转换、引领发展转型的作用，不断提升发展质量。接续实施两轮“四减四增”三年行动，累计治理散乱污企业 11 万家，压减的钢铁、炼油、电解铝等落后产能，分别占全国的 12%、36%、50%以上。大力推进清洁生产和生态工业园区建设，连续四年建设超过 1 000 家，有 10 个项目纳入国家级整体清洁生产审核模式创新试点，数量居全国第二，争创国家级生态工业示范园区 9 家，命名省级生态工业园区 9 家，批复建设省级生态工业园区 18 家。大力发展战略性新兴产业，以“311”工程为抓手推进生态环境保护产业发展，2021 年生态环境保护企业数量居全国第一，产值居全国前列。十年来，全省万元 GDP 能耗下降 37%。

三是持续深入打好污染防治攻坚战。生态环境质量是衡量高质量发展成效的重要标尺，山东省坚持以改善环境质量、增强人民群众获得感为核心，以前所未有的决心和力度打好蓝天、碧水、净土保卫战。十年来，全省 $PM_{2.5}$ 改善 63.3%，优良天数比例由 40%提高到 73.2%，地表水国考断面优良水体比例达到 83%，是有监测记录以来的最好水平。

同时，山东省着眼常态长效，加快建设现代环境治理体系，省、市、县三级全部成立生态环境委员会，全面实施河（湖）长制、湾长制、林长制等制度，建立“1+N”生态文明建设财政奖补体系，县际流域横向生态补偿实现全覆盖、全兑付。据国家统计局最新数据，全省人民群众对生态环境满意度达到95.4%。

四是不断探索“绿水青山”与“金山银山”双向转化路径。推动“绿水青山”与“金山银山”双向转化，基础在于将绿水青山蕴含的生态产品价值核算清楚，为此，我们开展了全省生态产品总值（GEP）核算技术方法和体系研究，并率先发布全省陆地生态系统GEP核算技术规范，依托蒙阴县搭建了全省第一个县级GEP一键核算平台。践行“绿水青山就是金山银山”理念，难点在于如何推动“绿水青山”和“金山银山”间的相互转化，为此，山东省大力推行生态环境导向的开发（EOD）模式，着力构建“绿水青山”和“金山银山”的增值、反哺关系。截至2023年第三季度，全省共谋划了25个EOD项目，总投资达900亿元以上。2023年10月25日，潍坊市召开了全省EOD模式现场会，国家开发银行、中国农业发展银行等5家金融机构又与11个项目在现场签署合作协议，为EOD模式推进注入强大金融活力。

面向未来，山东省将深入贯彻习近平生态文明思想，认真落实习近平总书记对山东工作重要指示要求，以绿色低碳高质量发展先行区建设为引领，按照全国生态环境保护大会部署要求，不断从“四个重大转变”“五个重大关系”“六个重大任务”“一个重大要求”中把握规律、明确使命、汲取力量，协同推进降碳、减污、扩绿、增长，努力谱写美丽山东建设的新篇章。

坚持生态立县、生态富民、生态强县

临沂市政协副主席、蒙阴县委书记　王丽云

近年来，蒙阴县坚持以习近平生态文明思想为指导，积极融入黄河国家战略，以建设“美丽中国先行示范区”为目标，把绿水青山作为“第四产业”来经营，持续探索北方山区绿色低碳发展路径，努力推动高水平保护和高质量发展“双赢”，全面叫响“南有安吉，北有蒙阴”生态品牌。

一、坚持生态立县、生态富民、生态强县这个路径

生态立县是基础，也是长期长效的过程，要保持战略定力，坚定绿色发展不动摇，始终以生态文明引领经济社会发展，形成大生态格局，建设山水生态美、城乡家园美、文化风尚美、百姓生活美的美丽家园。目前，蒙阴环境空气质量始终走在临沂市前列，水环境质量综合指数连年居临沂市第 1 位，成为全省农村生活污水连片治理试点县、国家开发银行重点支持污水治理试点县。生态富民是根本，就是坚持以人民为中心的发展思想，不盲目追求 GDP 增长，找准生态与富民的契合点，构建起以生态为本、农业为基、农商文旅互促共融的大健康产业，让生态富裕群众。生态强县是目的，就是拓宽“绿水青山”与“金山银山”的双向转化路径，不断做强二产，做大绿色 GDP 蛋糕，增强县域实力，建设美丽富强幸福新蒙阴。

二、抓住生态产业化、产业生态化这个重点

生态产业化：努力推动好生态孕育好产品，好产品做成好产业。形成了五大富民产业。立足生态基础，大力发展果、兔、蜂、菌、中药材五大富民产业。蒙阴是中国桃乡、中国蜜桃之都，处于北纬 35°蜜桃种植黄金水果带，全县蜜桃种植面积 71 万亩，年产量 100 万 t，均居全国县级首位，长三角 60%、珠三角 30%的蜜桃来自我县。我们立足果业优势，创新党委领导联合社、支部领办合作社，全生命周期、全产业链条的“双领双全”模式，发展党组织领办合作社 310 家、联合社 16 家，与省供销社合作，在全省率先探索山区果园托管服务，直接托管服务果园 13 万亩，入社群众户均增收 1.2 万元，村集体年均增收 3 万元。2023 年，我们新建了蜜桃全产业链示范园，建立了实验室研发平台、大数据平台、价格指数“两平台、一指数”，与中国农业科学院等顶尖院所开展蜜桃基因育种，动态分析全产业链条的 30 多项数据信息，掌握了 28 个品种的定价权，为

果农搭建蜜桃产业的中枢服务平台，蒙阴“北纬35°的甜”蜜桃品牌逐步打响。同时，以大生态为背景，发展壮大生态旅游、生态研学、生态康养等产业，特别是坚持农旅融合、红绿融合、文旅融合，以争当北方民宿标杆县为目标，大力发展民宿产业，建设乡村民宿片区12个，蒙阴县桃墟镇成为全省首批旅游民宿集聚区。构建了四大循环链条：以果业为基础，构建了“果菌肥”“果虫肥”“畜果肥”“果畜肥”四大循环链条。如“果菌肥”循环链条，我们将废弃的果木枝条加工成菌棒，种完蘑菇后废弃菌棒作为肥料还田，既解决了废弃果木枝条带来的环境问题，又实现了循环创收，仅此一项就能让果农年增收1 000多万元。此外，蒙阴县还与山东农业大学等院校合作，创新果树种植、羊养殖、昆虫饲养“一种双养”循环模式，被国家专业期刊《农业与技术》推广，蒙阴也成为全省农业绿色发展先行县。

产业生态化：重点对蒙阴县机械、纺织、物流传统优势产业进行生态化改造提升，推动产业绿色发展。以临工智造园建设为带动，推动机械产业智能化发展。与全国工程机械产业“链主”企业临工机械合作，投资31.6亿元建设了临工智造园，通过搭建“产业链+园区”的招商平台，开展链式招商，引进21 t以上挖掘机、5 t以上装载机整机生产线，实现了工程机械由小型化转向大型化、全系列突破；引进车用空调器、新能源线束等14个项目，填补了蒙阴县工程机械链条中的空白，实现了从零部件到整机生产的全链条突破。以现代纺织产业园建设为带动，推动纺织产业数字化发展。投资16亿元，建设了现代纺织产业园，对纺织产业进行“智转数改”。一方面，建设转型升级板块，出台优惠政策，引导分散的中小微纺织企业“拎包入住”，推动从传统制造向智能制造的跨越；另一方面，建设高端引领板块，通过招引泰和新材、北京国人等高端纺织项目，带动纺织产业转型升级。以现代综合物流园建设为带动，推动物流产业集群化发展。按照大物流、大服务的发展思路，投资13.5亿元，建设了集产业、仓储、冷链、配送、汽贸、会展等“业、仓、流”于一体的现代综合物流园，融入“一带一路”发展。

三、抢占“双碳”发展这个风口

搭建绿色低碳发展平台。抓住济临经济协作区建设机遇，积极融入省会经济圈，按照“承接、转化、配套、融入”的思路和绿色低碳园区定位，正在规划建设10 km^2的起步区，重点布局战略性新兴产业和智慧物流产业，并按照“济南总部+蒙阴生产”“济南链主+蒙阴制造”合作模式，在蒙阴建设济南“飞地园区”，打造全省绿色低碳示范园区。同时，在济南高新区设立了蒙阴“人才飞地”——蒙阴研发中心，构建“研发孵化在济南，成果转化在蒙阴”的飞地科研模式。培育新能源储能产业。立足生态资源优势，抢抓新能源储能产业赛道，以商招商、亲情招商，通过与国企合作、与高校共建储能技术研究院等，大力发展新能源储能产业，谋划总投资 150 亿元的 10 个储能项目，重点推进与华润电力合作的润蒙抽水蓄能项目、与大唐电力合作的压缩空气储能项目、与中国电力合作的电化学储能项目，初步形成了涵盖抽水蓄能、空气储能、化学储能的全方位、多元化储能格局，努力将蒙阴打造成新能源储能示范县城。打造绿色低碳示范场景。围绕智能低碳城市建设，正在打造绿色云智慧能源管理平台，通过分布式光伏设施和数字技术，建设零碳园区、零碳社区、零碳校区等一批低碳应用示范场景，目前全县公众绿色出行率达到 80%及以上。同时，在环蒙山区域开展“净零碳”乡村试点，连村扩面建设碳中和示范区，争做全省“双碳”发展试点示范。

四、把握改革创新这个关键

创新金融投入机制。把突破金融作为重点，建立“一乡镇一银行、一企业一银行、一项目一银行”机制，持续强化政银企、银保担合作，因地制宜探索“生态贷”“碳金融”“GEP 贷”等 10 余项绿色金融产品，2023 年上半年绿色信贷规模达 24.76 亿元。特别是 2023 年 8 月，蒙阴县与山东省农业发展信贷担保有限责任公司、山东省投融资担保集团签订政担合作协议，全县农担新增担保贷款 2.7 亿元，通过项目建设、产业发展带动村集体增收。创新生态产品价值实现机制。为解决生态产品难度量问题，与中国环境科学研究院合作，在全省率先开展并完成县、乡、村三级生态产品价值核算，率先搭建起了生态资源大数据和 GEP 核算双平台，在接下来的成果发布环节，蒙阴县还将启动 GEP 一键自动核算平台，实现特定区域单元的 GEP 自动核算。为解决生态产品难交易问题，吸引国有企业、社会资本参与，搭建生态产品价值实现平台，通过集中收储和规模开发生态资源，创新生态资源招商、经营形式，形成了闲散土地利用、山水资源整合、沟域综合开发、生态文旅赋能 4 种生态产品开发模式，已推出项目包 10 余个，其中，垛庄镇石马庄片区通过整合开发山水资源，引进“山水蒙阴·萌乐世界”文旅项目，并连片建设丹参、金银花等中药材种植基地，带动片区村集体增收 10 万元以上、户均增收 4 000 余元。2023 年 5 月，全省乡村振兴齐鲁样板现场推进会议观摩了该片区，省委林武书记对蒙阴县工作给予充分肯定。

目前，蒙阴县推进绿色低碳高质量发展、促进共同富裕已初显成效。一是生态更美了。全县林木覆盖率 73%，水质达标率始终保持 100%，成为全国“绿水青山就是金山银山”实践创新基地、国家生态文明建设示范区、山东省生态文明强县。二是群众更富了。群众安居乐业，收入稳步提升，全县人均储蓄存款达 7.16 万元，每年蜜桃季后全县金融机构新增存款 40 亿元，绝大部分是桃农卖桃收入，蒙阴县也成为山东省共同富裕先行示范县。三是产业更旺了。现代装备制造等“六优”产业规模、质效逐步提升，发展电商微商 5 600 家，网络零售额年均增长 30%，全县 A 级景区 19 家，年接待游客 970 万人次，年旅游收入 90 亿元以上，成为中国十佳休闲旅游名县、国家级电子商务进农村综合示范县。

多年来，蒙阴县一以贯之地推进生态文明建设，蒙阴天更蓝、水更清、地更绿、家园更美好，“崮秀天下，世外桃源”的美好蓝图正书写在蒙阴这片美丽而富有生机的土地上。

蒙阴县 2022 年 GEP 核算成果和济临经济协作区情况

蒙阴县委副书记、县长　苗运全

近年来，蒙阴县深入贯彻落实习近平生态文明思想，坚定生态立县、生态富民、生态强县“三步走”实践路径，持续加强生态环境保护和生态文明建设，着力打造“千峦环绕、百川绵延、山水秀美、林茂果丰、地貌奇特、四时美景、风光独好”的现实版世外桃源。

2020 年，蒙阴率先开启生态产品的科学量化研究，完成了县、乡、村三级生态系统生产总值（GEP）核算。2023 年，委托山东生态环境规划研究院开发 GEP 一键自动核算平台，平台集数据集成、自动核算、空间展示、数据分析等功能于一体，可实现物质产品、水源涵养、洪水调蓄、空气净化、水质净化、气候调节、文化服务等多种生态产品价值的自动化核算，还可对基础数据进行历史追溯、对核算结果进行纵向对比，大大减少了线下烦琐的计算过程和人工误差。

该平台是全省首个县级 GEP 核算平台，将实现全县 GEP 智能化、常态化核算，真正解决生态产品价值度量难问题，为 GEP 核算结果在生态环境保护成效评估、生态补偿及生态产品交易等“绿水青山”与“金山银山”双向转化实践等方面的探索奠定基础，为山区县生态产品价值实现提供了“蒙阴样板”。在开发 GEP 核算平台的同时蒙阴县同步完成了全县 2022 年度 GEP 核算，这是全国首个县域尺度 2022 年度 GEP 核算成果。

2022 年，蒙阴县全县 GEP 结果为 331.57 亿元，较 2021 年增长 6.98%，调节服务、物质产品、文化服务分别占比为 55.76%、23.36%、20.88%。其中，调节服务总价值最高，达到 157.58 亿元，占 GEP 总值的 55.76%、同比增长 17.32%。

为贯彻落实国家发展改革委《革命老区重点城市对口合作工作方案》关于济南、临沂两市建立对口合作关系的要求，2022 年 9 月 25 日，济临经济协作区揭牌仪式在蒙阴县举行，标志着济临经济协作区建设正式启动。

总体规划高点定位。协作区规划范围为蒙阴县全域，总体布局为“一轴三区多点”。“一轴”：以县内京沪高速沿线为发展轴；“三区”：济临经济协作区起步区、蒙阴经济开发区、孟良崮工业园；“多点”：县内各乡镇优质农产品供应基地、红色研学、疗养度假、生态旅游等具有一定产业基础和产业特色的集聚区。突出蒙阴县毗邻济南的区位优势，围绕战略性新兴产业、高端装备制造、康养设备及食品制造、现代商贸物流等领域，建设符合济南—蒙阴发展方向的特色济临经济协作区。

战略区位条件优越。济临经济协作区在济南—临沂对口合作方面具有得天独厚的区位优势，距离济南市 150 km 左右，距离临沂市中心 90 km 左右，京沪高速、G205 国道贯穿南北，位于北融南连的战略枢纽位置，北融省会经济圈，南连鲁南经济圈，处在省会经济圈与鲁南经济圈的交会地带，属于沂蒙革命老区的核心区域，全省黄河流域生态保护和高质量发展的重点县区之一。

政策优势陆续凸显。各级各部门为协作区建设出台了利好政策，2022 年 12 月，省委、省政府印发的《山东省建设绿色低碳高质量发展先行区三年行动计划》，提出支持建设济临经济协作区。2023 年 3 月 24 日，省政府办公厅印发《济南—临沂对口合作实施方案》中提出，打造蒙阴亮点工程。蒙阴县正在积极推进设立济临产业发展引导基金工作，为协作区产业发展提供强力金融支持。

招商平台不断完善。高标准规划设计了 10 km^2 的济临经济协作区起步区，位于蒙阴县城西京沪高速（蒙阴西）出入口附近。在济南市发展改革委等单位指导下，聘请山东大卫国际设计有限公司编制了起步区空间规划，已陆续启动起步区路网、电网等基础设施建设。蒙阴立足产业基础，还打造了临工智能制造产业园、普泽大健康产业园、新材料产业园、嘉鸿食品智造园等一批专业产业园区，承载能力不断提升。

优势产业加快集聚。在省市各级领导、各位企业家的关心支持下，谋划招引了一批济临经济协作区重大项目。2023 年共有 20 个项目落户济临经济协作区，其中投资 10 亿元的智能物流装备制造、投资 6 亿元的百利同工业长轴生产两个项目落户起步区。未来还将有 12 个济临经济协作区项目签约，产业规模将不断壮大。

蒙阴县高度重视、倍加珍惜济南—临沂对口合作机遇，恳请各位领导、各位企业家继续关注蒙阴、支持蒙阴、宣传蒙阴，助力济临经济区协同发展。蒙阴县将按照“一年破局、三年重塑、五年跨越”的推进路径，将协作区打造成承接济南产业转移示范区、济南市民休闲研学首选地、济南市优质农产品供应基地，以及全省绿色低碳高质量发展综合示范区，全国革命老区重点城市对口合作的“山东样板”。

读懂全国生态日的深层内涵

湖州师范学院党委书记
“绿水青山就是金山银山”理念研究院院长　　金佩华
“绿水青山就是金山银山”智库联盟执行理事长

设立全国生态日，体现了中国以实际行动推动全球携手发展的坚强决心，展现了胸怀天下的价值追求，彰显了中国作为负责任大国的魄力和担当。

十四届全国人大常委会第三次会议通过决定，将 8 月 15 日设立为全国生态日，是中国生态文明建设的又一创举，这充分彰显了中国推动各方共同构建人与自然生命共同体的大国担当。

全国生态日为什么是 8 月 15 日？

2005 年 8 月 15 日，“绿水青山就是金山银山”理念在浙江安吉余村首次提出，形象地揭示了环境保护和经济发展之间的关系。

步入 21 世纪的中国，伴随现代化建设取得巨大成就出现了环境污染问题，环境污染成为中国的发展之痛，“绿水青山就是金山银山”的提出是对当时中国发展过程中所面临问题的深层回应。

这一理念诞生后，释放出了深厚的勇气和旺盛的活力，“绿水青山就是金山银山”已经成为指导中国生态文明建设的重要理念。

这一理念在引领中国前行的同时，也影响着世界：2016 年，联合国环境规划署正式向全世界发布了《绿水青山就是金山银山：中国生态文明战略与行动》报告；2017 年，构建人类命运共同体理念，被载入联合国安理会决议，中国方案得到世界认同，中国智慧成为全人类的共同财富。

“绿水青山就是金山银山”的理念经过实践检验，为中华民族的永续发展指明了现实路径，更为引领全球环境治理、构建人类命运共同体起到重要的推进作用。

读懂全国生态日的设立逻辑，更要读懂其深层内涵。

地球是人类赖以生存的唯一家园，但如今面临越来越多的严峻挑战。面对这些挑战，人类是一荣俱荣、一损俱损的命运共同体。必须协调人与自然关系，把人类活动限制在生态环境能够承受的限度内，构筑尊崇自然、绿色发展的生态体系。

全国生态日的设立就是用微观的“打开方式”，让每个人树立起牢固的生态责任感，从我做起，从现在做起，从身边的小事做起。全国生态日必将激发全民保护环境的自觉性和行动力，形成共同参与、共同行动的生动局面。

天下大同、协和万邦，不仅是中华民族自古以来对人类社会的美好憧憬，也是构建人类命运共同体理念的文化渊源。今日之中国，中华优秀传统文化正在不断获得新的强大生命力。“民惟邦本，本固邦宁”的传统理念，化作“以人民为中心”的治国理政实践；人类命运共同体理念，与先贤对“天下大同”的追求一脉相承。

“人类只有一个地球，人类也只有一个共同的未来。”无论是应对眼下的气候变化等危机和挑战，还是共创美好的未来，人类更需要发挥主动性、积极性和创造性，凝聚合力、激发动力。

中国是世界的一部分，作为胸怀天下的文明古国和发展中大国，放眼世界要以观照中国为前提，设立全国生态日，就是以深邃的历史视野、广阔的世界眼光、海纳百川的胸襟气度，在贴近社会现实、映照实践经验、呼应人民意愿的同时，按照立足中国、把握当代、关怀人类、面向未来的思路，为人类文明发展做出贡献。

“不驰于空想，不骛于虚声。”守护地球家园是全人类的共同事业。人类应携起手来，团结合作，走人与自然和谐共生之路，促进经济发展与生态保护协调统一，共同建设一个美丽的世界。

推动实现共同富裕目标战略的生态维度

北京大学习近平生态文明思想研究中心主任、教授　郇庆治

中国特色社会主义道路，就是……逐步实现全体人民共同富裕，建设富强民主文明和谐美丽的社会主义现代化国家。……共同富裕是中国特色社会主义的根本原则。要坚持社会主义基本经济制度和分配制度，调整国民收入分配格局，加大再分配调节力度，着力解决收入分配差距较大问题，使发展成果更多更公平惠及全体人民，朝着共同富裕方向稳步前进——2012 年，党的十八大报告第二部分。

第一阶段，……人民生活更为宽裕，中等收入群体比例明显提高，城乡区域发展差距和居民生活水平差距显著缩小，基本公共服务均等化基本实现，全体人民共同富裕迈出坚实步伐；第二阶段，……全体人民共同富裕基本实现，我国人民将享有更加幸福安康的生活——2017 年，党的十九大报告新“两步走”战略。

坚持按劳分配为主体、多种分配方式并存。坚持多劳多得，着重保护劳动所得，增加劳动者特别是一线劳动者劳动报酬，提高劳动报酬在初次分配中的比重。……完善相关制度和政策，合理调节城乡、区域、不用群体间分配关系——2019 年党的十九届四中全会《决定》（全称为《中共中央关于坚持和完善中国特色社会主义制度　推进国家治理体系和治理能力现代若干重大问题的决定》）“坚持和完善社会主义基本经济制度，推动高质量发展” 部分。

坚持人民主体地位，坚持共同富裕方向，始终做到发展为了人民、发展依靠人民、发展成果由人民共享，维护人民根本利益，激发全体人民积极性、主动性、创造性，促进社会公平，增进民生福祉，不断实现人民对美好生活的向往——2020 年党的十九届五中全会《建议》（全称为《中共中央关于制定国民经济和社会发展第十四个五年规划和二〇三五年远景目标的建议》）“坚持以人民为中心”原则。

明确新时代我国社会主要矛盾是人民日益增长的美好生活需要和不平衡不充分的发展之间的矛盾，必须坚持以人民为中心的发展思想，发展全过程人民民主，推动人的全面发展、全体人民共同富裕取得更为实质性的进展——2021 年党的十九届六中全会《决议》（全称为《中共中央关于党的百年奋斗重大成就和历史经验的决议》）十个“明确”之三。

我们努力建设体现效率、促进公平的收入分配体系，调节过高收入、取缔非法收入、增加低收入者收入、稳步扩大中等收入群体，推动形成橄榄形分配格局，居民收入增长

与经济增长基本同步，农村居民收入增速高于城镇居民——2021年党的十九届六中全会《决议》“在社会建设上”。

我们深入贯彻以人民为中心的发展思想，在幼有所育、学有所教、劳有所得、病有所医、老有所养、住有所居、弱有所扶上持续用力，人民生活全方位改善。……人民群众获得感、幸福感、安全感更加充实、更有保障、更可持续，共同富裕取得新成效——2022年，党的二十大报告“新时代十年伟大变革”。

中国式现代化是全体人民共同富裕的现代化。共同富裕是中国特色社会主义的本质要求，也是一个长期的历史过程。我们坚持把实现人民对美好生活的向往作为现代化建设的出发点和落脚点，着力维护和促进社会公平正义，着力促进全体人民共同富裕，坚决防止两极分化——2022年党的二十大报告“新时代新征程中国共产党的使命任务”。

我们要实现好、维护好、发展好最广大人民根本利益，紧紧抓住人民最关心最直接最现实的利益问题，……着力解决好人民群众急难愁盼问题，健全基本公共服务体系，提高公共服务水平，增强均衡性和可及性，扎实推进共同富裕。……分配制度是促进共同富裕的基础性制度——2022年党的二十大报告“第九部分”。

因而，新时代中国特色社会主义话语与政策体系下的“共同富裕”的核心政治与政策意涵，是一种前进“方向”和“缩小不合理经济收入差距”或“提高共同富裕程度”的战略，依此，我们可以将其大致在目标战略的意义上来加以理解。

中国式现代化是人与自然和谐共生的现代化。人与自然是生命共同体，无止境地向自然索取甚至破坏自然必然会遭到大自然的报复。我们坚持可持续发展，坚持节约优先、保护优先自然恢复为主的方针，像保护眼睛一样保护自然和生态环境，坚定不移走生产发展、生活富裕、生态良好的文明发展道路，实现中华民族永续发展——2022年党的二十大报告“新时代新征程”。

与“共同富裕”目标、战略、进程相伴随的是三重意境上的“生态文明建设”。

一是生态环境治理体系与治理能力的现代化。其主要包括山水林田湖草沙自然生态元素的系统治理；政府为主导、企业为主体、社会组织和公众共同参与的全社会环境治理体系；致力于清洁美丽世界目标的促进全球生态文明建设体系。

二是现代经济社会发展方式的“全面绿色转型”。建立健全绿色低碳循环发展的经济体系；构建市场导向的绿色技术创新体系；构建清洁低碳安全高效的能源体系；倡导简约适度绿色低碳的生活方式。也就是党的二十大报告所指的“加快发展方式绿色转型”。

三是“生态文明新人”的培育形塑。脱贫、致富过程中或富裕之后要致力于塑造整个社会的“生态文明新人”；“环境善待”：对环境（生态）的道德伦理；“生态（环境）公民”：认同并践行对自然生态的权益或义责；“地球公民”：“人类世界”与“地球边界”。

社会主义生态文明经济：具有重大理论潜能的概念话语。

从概念界定上。简要地说，社会主义生态文明经济是生态文明经济或绿色经济与社会主义政治的自觉结合，尤其是倡导推动社会主义思路下的生态文明经济发展可能性及其相应的制度政策创新。

对未来愿景的想象。社会主义生态文明经济视域下的“共同富裕”愿景想象，首先，它必须是“红色的”：它意味着全社会享有大致均等的基本物质生活质量和公共服务条件，这是社会主义政治在经济领域中的根本性要求和体现。其次，它还必须是“绿色的”：“富裕”不是也不可能是“各取所需、应有尽有”意义上的物质生活富足和公共设施配置，而是生态主义政治在经济领域中的主要要求或体现。

因而，社会主义生态文明经济在本质上是一种新政治经济学，而不是新生态经济学。其核心问题，不在于绿色经济或生态文明经济的新产品、新业态上，而在于掌控其成长运行的社会制度与政策条件。

相应地，对于“共同富裕”而言，其目标战略为致力于为这种新经济成为“红色的”“绿色的”提供一般制度条件和政治动力机制，如中国共产党作为马克思主义执政党的“红绿”政治信仰和领导力，而这对于“绿水青山就是金山银山”实践创新基地来说尤为重要。

把握好“绿水青山就是金山银山”理念的理论和实践范式

中国社会科学院习近平生态文明思想研究中心秘书长 黄承梁

在2023年召开的全国生态环境保护大会上，习近平总书记强调，拓宽“绿水青山”转化“金山银山”的路径，为子孙后代留下山清水秀的生态空间。笔者认为，拓宽“绿水青山”转化成“金山银山”的路径，首先需要把握好“绿水青山就是金山银山”理念的理论范式和实践范式。

一、运用哲学的思辨系统把握好“绿水青山就是金山银山”理念的理论和实践范式

把握好“绿水青山就是金山银山”理念的理论和实践范式，离不开哲学的思维，特别是辩证思维、系统思维。究其实质，“绿水青山就是金山银山”理念说的是如何正确处理经济发展和生态环境保护的关系，它指明了实现发展和保护协同共生的新路径，是我们全面推进美丽中国建设、加快推进人与自然和谐共生的现代化的重大原则。

一是既要绿水青山，也要金山银山，重心在发展。党的二十大报告指出：发展是党执政兴国的第一要务。没有坚实的物质技术基础，就不可能全面建成社会主义现代化强国。必须认识到，我国社会主要矛盾的变化，没有改变我国仍处于并将长期处于社会主义初级阶段这一基本国情，发展仍然是党执政兴国的第一要务；同时也必须认识到，我国生态环境矛盾有一个历史积累过程，不是一天变坏的，但不能在我们手里变得越来越坏。基于此，我们既要把推动绿色发展作为解决污染问题的根本之策，又要使之成为构建高质量现代化经济体系的根本之策。

习近平总书记在全国生态环境保护大会上指出，要正确处理高质量发展和高水平保护的关系，要站在人与自然和谐共生的高度谋划发展，通过高水平环境保护，不断塑造发展的新动能、新优势，着力构建绿色低碳循环经济体系，有效降低发展的资源环境代价，持续增强发展的潜力和后劲。基于此，把生态文明建设放在突出地位，从根本上来说，要着重在形成支持绿色发展、循环发展、低碳发展的利益导向机制上下真功夫、下大力气，坚持在发展中解决生态环境问题，力戒实践中的“一刀切”“切一刀”现象。

二是宁要“绿水青山”，不要“金山银山”，重心在保护。改革开放以来相当长的一

段时期，我们走过了传统单一追求速度和规模扩大的粗放型增长模式和发展模式。一些地方和企业的唯 GDP 发展论，重速度轻质量、重开发轻保护。当前我国生态环境保护领域亟待解决的一些重大的基本环境问题，如土壤和流域重金属超标问题、基本农田大面积损坏和侵占的问题及空气质量问题，在很大程度上，是粗放发展长期积累和层层叠加的结果。特别是旧的环境问题还未完全解决，一些新的生态环境问题又接踵出现。这种新辙压旧痕的生态环境问题，使其由单一的经济发展过程中的生态问题，成为重大的社会问题、民生问题和政治问题。

习近平总书记指出，粗放扩张、人地失衡、举债度日、破坏环境的老路不能再走了，也走不通了。党的二十大报告提出，中国式现代化是人口规模巨大的现代化。我们国家有 14 亿多人口，要整体迈入现代化，这在人类历史上是空前的。从这个意义上讲，走人与自然和谐共生的现代化道路，首先是基于我国的基本国情，基于新中国成立以来特别是改革开放以来特定时期或发展阶段，我们以牺牲资源环境为代价换取一时经济发展导致资源生态环境破坏所获得的经验教训的初步总结。

三是坚持“绿水青山就是金山银山”理念，重心在统筹。留得“绿水青山”在，“绿水青山”就可以持续发挥生态效益和经济社会效益，就能够守护自然价值并使自然价值持续增值。守护好“绿水青山”，其所蕴含生态产品价值就能够高质高效地转化为“金山银山”。生态文明建设，归根结底，就在于正确处理经济发展与环境保护的关系，实现人与自然的和谐共生。在科学扬弃工业文明的基础上，积极建设生态文明，既是因为人类意识到工业文明传统老路难以为继，也是因为与此同时，工业文明本身也孕育了生态文明的萌芽。当今时代，随着现代科学技术的高度发展，信息、节能环保等领域取得了重大的突破，使人类有条件重新审视“自然链条”。也就是说，“人化自然”越来越成为人与自然和谐共生的主要表现形式。在这里，自然的人化或人化自然，是人类活动形成的自然界，人类创造的自然界。人类的本质力量越来越表现了自然界的对象化，自然界也越来越广泛成为人化自然，表现为人与自然和谐统一的共生系统。

“绿水青山就是金山银山”理念正是这样，坚持“绿水青山”和“金山银山”的统一，坚持经济发展和环境保护的统一，坚持以人民为中心与美丽中国的统一，是关于解放绿色生产力、发展绿色生产力的绿色经济学思想、自然辩证法和严密的实践范式。全面推动“十四五”高质量发展，必须从战略高度深刻认识“绿水青山就是金山银山”理念的历史地位和重大意义，更加系统把握“绿水青山就是金山银山”理念科学完整的实践范式，以“绿水青山就是金山银山”理念为引领，加快建立健全以产业生态化和生态产业化为主体的生态经济体系，建设人与自然和谐共生的现代化。

二、深刻认识“绿水青山就是金山银山”理念的时代价值和重大意义

“绿水青山就是金山银山”理念实现了对中华传统“天人合一”精神的创新性发展、创造性转化。从历史的维度来看，儒释道构成中华文化主流精神的天人合一、道法自然、众生平等的人与自然和谐共生哲学，在此文化传统支配和影响下，我国很早就专门设立了保护山林川泽虞衡制度。这种文化哲学，浸透成为中华民族尊重自然、道法自然的民族基因。中华传统生态文化成为习近平生态文明思想重要的理论渊源。我们通过建立自己的生态文明观，把马克思主义的生态观、中国传统文化中的生态观相结合，形成习近平生态文明思想，这将从根本上形成我们自己的学科体系、学术体系和话语体系。

“绿水青山就是金山银山”理念向前发展，实现了马克思主义人与自然思想质的飞跃。当今世界，工业文明发展范式和传统模式下的自然科学与技术，现在看来，在改变人们生产方式和生活方式的同时，也带来了潜在的、不可控的风险，导致人与自然关系的高度紧张，甚至在某种程度上，这种高度紧张的关系，恰恰源于人们对科技成果的盲目应用。而“绿水青山就是金山银山”理念从最初提出到成型，反映了经济增长方式转变的过程，是发展观念不断进步的过程，也是人和自然关系不断调整、趋向和谐的过程。从根本上说，“绿水青山就是金山银山”理念摆脱了人类社会人与自然关系发展史上把发展与保护对立起来的思想束缚，提出了统筹发展与保护的认识论、方法论和实践论，是 21 世纪的自然辩证法。

“绿水青山就是金山银山”理念是中国方案和中国智慧，是人类社会实现绿色发展的共同思想财富。工业革命以来，人类文明崇尚技术引领、效用为先，总以为能够以工业文明创造的“一物”可以刺激“一物”，“一物”降“一物”。“绿水青山就是金山银山”理念对世界而言，是对工业文明传统模式下原有发展观、政绩观、价值观、财富观和生态观的全新洗礼，是对传统发展方式、生产方式、生活方式的根本变革，促进形成了生态文明发展的中国范式，改造和提升着工业文明的发展模式，是东方智慧、中国方案对人类命运共同体的贡献。因此，“绿水青山就是金山银山”理念也成为当代中国作为全球生态文明建设重要参与者、贡献者、引领者的崭新而生动的话语表达。

在人类历史上，中华文明曾经筑就了农业文明的最高成就，中国在 2 000 多年的时间里成为世界的中心，对人类文明做出了伟大的贡献。在习近平生态文明思想的视野下，建设生态文明既是事关中华民族永续发展的战略需要，又是事关美丽中国建设成效的“国之大者”；于全人类而言，生态文明是人类命运共同体永续存在的前提、襁褓和载体，是建设人与自然生命共同体的人类新文明形态。中国作为一个拥

有超过 14 亿人口的世界上最大的发展中国家，在实践中走出了坚持“绿水青山就是金山银山”理念的经济社会发展和环境保护共赢共生之路，实现了“越保护、越发展”的绿色发展闭合圈。这表明中国的生态文明建设、“绿水青山就是金山银山”理念的伟大思想和伟大实践，可以成为人类社会继可持续发展理念之后新的、可为全人类所共享的全球发展观。

以高水平保护推动城乡区域高质量协调发展

广东省环境科学研究院生态文明与绿色发展研究所所长、研究员 张修玉

党的二十大报告明确提出，“加快构建新发展格局，着力推动高质量发展”，并要求“促进区域协调发展”。区域经济基础与自然禀赋的差异，制约了高质量发展的整体性推进，因此，以高水平保护推动城乡区域高质量协调发展势在必行。笔者认为应该做好以下重点工作。

一是加快产业生态化绿色转型。推动实施差别化产业政策，构建与区域发展功能相适应的绿色产业体系。加快新旧动能转换，加快生态发展区传统产业的转型升级，限制、淘汰钢铁、有色冶金等高污染、高耗能、高排放产业。建设特色产业园区，重点支持建设资源型城市产业转型升级示范区与产业重大发展平台。积极发展大数据等战略性新兴产业，大力推动“东数西算”工程，高质量打造“全国一体化算力网络国家枢纽节点”。发展对接东部沿海地区的高端制造、智能制造和生产性服务业。

二是坚持生态产业化发展路径。延伸“生态+”复合产业链条，因地制宜发展生态农业、生物医药、森林康养、生态旅游等产业。加强现代农业产业体系建设，深入推进“跨县集群、一县一园、一镇一业、一村一品”，以现代农业产业园建设为引领，发展壮大蔬果、中药、花卉等特色产业。充分利用生态资源，打造生态康养、生态旅游项目，推进区域绿色发展一体化进程。促进农村三次产业融合发展，以“企业+镇村（合作社）+农户”等形式，深入推进电子商务进村入户和生态产品出村进城，完善形式多样的生态智能物流配送体系。

三是探索绿色产品市场化机制。积极开展绿色产品对接招商，搭建大型采购企业产需对接平台，引导建立供销对接机制。以生态产品价值实现为例，建立生态产品价值评价体系，破解“度量难”问题；完善生态产品权益交易体系破解“交易难”问题；健全生态产品价值支撑体系破解“抵押难”问题；培育生态产品开发经营体系破解“变现难”问题；打通“资源—资产—资本—资金”转化渠道，创新生态产品价值转化路径。完善区域资源交易平台和制度，建立健全用水权、排污权、用能权初始分配与交易制度，完善区域性碳排放权和股权交易市场，做好碳排放权试点，完善林业碳汇交易机制。

四是推进区域生态环境一体化治理。高质量编制国民经济和社会发展规划及国土空间规划，明确国土空间保护开发利用策略，严守耕地和永久基本农田、生态保护红线、城镇开发边界三条控制线。实施重要生态系统保护和修复重大工程，统筹推进山水林田

湖草沙一体化保护和系统治理。深入推进生态文明示范创建，全面提升生态系统质量。提升城镇污水设施管网覆盖率，将城镇周边的农村生活污水因地制宜地纳入城镇生活污水处理体系，在人口分散的自然村推广污水资源化利用和厌氧式、无动力、小区域的生态处理技术，因地制宜、分类施策，加大力度推进农村污水治理。建立健全村收集、镇转运、县处理的生活垃圾收运处置体系，鼓励共建共享生活垃圾焚烧处理设施。统筹好上下游、左右岸、干支流、城与乡，推动黑臭水体治理向全县域拓展。

五是实施乡村振兴战略建设美丽乡村。以乡村振兴示范带为主抓手，推进农村道路、供水保障、清洁能源、农产品仓储保鲜和冷链物流、防汛抗旱等设施建设，打造一门式办理、一站式服务、线上线下结合的村级综合服务平台，推动农村逐步基本具备现代化生活条件。深入实施农村人居环境整治提升行动，巩固垃圾污水治理和厕所革命成果，持续推进村庄绿化美化亮化。充分尊重农民意愿，分类整治空心村。强化农房规划建设管控，坚决遏制新增农村违法违规建房行为。塑造具有民族特色的乡村风貌，加强古树名木、特色民居和传统村落保护利用，守住乡村文化根脉，建设美丽乡村。

六是加大财政扶持力度。探索改革省级财政转移支付，加大对生态发展区的支持力度，加大对原中央苏区、少数民族地区的支持力度，增强县区财政保障能力，从相关领域省级专项资金中统筹解决省级财政资金，切实减少市县配套资金。改进生态保护补偿转移支付机制，加大对生态功能区（包括国家公园、保护区、水源地）因开展生态保护而带来的财政减收增支的财力补偿力度，建立重点开发区域对生态发展区域的反哺机制，重点支持生态发展区建设。完善多元化横向生态补偿机制，鼓励生态受益地区与生态保护地区、流域下游与上游通过资金补偿、对口协作、产业转移、人才培训、共建园区等方式完善横向补偿。

六、气候变化适应论坛

落实“双碳”战略部署　应对气候变化

山东省生态环境厅党组成员、副厅长　肖永涛

气候变化是人类和地球面临的共同挑战。2020 年 9 月，习近平主席在第七十五届联合国大会一般性辩论上正式宣布：“中国将提高国家自主贡献力度，采取更加有力的政策和措施，二氧化碳排放力争于 2030 年前达到峰值，努力争取 2060 年前实现碳中和。”近年来，山东坚决落实“双碳”战略部署，统筹产业结构调整、污染治理、生态保护、应对气候变化，协同推进降碳、减污、扩绿、增长，积极采取适应气候变化行动，促进经济社会发展全面绿色转型。

统筹推进低碳增长。坚持节约优先，大力发展循环经济，积极转换发展动能，重点支持低能耗、低排放的先进制造业、高新技术产业和现代服务业发展。强化有效约束激励，更加注重运用市场化、法治化手段推动产业转型升级，加快绿色低碳科技革命，持续扩大对外交流合作，推动城乡建设、交通运输等重点领域绿色低碳发展。

大力发展清洁能源。控制和减少化石能源使用总量，着力提高利用效能。实施可再生能源替代行动，加快发展光伏、风电，积极稳妥发展核电，新能源和可再生能源发电装机 10 年间增长近 16 倍。力争到 2025 年，新能源和可再生能源发电装机达到 1 亿 kW 及以上，较 2020 年翻一番。

积极开展试点示范。山东省被国家赋予建设绿色低碳高质量发展先行区的重大任务。我们积极开展国家低碳城市、气候适应型城市、海绵城市等试点或示范建设。创造性开展全省近零碳创建示范、“两高”行业碳排放减量替代、碳足迹评价等工作，从区域、行业、企业、产品等多维度引领降碳。

广泛倡导低碳生活。实施全民低碳行动计划，公共机构带头节能降耗，引领全民减排降碳。搭建碳普惠平台，探索建立个人碳账户和多层次碳普惠核证减排量消纳渠道，调动社会公众参与碳减排的积极性。推动大型活动规范、有序开展碳中和工作，2023 年在六五环境日、全国低碳日等举办的很多活动均实现了碳中和。中国生态文明论坛济南年会也完全实现了碳中和。

不断加大生物多样性保护力度。在黄河三角洲、泰山—徂徕山、崂山等重点地区开展生物多样性调查，建设了东平湖青头潜鸭养护观测站等 12 个养护观测站，保护成效显著。目前调查记录到黄河三角洲、泰山—徂徕山生物多样性保护优先区域物种 1 923 种，青头潜鸭、中华鳑鲏、震旦鸦雀等珍稀动物在山东省的湖泊、湿地“落户安家”、繁衍

生息。

山东认真贯彻落实国家应对气候变化的重大战略、方针和政策，先后出台了《山东省黄河流域生态保护和高质量发展规划》《山东省"十四五"应对气候变化规划》《山东省湿地保护办法》等，应对气候变化政策体系初步搭建，气候监测与预警网络体系不断完善。下一步，山东省将开展重点领域适应气候变化十大行动，在气候变化监测预警与风险管理、自然生态系统、水资源、农业、城市与人居环境、敏感二三产业、健康与公共卫生、国土空间、基础设施与重大工程适应气候变化等方面持续用力、久久为功。

借助国际国内合作平台　加强适应气候变化能力建设

生态环境部对外合作与交流中心副主任　李永红

近年来，随着全球气温持续升高，气候变化导致全球极端天气气候事件频发，气候变化造成的不利影响和其产生的风险愈演愈烈，气候风险不断由自然系统向经济社会系统渗透蔓延，人类如何适应气候变化、如何有效防范化解气候风险是当今世界面临的重要课题。中国处于全球气候变化的敏感区，自然生态环境脆弱、气候类型复杂多样，是遭受气候变化不利影响最严重的国家之一，2023 年以来极端天气增多，多地极端高温、阶段性强降水、洪涝干旱并存，这些现象给我们敲响警钟，适应气候变化迫在眉睫。我国一贯秉承适应和减缓并重的理念，将主动适应气候变化作为实施积极应对气候变化国家战略的重要内容。国家从 2013 年发布的首个《国家适应气候变化战略》，到 2023 年印发《国家适应气候变化战略 2035》，其间开展了丰富的实践和探索，并逐渐明确了我国适应气候变化的主要目标。

近年来，生态环境部对外合作与交流中心（以下简称中心）一直积极推动中国与世界各国环境进行合作与交流，承担了国际环境公约履约、国际环境与发展研究、区域与南南环境合作等具体工作，在各国政府环境部门、国际发展合作伙伴等多利益相关方的参与和支持下，不断加强与东盟、澜沧江—湄公河、非洲、拉美、上海合作组织、欧洲、中东欧、北美洲等区域国家应对气候变化领域的交流与合作。中心长期支撑生态环境部参与全球气候谈判议程和国际规则制定，推进共建绿色“一带一路”倡议，实施应对气候变化南南合作“十百千”项目，搭建气候变化南南合作知识共享平台，不断拓展全球气候治理的参与深度和广度。

与此同时，中心还依托自身在气候治理国际合作领域的经验优势，积极推动国内气候适应示范落地，全面助力落实国家适应气候变化战略，现已与海南、广西、云南、贵州等地就探索地方适应气候变化路径及行动方案开展深度合作。其次，中心还发挥全球环境基金等国家执行机构作用，结合国际资源协同推进国内绿色发展与适应气候变化工作，逐步形成气候与生态环境合作国内外联动局面，包括与联合国机构合作，共同打造气候与生态管理示范网络，探索气候适应商业机会与创新模式；与国际合作伙伴共同开发气候示范案例与适应型解决方案，为地方气候适应工作提供政策与技术支撑。

未来，中心将继续借助国际国内合作网络平台，对接国际环境与气候公约履约机制，加强适应气候变化对话交流和能力建设，深化城市适应气候变化国际合作，支撑服务我国各省（区、市）气候适应战略，推动构建全球气候适应城市伙伴关系。

坚持减缓和适应并重 应对气候变化

国家应对气候变化战略研究和国际合作中心党委副书记、纪委书记 李冬

当今世界正处于百年未有之大变局，传统安全和非传统安全威胁层出不穷，其中气候变化及极端天气对人类社会的经济发展、人类的生产生活带来的破坏性影响十分显著。面对愈演愈烈的全球气候变化问题，如何积极采取有效的适应行动，如何合作共赢、推动构建人类命运共同体关乎各国人民福祉。

我国是受气候变化不利影响最严重的国家之一，受气候变化影响，极端天气气候事件多发频发。据统计，21 世纪以来，极端天气气候灾害给我国造成的直接经济损失大约相当于中国国内生产总值的 1%，是同期全球的 8 倍，且呈逐步增长趋势。气候变化已经对我国经济安全和人民生命财产安全造成了严重影响，给我国现代化进程和高质量发展带来严重风险。

中国高度重视气候变化问题，坚持减缓和适应并重，坚定走生态优先、绿色低碳的发展道路，把适应气候变化作为积极应对气候变化国家战略的重要内容和防范气候风险、助力经济高质量发展和社会可持续发展的重要手段，不断加强国内政策指导和统筹协调，强化适应行动和试点示范，努力提高适应能力和水平，积极参与全球适应气候变化国际合作，不断提升我国在全球适应气候变化领域的影响力和话语权。

2013 年我国出台了《国家适应气候变化战略》，基于此，各相关部门和地方政府开展了大量综合性、系统性的工作，出台了一系列适应气候各个领域及区域的政策法规，覆盖范围越来越广泛，政策体系不断深化。

2020 年《国家适应气候变化战略》执行期结束，国家应对气候变化战略研究和国际合作中心（以下简称中心）在生态环境部相关部门的指导下组织编制了《国家适应气候变化战略 2035》。2022 年 6 月，生态环境部联合国家发展改革委等 16 个相关部门正式印发。这一战略的实施，为 2035 年前我国开展适应气候变化工作明确了方向，提供了根本遵循。

为了持续推动适应气候变化战略目标和行动在省市层面的全面落实，中心进一步配合生态环境部应对气候变化司编制发布了《省级适应气候变化行动方案编制指南》，并配套开展了相关培训、调度活动，指导各省（区、市）结合本地实际编制适应气候变化行动方案。此外，为了进一步探索和总结气候适应型城市建设路径和模式，提高城市适应气候变化水平，应对气候变化司目前也在组织开展深化气候适应型城市建设试点的申

报。很多城市也都在积极申报中。笔者相信，随着《国家适应气候变化战略 2035》的颁布和实施，国家适应气候变化的各项工作将越来越深入、越来越有成效。

中国生态文明论坛济南年会气候变化适应论坛的主题是“气候变化适应：从政策规划到落实行动”，这个主题设计得很好，通过深入交流讨论，有助于我们进一步加强对适应气候变化工作的共识，深入了解当前适应气候变化行动的经验成效，为下一步推动适应气候变化工作提供新思路。希望与会各方把论坛作为下一阶段推动落实适应气候变化行动的起点，积极分享经验、务实合作，共同把我国适应气候变化工作做实做好。

中国适应气候变化政策体系

国家应对气候变化战略研究和国际合作中心政策法规部副主任 周泽宇

一、全球气候变化情况不容乐观

近百年来，全球气候变暖已是不争的事实，越来越多的证据表明，不可持续的土地利用、自然资源利用、森林砍伐等人为因素加剧了气候的脆弱性，气候系统正在发生着前所未有的变化。2023 年发布的联合国政府间气候变化专门委员会（IPCC）发布的第六次评估报告《综合报告》指出，1850 年以来，全球平均地表温度增加已经超过了 1.0℃，全球增温背景下，陆表的增温幅度持续高于海洋，北极的增温幅度明显高于全球平均值，全球平均海平面持续升高，高温热浪等极端热事件在全球陆地区域增强、增多，气候变化正给自然界造成严峻而广泛的危害，全球有 33 亿～36 亿人正生活在极易受气候变化影响的环境中。

在目前的升温水平下，气候韧性发展已面临挑战，频繁的热浪、干旱和洪水已超过一些动植物的承受极限，造成生物多样性丧失，并对生态系统、社会、地区和人群适应气候变化的能力产生了不利影响，其中贫穷和脆弱人群受影响尤为严重。

如果全球升温超过 1.5℃，多重气候灾害及生态系统、人类系统面临的气候风险上升问题将无可避免。在全球变暖 2℃的情况下，在一些依赖融雪的河流的流域内，用于灌溉的融雪水可用性预计将下降 20%，粮食安全问题将更加严重并集中在非洲撒哈拉以南区域、南亚、中南美和小岛屿地区。

二、气候变化严重影响我国社会经济发展

气候变化对我国自然生态系统已带来严重不利影响，并不断向经济社会系统蔓延渗透。从受气候变化影响严重的关键领域来看，洪涝干旱、冰川退缩、冻土减少、冰湖扩大，水资源安全风险明显上升；植被带分布北移，生物入侵增多，陆地生态系统稳定性下降；沿海海平面上升趋势高于全球平均水平，海洋灾害趋频趋强，海洋和海岸带生态系统受到严重威胁。农业种植方式和作物布局改变，气象灾害和病虫害加剧；与高温热浪等极端天气气候事件相关的健康风险增加、媒传疾病增多，并可能诱发多种过敏性及慢性疾病；能源、交通等基础设施和重大工程建设运营环境变化，易导致安全稳定性和可靠耐久性降低；城市生命线系统运行、人居环境质量和居民生命财产安全受到严重威

胁；气候变化还引起资源利用方式、环境容量和消费需求改变，进而通过产业链影响敏感二三产业布局和运行安全，甚至可能引发系统性金融风险和经济风险。

从区域影响来看，我国气候类型复杂，气候变化及其不利影响呈现显著区域差异。东北地区变暖程度大于全国平均水平，积温增加有利于农业生产，但也面临夏季洪涝风险加重、湿地面积减少、冻土脆弱性增加等风险。华北地区暖干化显著，水资源供需矛盾突出，超大城市热岛效应严重。华东地区台风强度增大，城市暴雨内涝和高温热浪事件增多，海平面上升威胁沿海城市安全。华中地区旱涝灾害频发，湖泊和湿地面积萎缩与生态退化风险增大，生物多样性下降。华南地区高温热浪、暴雨洪涝、台风、风暴潮等极端天气频发，咸潮与海水入侵等灾害加剧。西北地区冰雪消融加速，融雪性洪水频发，水资源与生态系统脆弱性加剧。西南地区冬春干旱加重，水土保持、石漠化治理、生物多样性保护压力增大。青藏高原呈现暖湿化，冰川退缩、冻土退化、湖泊扩张、河流径流增加明显，冰雪灾害、地质灾害和链式灾害风险加大。此外，京津冀、长江经济带、粤港澳大湾区、长三角、黄河流域等重大战略区域气候问题与人口、资源、环境等问题交织叠加，气候风险聚集、连锁、放大效应明显。

三、我国适应气候变化的方针政策

我国一贯坚持减缓和适应并重，将主动适应气候变化作为实施积极应对气候变化国家战略的重要内容。为统筹开展适应气候变化工作，国家发展改革委等九部委于 2013 年联合发布《国家适应气候变化战略》，明确了 2014—2020 年国家适应气候变化工作的指导思想和原则，提出了适应目标、重点任务、区域格局及保障措施等。随后，各相关部门和地方开展了大量综合性、系统性的工作，主动实施适应气候变化的政策和行动，取得了积极成效。

在新形势和新阶段下，为贯彻落实党中央、国务院关于应对气候变化工作的决策部署，坚持适应和减缓气候变化并重，加强对全国适应气候变化工作的统筹指导，2020—2022 年，生态环境部联合国家发展改革委、财政部、自然资源部等 20 部门组织编制了《国家适应气候变化战略 2035》，分 12 个组从加强气候变化监测预警、风险管理等方面收集梳理我国已开展的适应气候变化工作成效和问题，摸底适应工作基础情况。2022 年 6 月，生态环境部等 17 部门联合印发《国家适应气候变化战略 2035》，对未来 15 年我国适应气候变化工作的总体要求、主要目标、重点任务和战略实施等做出了部署安排。

此外，为了最大限度地降低气候变化的不利影响和风险，提高城市适应气候变化能力，2017 年，我国在全国范围内遴选了 28 个城市，开展气候适应型城市建设试点。各试点城市因地制宜、积极探索，在普及适应理念、创新工作机制、强化重点领域适应行动等方面都取得积极成效并积累了有益经验，为进一步深化气候适应型城市建设试点奠定了基础。但总体来看，气候适应型城市建设仍任重道远，当前仍存在对气候风险认识不足、工作机制尚不完善、资源投入和行动力度亟待加大、适应能力亟待提升等问题，迫切需要进一步深化气候适应型城市建设试点，达到进一步探索和总结气候适应型城市建设路径和模式，提高城市适应气候变化水平的目的。

四、适应气候变化的试点示范与创新实践

2023年8月，为保障城市安全运行、提高城市竞争力和可持续发展潜力，我国决定在前期工作基础上进一步深化气候适应型城市建设试点工作。提出统筹考虑气候风险类型、自然地理特征、城市功能与规模等因素，在全国范围内开展深化气候适应型城市建设试点，积极探索和总结气候适应型城市建设路径和模式，提高城市适应气候变化水平等一系列总体目标。计划到2025年，优先遴选一批工作基础好、组织保障有力、预期示范带动作用强的试点城市先行先试，气候适应型城市建设纳入试点城市重点工作任务和经济社会发展规划，适应气候变化工作机制基本完善，重点领域适应行动有效开展，气候适应型城市建设经验得到有益探索。到2030年，试点城市扩展到100个左右，气候适应型城市建设试点经验得到有效推广并进一步巩固深化，城市适应气候变化理念广泛普及，城市气候变化风险评估和适应气候变化能力明显提升。到2035年，气候适应型城市建设试点经验得到全面推广，地级及以上城市全面开展气候适应型城市建设。

与此同时，专门针对缓解城市内涝灾害，改善城市水环境，促进城市转型发展、高质量发展等问题，我国正在积极推进建设自然积存、自然渗透、自然净化的海绵城市。2015年以来，在55个城市开展海绵城市试点建设，其中“十三五”期间30个试点建设工作已基本完成，共建成各类项目近5 000个，消除黑臭水体、易涝点数百个，形成一批可复制、可推广的经验。我国印发《海绵城市专项规划编制暂行规定》，指导地方编制实施海绵城市建设专项规划，截至“十三五”末期，已有500余个城市完成海绵城市建设专项规划编制实施工作。自2019年始，每年组织开展海绵城市建设效果评价，以评促建，系统化全域推进海绵城市建设。

建设海绵城市的主要目的是推动城市排水防涝工作，按照2016年国务院批准实施的《灾后水利薄弱环节和城市排水防涝补短板行动方案》要求，我国修订了与给排水、建筑、道路、绿地等相关的10项标准，发布《海绵城市建设评价标准》。我国以60个内涝灾害较为严重的城市为重点，推动城市易涝积水区段整治。60个重点城市排查出的千余个易涝积水区段整治工程基本完成。此外，主要在老旧小区改造中落实海绵城市要求，与城市生态空间拓展、水电气热“最后一公里”改造、停车位增建等同步实施，解决了以往群众身边“淹水没腰”等问题，获得群众广泛赞誉。

以济南市为例，济南市是一个洪涝灾害频发的城市，是全国首批25个重点防洪城

市之一，2015 年年底济南市评估了城市中心城区防洪涝能力，评估结果显示济南市中心城区易涝点超过 90 个，容易发生内涝的高风险区接近 80 km^2。2015 年 4 月，济南市入选国家首批海绵城市建设试点，三年海绵城市试点建设实施期内，获得中央财政补助 15 亿元；2017 年 2 月，济南市成为全国气候适应型城市建设试点，以防洪排涝为重点，大力开展城市韧性建设工作。济南市主要从三个方面着手，全方位开展城市适应气候变化行动，提升城市适应气候变化能力，打造安全、有韧性、宜居、高品质的现代泉城，努力构建山、泉、湖、河、城相融合的城市水循环系统，着力解决泉水枯竭、洪涝多发、水源不足、水质污染等问题，海绵城市及气候适应型城市建设试点成效显著。

生物多样性相关传统知识与应对气候变化

西南林业大学地理与生态旅游学院研究员 尹仑

全球气候变化在很大程度上影响着世界生物多样性，由于生物多样性热点地区往往也有丰富的文化多样性，长久居住在那里的民族有着丰富的传统知识，他们依靠传统知识来维持对其社区至关重要的生活方式，这种传统知识往往以环境、生态系统和生物多样性知识为基础，形成人与自然的纽带。

传统知识通常包括有关地理位置、时间、物种的利用价值和象征意义、狩猎和采集地点及自然圣境等信息。对传统民族社会而言，传统知识不仅是一种工具和数据，而且是一种文化。传统知识包括许多在当地自然和社会环境下产生的知识和实践，这些知识和实践往往经过长期的考验，并成为当地文化的重要组成部分。

一、传统知识概念

当前，对传统知识的定义可分为以下三类。

第一类是源自各种国际条约和公约，特别是《生物多样性公约》，它们将传统知识定义为与生物多样性有关的知识体系。

第二类存在于民族生态学、生态人类学等学科的学术研究中，将传统知识置于气候变化的语境中，进一步将其定义为一个动态的适应过程。

第三类是传统民族社会对其自身传统知识的定义。传统民族社会往往生活在生物多样性资源丰富但生态系统相对脆弱的地区，如山区、沙漠、热带雨林和岛屿等，他们主要从温度、降雨和降雪、季节和物候、风和浪、冰川、积雪、河流和湖泊及物种迁徙等方面来认识气候变化。这些认识是形成与气候有关的传统知识的基础。

二、传统气候知识

传统气候知识是人们通过长期观察、理解和实践形成的世代继承的有关气象、天气和气候现象及其变化规律的知识。例如，生活在西伯利亚东北部的萨哈人就有关于冬季降雪和夏季降雨的传统气候知识。基于这一传统知识，他们观察了过去 20 年气候变化的影响：冬季降雪量减少并且气温升高，而夏季降雨则明显增加。巴基斯坦信德省塔帕卡的部落民族拥有的传统气候知识，能够预测当地的气象和天气变化，包括闪电、风向、云层形成、降雨和干旱等。北极因纽特人在降雪和冰川方面有着丰富的传统气候知识，这一知识印证了现代科学在气候变化对当地降雪和冰层分布及厚度变化影响方面的研究。中国东喜马拉雅地区的藏族人的传统气候知识包括预测气温、降雪、冰川、降雨和降雪等。马来西亚沙捞越肯亚巴登的农民的传统气候知识，包括熟练地利用身体感官，如视觉、声音、触觉和嗅觉，来收集有关云、风、温度、湿度和雨水的信息，评估当前和未来天气。

基于现代科学的气候模型可以产生关于气候变化的宏观图像，预计未来人类发展的不同趋势和产生的后果，但不能为区域气候变化提供准确的信息，而传统气候知识却可以弥补这一不足。虽然传统民族社会分布在世界各地，但他们对气候变化有着相似关于温度、降水、风、冰、海浪和风暴，以及年度气候的变化等的传统气候知识。

三、传统物候知识

传统物候知识是人们通过长期观察自然环境和生态系统形成的传统知识，包括农作物和牲畜、农田和牧场环境等生计条件的变化及其与气候之间的关系。这类知识产生的重要目的之一是总结自然季节大气的变化规律，为农业、畜牧业等生计服务。对于生活在世界各地的传统民族社会而言，有关气候变化的传统物候知识涉及冰川、积雪、河流和湖泊、物种、季节、植物生长和动物行为等。例如，生活在印度喜马拉雅地区的山区农民在气候及其变化方面有传统物候知识，这些知识的基础是对花期长短、果实产量增减和病虫害变化的观察。基于这些与生态系统、生物多样性和农业相关的物候指标，当地农民可以预测气候变化。喀麦隆巴门达高原上的农民拥有与当地农业和生态系统密切相关的传统物候知识，这些传统物候知识包括鸟类的迁徙、昆虫的声音、植物的生长和星象的变化等，可以帮助当地农民获得天气信息，并预测极端天气现象和灾害。美国西北部哥伦比亚河谷的内兹珀斯人通过哥伦比亚河流域主要物种和生态系统的变化来观察气候变化。南太平洋岛屿上的图瓦卢人拥有丰富的海洋物候知识，这些知识通过观察海平面上升、海域扩张、海水酸化、珊瑚白化、海岸侵蚀等现象来理解气候变化。新西兰毛利人的传统物候知识是关于动植物等自然环境与气候周期性变化之间关系的。这类知识包括两部分内容，一部分是预报天气和气候现象的物候知识，另一部分是对天气和气候现象进行分类的物候知识。在秘鲁的安第斯山脉，当地农民可以利用每年年中时昴星团的出现预测几个月后雨季的降水时间和降雨量。这一传统物候知识还包括厄尔尼诺现象发生的时间和周期等信息。澳大利亚土著居民还积累了许多与当地天气和气候有关的传统物候知识，如关于生物物理现象的知识，就可以揭示即将到来的天气和气候条件的变化。这些传统物候知识反映出了当地土著居民对生物物理现象与气候变化之间复杂联系的理解。在南太平洋岛屿萨摩亚，当地传统物候知识包括基于天气和气候事件的季节日历、本地风和云类型的详细分类系统，以及观察和预测未来天气和气候的各种方法。

这些知识还可以揭示即将到来的天气和气候条件的特征，包括热带气旋等极端天气条件。在印度北部的索拉什特拉，当地土著民族对气候有着丰富的知识。他们经常利用这些传统物候知识，如金花的开放时间和当地的风向来预测 6 月或 7 月雨季的开始。

综上所述，传统民族社会往往出现在生物多样性丰富的地区，这使他们与当地的气候条件、自然环境和生态系统形成了密切的互动关系，传统物候知识是这种关系的重要组成部分。丰富多样的传统物候知识已成为传统民族社会预测天气和气候变化的工具，有些甚至成为精神层面的信仰。传统物候知识是建立在当地生态系统、生物多样性和环境的基础上的，因此这些知识体系比现代科学仪器要复杂得多，它恰恰是区域气候变化信息的宝贵来源。因此，传统物候知识可以提供准确的区域气候变化信息，并且帮助人们从社会文化层面更好地理解和应对当前全球气候的变化。

气候知识和物候知识都是观察当地气候变化的传统知识。不同的是，气候知识是通过对当地气温、降水、日照、风等气象、天气和气候现象的感知和观测形成的，物候知识是通过对当地自然环境、生态系统和生计的认知和实践形成的。特别是基于生计方式，人们可以通过感知和观察作物和牲畜的生长来了解气候变化的影响。

与气候有关的传统知识与科学知识并不矛盾。相反，作为一种地方性知识，它可以配合和补充科学知识，提高区域天气、气候变化和极端气候灾害风险预测的准确性。传统知识和科学知识之间的结合可以提高人们应对气候变化的能力。

四、生物多样性相关传统知识与减缓气候变化

传统民族社会被认为是全球应对气候变化的“先锋队”。他们对环境的敏感性、适应能力和复原力表明他们有能力根据不断变化的气候条件改变自己的行为。传统知识可以在减缓和适应气候变化的进程中发挥重要的作用，当前人们越来越深刻地认识到传统知识可以为减缓和适应策略提供重要的信息。

传统知识可以帮助人们了解和解释生态过程的变化，可以用于环境和社会影响评估，也可用于气候变化。传统知识可以为准备、适应和减缓气候变化策略提供很有价值的信息和指导，这些在历史上用来识别、理解和应对环境变化的策略，正在重新成为应对气候变化的重要信息来源。科学家和政策制定者正在越来越多地关注并利用传统知识改进适应和减缓气候变化的策略。

对传统民族社会而言，传统知识是学习如何应对当地气候变化知识库，因此传统知识可以在应对气候变化的两种方法——减缓和适应中发挥重要作用，如通过植被恢复可减少温室气体的排放、选用耐旱种子可以适应干旱等。传统知识应对气候变化主要有两种方式：一是通过解决造成气候变化的原因来减缓气候变化的影响；二是以最佳的方式适应气候变化。

减缓气候变化是指人类为了减少温室气体的来源或增加碳汇而进行的干预。对于传统民族社会而言，减缓气候变化的活动就是他们传承的保护自然资源的措施和维护生态系统的做法，他们的传统信仰暗合联合国政府间气候变化专门委员会（Intergovernmental Panel on Climate Change，IPCC）关于减缓的定义，即减少人为温室气体排放和增加碳汇。他们与生物多样性有关的传统知识已经并将继续通过减少温室气体排放、增加碳汇和加强碳替代在减缓气候变化方面发挥重要作用。

（一）传统知识与温室气体减排

减缓气候变化的最好办法是严格减少温室气体的排放，减少温室气体排放的策略强调通过提高能源效率来减少化石燃料的使用，同时大力发展包括太阳能在内的清洁能源。虽然人们已普遍认识到在工业领域和城市环境中减少化石燃料消耗和开发可再生能源的必要性，但对农村、耕地、牧场和森林的关注却相对较少。

传统知识，特别是与农业生态系统多样性有关的知识，有助于减少温室气体排放。与农业生态系统多样性有关的传统知识是传统民族社会在长期农业生产和生活实践中创造的实用技术。这种技术可以有效地保护生物多样性，实现生物资源的可持续利用，对提高粮食质量、保障粮食安全也具有一定的价值。这一传统知识包括传统生态农业技术和生物资源技术。

在化肥问世之前，传统民族社会主要依靠有机农业。与现代农业相比，有机耕作方法和技术可以减少温室气体排放。与现代能源密集型的工业式农业不同，这些传统技术和耕作方式既不依赖无机肥料、农药和机械化耕作中化石燃料的投入来维持生产力，也不会因大规模农业扩张而导致毁林和二氧化碳排放。

同时，这些技术和方法的应用可以使传统农业更高效地利用能源，而不是像集约化、专业化的现代农业那样高度依赖化石燃料。例如，对于传统的农林复合经营和轮作农业来说，虽然其综合生产力较低，但其传统的耕作技术和方法可以更有效地利用太阳能，使其产生的能量大于消耗的能量。相比之下，现代农业消耗的能源要多于生产的，这就需要更高的能源投入，特别是以化石燃料、化肥和农药为基础的资源投入，才能实现其高生产率。

与传统农业相比，现代集约农业由于高度依赖不可再生的化石燃料，因而没有能源效率，并且会产生更多的温室气体。传统农业通常更加节能。事实上，就农业产出而言，传统农业实际上可能比可持续性较差、能源投入高、温室气体排放高的现代工业化农业更具生产力。因此，在当前和未来，与农业生态系统多样性相关的传统知识会持续为减缓气候变化做出贡献。

（二）传统知识与碳汇

森林被广泛认为是一类重要的碳汇，可以在大气中捕获和储存大量的二氧化碳，因此森林在减少温室气体排放和减轻气候变化风险方面发挥着重要作用。同时，根据最新的科学研究成果，全球一半以上的碳汇来自140年以下的“年轻”森林，尤其是中高纬度地区。因此，增加碳汇通常涉及保护森林和鼓励植树造林等林业方案。森林在应对气候变化中有着重要作用，基于这一共识，《京都议定书》允许各国在履行限制温室气体排放目标时将森林中封存的碳计算在内。

传统民族社会已经认识到森林的重要性，他们在居住的区域自发建立了很多森林保护区。这些管理良好的森林不仅为当地社会提供食物和木材资源，还充当碳汇。此外，传统民族社会拥有与森林生态系统多样性相关的传统知识，包括技术、信仰和文化等。这些技术、信仰和文化保护了原始森林，并且成为维护森林生态系统和植树造林的基础。在这一背景下，与森林生态系统多样性相关的传统知识会帮助减少温室气体排放，并为增加碳汇提供重要的解决办法。

同时，与农业生态系统多样性相关的传统知识，包括轮作农业和刀耕火种等休耕耕作制度和方式，这些耕作制度和方式促进了“年轻”森林的生长。特别是休耕期间生长的新森林，在碳吸收和储存方面发挥了更大的作用。混农林业是另一种在减碳方面非常有效的做法。混农林业的传统技术导致土壤中有机质含量的增加，因而提高农业生产力，减少了人类对森林的压力。因此，与农业生态系统多样性相关的传统知识可以通过增加生物量和土壤有机质中碳的固存，来最终实现减缓气候变化的目标。

五、生物多样性相关传统知识与适应气候变化

由于全球气候系统的惯性，即使采取最严厉的措施来减少二氧化碳排放，全球气候变化也不太可能很快停止或得到减缓。因此，适应被视为减少气候变化预期负面影响带来的脆弱性的可行选择。适应气候变化是指自然系统或人类为了应对环境的实际或预期的变化及其带来的影响进行的调整，旨在降低其受气候变化影响的脆弱性，并利用气候变化带来的有利机会。对传统民族社会来说，传统知识是一个动态的信息基础与过程，帮助他们通过适应不断变化的气候来生存和发展。

传统知识对适应全球气候变化能力的影响经常从脆弱性和复原力（韧性）两个方面进行讨论。

（一）传统知识与减少气候脆弱性

气候脆弱性的定义是地球物理、生物和社会经济系统易受和无法应对气候变化不利影响的程度。传统民族社会是全球气候变化的最先受害者，他们在面对气候变化影响时更加脆弱。此外，气候变化对严重依赖自然资源并以其为基础的传统生计方式构成了直接威胁。同时，由于许多传统民族社会在社会、经济和文化上不同于主流社会，因此当前有关气候变化的决定、政策和采取的行动，对传统民族社会而言有可能是不充分、不

适宜，甚至是不适当的。这些都造成了传统民族社会在面对气候变化时的高度脆弱性。

然而，传统民族社会不只是全球气候变化的潜在受害者，同时他们还有能力积极应对气候变化，减少气候脆弱性。这种能力正是基于他们的传统知识，传统知识可以减少气候变化造成的脆弱性。传统知识在天气和气候预报领域发挥着重要作用，基于传统知识的适应措施，如建立预警系统对极端天气现象进行预测等，能够最大限度地减少面对气候变化和极端情况时的脆弱性。根据传统知识，传统民族社会将判断是否会发生干旱、洪水、滑坡和暴风雪等极端天气和气候灾害，并预测这些事件的规模和影响，以便提前采取预防措施，减少因气候灾害造成的脆弱性。同时，根据传统的气候和物候知识，他们还可以较为准确地预测和解释天气和气候的变化，并最终决定生计，从而确定和调整放牧和种植的时间、作物品种、牲畜品种及相关技术。因此，基于传统知识的气候预测系统可以帮助传统民族社会减少气候变化造成的生计脆弱性。

（二）传统知识与增强气候复原力（韧性）

随着气候变化对生态系统和人类社会的影响越来越大，恢复力逐渐成为适应气候变化的新概念。特别是《巴黎协定》提出“提高全球适应能力，增强复原力并减少应对气候变化的脆弱性”的全球适应目标后，复原力逐渐成为适应气候变化领域的一个重要概念。增强气候复原力已经成为科学机构、决策者、国际组织和各国政府设计应对气候变化方案中的重要目标。在《生物多样性公约》的相关研究和报告中，复原力被定义为生态系统在受到扰动后恢复到原始状态的能力，维持其基本特征分类组成、结构、生态系统功能和过程速率。复原力不仅指系统保持或恢复原状的能力，还指系统在不确定性变化中的适应和学习能力。因此，气候复原力要求社会生态系统具备以下能力：①吸收能力，即能够吸收气候变化带来的外部压力，维持系统的正常运行；②适应能力，即调整和适应外部冲击或压力，以提高系统的可持续性；③转变能力，为应对未来气候变化的影响做好准备。

传统知识为评估传统民族社会面对气候变化影响时的复原力提供了途径，他们的传统知识天生具有复原力，对所处自然环境的深入了解、对本土生态系统的熟悉，以及对天气和气候变化的预测成为这种复原力的基础。传统知识在面对气候变化时具有生命力和内在适应性，传统知识不是积累信息的静态内容，而是传递社会价值观和态度的工具，因此传统知识可以增强适应气候变化的复原力。

同时，在生物多样性的背景下，复原力是生态系统的一种新兴属性，它是由系统内的基因、物种、物种功能群和过程在多个尺度上赋予和形成的。因此，对于传统民族社会的生态和社会系统而言，与生物多样性相关的传统知识可以在增强气候复原力方面发挥重要作用。

与遗传和物种多样性相关的传统知识可以增强生计系统面对气候变化时的复原

力。例如，植物遗传资源的多样性及其相关的传统知识可以使传统民族社会选择不同作物的种质资源，适应气候变化带来的环境变化（包括土壤质量、温度、坡度、方向和日照等方面的变化）。这种与植物遗传资源有关的传统知识可以使农业生计多样化，减少气候变化对农业的影响，从而帮助传统民族社会更有效地适应气候变化。同样，牲畜品种的多样性及其相关的传统知识可以帮助传统民族社会适应气候变化对畜牧业的影响。例如，为了应对干旱，牧民会选择饲养更多耐旱的家畜品种。牧草资源的多样性及其相关的传统知识可以帮助牧民及时调整饲用牧草的品种，减少气候变化对牲畜生计的影响。同时，与药用植物资源相关的传统知识也可以减少气候变化带来的健康风险。多样化的药用植物及其相关的传统知识可以维持传统民族社会的健康和医疗保健。

与生态系统多样性相关的传统知识可以增强传统民族社会生态和社会系统面对气候变化时的复原力。例如，为了应对气候变化对农田环境的影响，农民可以根据农田生态系统相关的传统知识，决定并调整农业种植技术和方法，确定灌溉时间，增强农业生计系统的复原力。同样，为了应对气候变化对牧场环境的影响，牧民可以根据与牧场生态系统相关的传统知识，调整过渡时间和轮牧制度，增强畜牧业生计系统的复原力。为了应对气候变化对流域环境的影响，农民可以根据与流域生态系统有关的传统知识判断是否会发生洪涝、滑坡、泥石流等灾害，从而提前采取防范措施，灾后也能实施合理对策，增强社会在应对极端天气现象和气候灾害时的复原力。通过学习及应用与森林生态系统相关的传统知识，可以提高森林生态系统的复原力，并为当地社会提供重要的森林生态系统服务。

六、传统知识在应对气候变化进程中的主流化

面对气候变化和极端气候灾害的挑战，传统民族社会所能采取的最直接、最有效和成本最低的适应方法和举措往往来自他们的传统知识。与生态系统和自然资源一样，传统知识可以增强他们应对气候变化和极端气候灾害的能力。认识到传统知识在观察、减缓和适应气候变化方面的作用和价值是重要的第一步。在当前和未来应对气候变化的过程中，有必要进一步将与生物多样性相关的传统知识主流化，以促使全人类反思、调整和改进人类社会发展的方式和进程，从而实现可持续发展。

（一）传统知识与科学知识的结合

在应对气候变化的过程中，传统知识和科学知识都面临挑战，两种知识体系都有各自的弱点和不足。例如，对于传统知识来说，由于气候的可变性和当前气候变化的强度和频率，传统的基于观察、主观意识和定性描述的知识对气候变化的预测越来越不准确。然而，对于科学知识来说，科学模型和数据分析也有缺点：侧重于有限变量集的还原论

方法；从有限的数据集进行推断；受到限制的指标体系；当极端可能是关键因素时，过于关注平均值等。另外，基于模型和数据的分析可以提供气候变化的宏观图景，但很难缩小数据规模以满足局部地区的需求。这两种知识体系的有效结合可以弥补它们各自的不足，从而使气候变化的决策和行动基于最佳可用的知识。然而，这种结合的前提是“尊重”，即以全面和相互尊重的方式理解与气候变化相关的传统知识，要敢于基于传统创新，开展跨学科合作，制定新的测量标准。同时，对传统知识的研究应进一步完善和推进。例如，基于传统知识与生物多样性的密切关系，对传统知识进行分类，建立传统知识的指标体系，将传统知识的定性参数转化为定量的研究分析指标，从而找到传统知识的“客观性”。弥合传统知识与科学知识之间的鸿沟，实现两种知识体系的结合，帮助人类有效地应对气候变化，需要传统知识与科学知识的相互理解，也需要自然科学与社会科学的共同努力。

（二）传统知识与减缓和适应策略的融合

对于很多传统民族社会，由外界主导实施的应对气候变化策略往往是不可持续的，甚至是失败的。这些策略失败的原因可能有很多，但最根本的原因是，在减缓和适应气候变化的过程中，传统民族社会被视为一个等待外部帮助的无力、被动的群体，而不是一个有能力、积极和主动的群体。这些策略主要是外部主导的，依赖所谓的“先进”的外部概念、技术和目标，没有考虑当地的文化背景和社会经济条件。这些策略的目标没有反映当地人的愿望和需要，也就是说，这些策略没有认识到传统知识的价值。传统知识可以增进人们对气候变化影响的了解，并为制定公平和有效的气候变化减缓和适应策略提供思路。对于传统民族社会，与外部主导的减缓和适应策略相比，他们更愿意采取基于当地实际情况的减缓和适应策略，因为这样的策略使他们可以根据所在地区的地理位置和环境应用他们的传统知识，使应对气候变化的行动更加有效。应该指出，传统知识可以在减缓和适应气候变化策略中发挥重要作用，但这并不意味着排斥或替代现代科学知识和技术。为实现应对气候变化的最佳实践，减缓和适应策略应该主动吸收和接纳传统知识，最佳实践的基础是传统知识和科学知识的融合。

（三）传统知识与气候政策的整合

虽然传统民族社会受到气候变化的影响更为严重，但一直以来他们在气候决策中仍处于边缘化地位。长期以来，国际和国家层面的气候政策很少提及传统民族社会。此外，在涉及传统民族社会的相关气候政策中，他们也被视为气候变化过程中被动的受害者，被认为无力应对气候变化的影响，他们的传统知识很少被提及。但值得庆幸的是，近年来《巴黎协定》等国际层面的相关气候政策对这一议题的重视程度越来越高，传统知识也开始融入相关的国际气候政策中。《巴黎协定》在文中正式承认了传统知识在适应气候变化方面的价值和作用：“利用现有的最佳科学，以及适当的传统知识、土著民族知识和当地知识体系，以期酌情将适应纳入相关的社会经济和环境政策和行动中”。但这仅仅是一个开始，尤其是对于传统知识来说，这还远远不够。传统知识不应只处于从属地位，而是应该与科学知识有着平等的地位。要把传统知识纳入国际和国家的相关气候政策中，首先要认识到传统知识的价值，认识到传统知识在减缓和适应气候变化中的作用，以及传统知识的能力，减少了社会在极端气候和其他压力面前的脆弱性，从而提高了当地社会应对气候变化影响的复原力；其次在气候政策的制定过程中，应同时采取自上而下和自下而上的方式，积极鼓励传统民族社会的参与；最后在气候政策实施过程中，传统民族社会应被视为平等的利益相关者，传统知识应进一步得到正确和平等的地位。

农业适应气候变化的社区实践和支持体系建设

云南思力生态替代技术中心执行主任　左智

云南思力生态替代技术中心（以下简称思力中心）成立于 2002 年。围绕生态文明建设，以发展生态农业为核心，开展社区农药风险管理、气候友好农耕措施示范、生态农业相关应用技术研究、技术推广及科普等工作，保护人类健康和生态环境，促进社会与经济的可持续发展。

一、气候变化影响农业领域的重大问题

农业是最易受自然气候影响的经济部门，由于气候变化所引发的气象灾害给农业生态经济系统带来了多种风险。气候变化给粮食安全带来重大挑战；极端天气气候事件增多，农业气象灾害加重；农业病虫草害加重，治理难度和成本增加；此外，草地退化严重，生态恶化，极端天气和疫病造成畜牧产品生产不稳定；贫困农村生计问题也因为气候变化带来的问题而变得更加复杂。

二、农业适应气候变化的主要工作

针对气候变化，特别是极端气象事件加剧对农业生产和粮食安全的影响，加强农业基础设施和农田基本建设，创造良好的耕作环境和水利条件；大力研发和推广农业节水技术，进一步提高灌溉率和水分利用效率；调整农业结构和种植制度，适当提高复种指数；加强对动植物病虫草害的防治；加大逆品种的培育力度，优化品种布局；建设人工草场和饲草仓储，坚持基于草畜平衡的适度封育与轮牧，增加草原覆盖度；调整畜群和养殖结构，选育适应品种；建立布局合理的监测气候变化对农业影响的观测系统。拓宽农村生计，加大扶贫力度，增强农业、农村和农民适应气候变化的能力。

三、气候变化的区域挑战和工作策略选择

气候变化带来了气温和降水量的明显变化。1951—2020 年，我国年平均地表温度呈显著上升趋势，升温速度为每 10 年 0.26℃，明显高于同期全球平均每 10 年 0.15℃。1961—2020 年，我国年平均降水量呈“增加趋势”，平均每天增加 5.1 mm。但我国幅员辽阔，气候变化对不同区域的影响差异很大，不同于东部沿海地区，思力中心工作的区域，云南省 60 年来的年平均降水量明显减少，高温干旱事件有增强增多趋势。云南工

程性缺水问题突出，农业用水短缺，干旱的天气给保障粮食安全带来了极大挑战。因此，发展节水抗旱的农业成了思力中心农业适应气候变化方面的一个重要工作方向。

四、适应技术的社区应用实践

（一）不同节水抗旱稻谷栽培模式社区应用实践

水稻是中国人民的主要口粮之一，水稻对干旱十分敏感，我国每年有超过60%的水田会受到不同程度的干旱危害，造成减产甚至绝收。稻田是全球第二大温室气体——甲烷的重要排放源，联合国环境规划署2021年发布的《全球甲烷评估》报告显示，在农业领域，牲畜粪便和肠内发酵排放量约占全球人为排放量的32%，水稻种植占8%。

稻田甲烷主要是土壤中产甲烷菌在水稻淹水种植形成了极端厌氧条件下产生的。有研究表明采用水稻旱作将可能减少90%的甲烷排放。发展水稻旱作既是节约水稻生产用水适应云南干旱条件的需要，还可以减少甲烷气体的排放，起到减缓气候变化的作用，我们称为气候友好稻作。

思力中心在不同区域，对水稻旱作采用了不同的实施路径。在水量特别紧张的地区，采用像栽玉米一样的栽培方式，完全旱种旱管，全生育期不淹水。在灌溉更好一些的地方，采用垄作沟灌的模式，即水稻栽在厢面上，沟中水不漫过厢面的湿润模式。在雨季水量足够的旱作雨养区域，采用前期旱播，雨季来了水管的方式。

除了改进栽培措施，提高水稻品种的抗旱能力也是一个很重要的实施基础，为此思力中心也做一些品种适应性筛选，抗性品种的挖掘为农户提供了更多选择。

（二）秸秆还田和资源化利用

秸秆焚烧既带来了空气污染问题，也是一种资源的浪费。思力中心开展秸秆“五化”利用已有很多年了。秸秆还田是其中一种，既能减少燃烧带来的温室气体排放，又能增加土壤有机质，提升土壤抗旱保墒的能力，不同的还田方式还能起到不同的效果。

除此之外，我们利用玉米秸秆做成青贮饲料，饲喂奶牛，不仅节约了精饲料投入，还增强了奶牛的消化能力，改善了饲料的适口性。还用秸秆编织成工艺品。在民间，老百姓本来就有编织的习惯，通过挖掘培养社区骨干，开展相关培训，带动成立了秸秆编制合作社，还将这一中国智慧带到了第25届联合国气候变化大会（COP25）。

五、应对气候变化的支持体系建设

推动农业应对气候变化的工作需要多方的参与，不同的主体扮演好各自角色。基层社区的实践，推广平台的支撑和政策的支持相互影响、相互促进。

（一）服务基层实践

推动基层社区的实践和解决基层农户的问题，才是我们适应气候变化的根本目标。

为此思力中心在社区与农户一起开展技术的试验示范，组织春耕培训，组织田间交流等，通过多种形式服务农户的生产生活。为此思力中心还收集了农业适应气候变化的措施，编写了 10 本小册子，还围绕其他生产需要编写了培训手册、书籍、海报等。同时，思力中心也将在基层社区发现的经验形成的案例总结好供同行参考，为政策提供建议。

（二）搭建平台支持

基层有比较完整的农业推广体系，是农业技术服务的最重要力量。思力中心积极与基层农业技术推广部门合作，一同进行技术集成，推广培训服务。另外，主动引入高校和研究机构的力量，解决在我们的实际工作中遇到的一些技术问题，为我们的技术选择，技术改进提供更多的支撑。

此外，还有其他社会力量，如像思力中心一样的社会组织及企业，我们积极促进更多跨区域、跨领域的交流，通过交流平台相互学习借鉴和鼓励。最终，希望形成辅助基层农技部门，吸引研究力量支持，团结调动社会其他力量参与的支持平台。

（三）促进政策驱动

有好的政策指引，才能有更多的基层实践工作，基层的实践又给政策实施和优化提供了宝贵经验，进而推动了政策的落地。在之前的工作中，通过调研实践，思力中心将统筹保障粮食安全和推动稻田甲烷减排的意见形成了政策建议，得到了云南省领导的批示。未来，思力中心将继续总结和呈现更多有效的解决方案，推动农业应对气候变化工作向前发展。

气候风险下的自然保护地社区行动

山水自然保护中心项目助理 孙卉琳

山水自然保护中心（以下简称山水中心）成立于2007年，创始人为北京大学生命科学学院的吕植教授。通过多年的实践，山水中心积累了丰富的物种和栖息地保护经验，并在继续探索着人与自然和谐共生的解决方案。气候变化是全球性的环境问题之一，如何推动应对气候与生物多样性保护工作协同发展是山水中心持续在关注和思考的议题。在社区保护地项目中，山水中心积极地开展气候变化风险下的赋权与赋能、生物多样性保护和乡村振兴等工作。随着《国家适应气候变化战略2035》的印发和第27届和第28届联合国气候变化大会的举行，全社会对气候变化监测和强化气候变化适应能力的意识都在逐渐提升。

气候变化带来的影响有很多，公众了解的有长期的年均温度上升、降水分布不均和极端天气频发等，分布在一些经常受到气候影响的区域的发展中国家对这些问题尤为敏感。青藏高原的气候整体出现变暖变湿的趋势，这导致了冰川冻土融化、草场退化和雪线上升等生态危机。

在青海省玉树藏族自治州进行的入户调查中，我们了解到牧民们对冰川消融、雪线上升的感知是最明显的。虽然他们发现灌丛和草场的交界发生明显变化，但本不生活在同一区域的雪豹和金钱豹，被发现在同一区域经常出现，说明野生动物分布的变化也是受到了雪线上升和树线上升的影响。另外，气候变化也导致了人兽冲突的加剧，如棕熊的冬眠时间变短，活动更加频繁，这些现象都对人类的生产生活和家畜的生存有着很大的潜在危害。极端天气的出现、水资源短缺、农牧产品质量的下降和人与牲畜生存风险的增加让当地社区不得不做出适应性改变，如租借草场、搬迁、调整种植和畜牧技术等。但由于认知水平等的限制，一些农牧民对气候变化的感知可能并不敏锐。此外，能否做出适应性的改变也取决于资金、能力和技术选择等因素。在主动应对气候变化的过程中，还会有干扰因素持续阻碍当地社区做出行动，因此识别到这些干扰就显得非常必要。金融、技术和信息等外部干预和当地机构的协同，可以帮助牧民完成空间、时间及生产资料的适应，也可以形成牧民间及牧民与市场间的互动。加之牧民家庭对气候变化的感知和家庭已有的人力资源、硬件资源、金融资本、自然资源和社会资源等条件，就构成一户牧民完整的生计适应行为。

山水中心通过观察三江源社区总结了5种具有代表性的策略：贮存性策略，如建立永久房屋、提高饲料的贮存、增加牧草植等；多样性策略，如通过不同的方式方法获得收入来源、采集野菜和制作手工艺品等；互助性策略，如加入合作社、共用草场联合放牧等；市场性策略，如购买牧草、租用他人的草场等。流动性策略，如轮牧转场等。

为了有效地帮助当地社区应对气候变化带来的挑战，在当地主管部门的支持下，山水中心开展了放牧、畜牧管理和草场恢复相关知识与技术的培训，带领当地牧民探索了生态旅游产品及生态产品的开发。我在嘉塘草原山水中心帮助妇女成立了手工艺社，通过制作毛毡手工艺品，妇女开拓了可持续的生计发展的新方式。总之，如何让公众和政府关注气候变化带来的影响是我们要持续探索的议题。这离不开牧民自发的学习和参与，也离不开资金、技术和当地机构的支持。在探索的过程中虽然也会遇到矫枉过正、资源短缺、问题难以量化等挑战，但我们希望通过持续不断的努力结合不同课题实现减灾、乡村发展、自然保护和积极应对气候变化的路径。

从海南渔村社会实验看气候适应与乡村振兴

海南智渔可持续科技发展研究中心理事长 韩寒

和很多农业牧业领域的社会基本构成类似，海南的渔业主要也是由小散户也就是小规模生产者构成渔业的主体。虽然因为水产品溢价空间相对较高，渔民收入不算低，但他们在面临各种经济社会风险和自然灾害威胁时，依然是单打独斗、零散经营、靠天吃饭。以海南文昌罗非鱼产业为例，虽然，这是当地一个年产值几十亿元的出口导向型产业，但它高度依赖成百上千小散户养出的鱼作为原料。经过长期调研，海南智渔可持续科技发展研究中心（以下简称研究中心）发现，很多导致渔业发展不可持续的问题往往源于这些中小散户及其上下游各利益相关方之间存在的许多信息壁垒，这些壁垒使人们的决策和行动往往是片面的、短视的，有些甚至造成不可逆的负面影响。换句话说，传统渔业要战胜可持续发展的挑战，要提高小规模生产者信息化和组织化水平。在气候变化的时代背景下，提高这些小规模生产者应对气候变化和抗风险的能力，是振兴乡村不可或缺的行动之一。

所以，过去几年，我们为海南罗非鱼产业孵化了一个联结上下游各利益相关方、促进各方共享信息、共商解决方案、共同行动的行业组织。以前，当询问养殖户“这几年的天气对养鱼有什么影响”时，大家都会说“今年比去年惨多了”；当问起鱼价，大家也大多说“今年是最糟糕的一年”。但其实每个人都只是凭印象、凭感觉地说，并未掌握精准的数据。后来，研究中心帮助海南罗非鱼行业组织去收集鱼价信息，以及对养殖户的生产非常重要的有关降雨、气温信息，定期在公众号上发布。一开始大家都怀疑这些信息的作用和公信力。但科学、客观地长期坚持下去，久而久之，大家就接受、信任了，甚至形成了习惯，慢慢就不会再有人盲目地猜测。生产环节的各种基础信息是产业链的上下游急需的，但是每个企业或政府部门各自去收集这些信息的成本非常高，从某种角度来说，这些也是公共资源、公共服务，把散户组织起来，创新地帮助大家获得这些公共信息，利用公共设施，就能提升大家应对风险的能力。

而且，这些来自一线或依托个体的组织的信息，能够在金融、环保等具体场景下助力行业更好发展。研究中心现在就在帮文昌市农业农村局规划设计小散户组成的连片区的养殖尾水处理设施。大家如何共用一个尾水处理设施，如何去运营维护，大家的责权利怎么分配……都需要对这些复杂问题的各个方面开展实事求是的调查与分析，并陪伴养殖户、村镇干部、政府各级部门一起探索解决方案。此外，研究中心与人保财险合作，借助行业组织对一线情况非常熟悉的优势，开发了适用于小散户的养殖保险。保险公司以前是不敢给小散户提供保险的，银行也不敢给小散户放贷，因为很难去评估和控制风险。研究中心就帮助这些金融机构洞察渔业特点和相应的用户需求，培养用户习惯，提升用户管理水平。如给鱼塘里的增氧机装断电时会报警，还会自动记录增养殖开关时间的远程控制器。一开始养殖户觉得这个技术产品并非必要，我们后来在试点时就提出：如果想得到政策补贴性的养殖保险，就必须装这个远程控制器。这样，越来越多的养殖户会更愿意去使用新技术，同时，也能借助新技术更好地管理生产经营过程中的风险，降低损失，更从容地应对气候变化。

在传统的捕捞渔业里，我们也在做类似的尝试。在海口东边有一个北港岛，岛上传统的捕捞生计已经面临非常严重的资源退化，因为人为活动的增强，大量的滨海滩涂被赶海等人为活动影响，原本丰富的生物多样性资源（海草、螃蟹）都受到不同程度的威胁。当地乡村振兴局、生态环境局都希望把这个地方作为一个试点，研究渔村的集体经济、海域使用权等如何发展，如何创新地推动当地生态资产和生态价值转化。研究中心认为，首先要了解渔民是怎么看待海洋资源的。过去在渔民眼里，海洋就是“银行”，出海打鱼就可以“变现”。而现在，人们发现海洋资源越来越有不确定性，更多的外来资本力量介入和气候变化带来的影响，都要求重新构建渔民群体内共同管理公共资源的机制和能力。

所以，2023 年年初在民生银行和中国乡村发展基金会的支持下，研究中心在北港岛开展了一系列的调查研究和赋能渔民社区的工作，包括开展滩涂湿地底栖生物、鸟类、海草床等资源调查与评估，挖掘渔业社区的历史文化、传统渔技渔俗，设计开发以“生态赶海”为主题的自然观察、研学课程，将渔民培训为向导，带领游客开展生态赶海和自然观察活动，并通过举办渔业文化节、自然观察节等活动，向社会各界宣传推介北港的休闲渔业产品和服务。

北港岛是当前我国探索海洋保护的社区参与机制、打造海洋国家公园入口社区的一个典型案例，研究中心以生态赶海为抓手推动生态保护和生态价值转化，系统性地赋能渔业社区、辅助基层政府、协同保护专业团队调动各种社会资源，这就是实实在在地探索着渔村振兴的道路。

七、“无废城市”建设论坛

践行生态文明理念　推动“无废城市”建设

山东省生态环境厅党组成员、副厅长、一级巡视员　管言明

党的十八大以来，山东坚决贯彻习近平生态文明思想，强化政治担当，保持战略定力，深入落实黄河流域生态保护和高质量发展战略，扎实推动绿色低碳高质量发展先行区建设，坚决打赢污染防治攻坚战，全方位、全地域、全过程开展生态环境保护，使生态文明建设发生了历史性、转折性、全局性变化，“蓝天白云、繁星闪烁”“清水绿岸、鱼翔浅底”重回身边并成为常态。据国家统计局最新数据，人民群众对生态环境满意度达到95.4%，获得感、幸福感显著增强。

山东省委、省政府高度重视“无废城市”建设工作，将“无废城市”建设工作方案列入2022年度省政府重大行政决策事项，经省委常委会会议、省政府常务会议研究同意，在全国第一个以省政府文件的形式印发实施，文件中明确提出：到2025年，全省基本建成“威海市引领带动、沿黄9市重点推进、其他城市梯次发展”的“无废城市”集群。省级层面专门成立了由分管省长任组长的“无废城市”建设工作专项小组，统筹协调推动全省“无废城市”建设任务的落实。全省16个市政府全部申报国家“无废城市”建设试点，其中济南、青岛等9个市纳入了“十四五”国家建设名单，数量居全国第二。各市坚持“一市一策”，逐一明确了责任清单、任务清单和项目清单，努力打造山东的特色和亮点。

“无废城市”建设是一个长期探索过程，也是一项系统工程，需要制度、技术、宣传、市场等多要素保障，多方助力，才能向前推动。“无废城市”建设论坛的召开必将对山东的全域“无废城市”建设起到有力的助推作用，也恳请各位领导、各位嘉宾多走走、多看看，为“无废山东”建设、为美丽山东建设提出宝贵意见和建议！

加快"无废城市"建设 确保美丽中国目标如期实现

生态环境部固体废物与化学品管理技术中心主任
研促会"无废城市"建设与固废资源化专业委员会主任委员
刘国正

本文结合"无废城市"建设，和大家交流一下笔者学习党的十九大报告、二十大报告、习近平新时代中国特色社会主义思想和全国生态环境保护大会精神的一些体会。下文从三个方面展开。

一、为什么要开展"无废城市"建设？

2018年12月，国务院办公厅印发实施了《"无废城市"建设试点工作方案》，开展了"11+5""无废城市"建设试点工作。在"十四五"期间，截至目前列入国家"无废城市"建设名单的有121个城市，包括113个地级和地级以上城市和8个特殊地区。目前全国还有93个城市没有列入国家名单中，加在一起共200多个。如我们国家在这么多地级以上城市，这么大规模、大体量地来开展"无废城市"建设，是全球生态文明建设中史无前例的伟大壮举。"无废城市"的建设工作是一个逐步完善的过程，本文总结了"六个一"，从六个方面来看国内的"无废城市"建设。

一是一头连着减污。目前《中华人民共和国固体废物污染环境防治法》明确了防治固体废物污染的各项事宜。固体废物不仅是污染物，更是水、大气、土壤等污染的源头。因此把"无废城市"建设这项工作做好，就是把废物变成"无废"，使污染物明显减少。

二是一头连着降碳。做好"无废城市"建设这项工作可以降碳。"无废城市"建设的减量化、资源化、无害化这"三化"原则都和降碳有关系。就资源化来说，固体废物资源化的两个方向是能源替代和材料替代。对固废企业而言，产品想要变成资源，就只有焚烧发电供热或将其变成各种材料这两种途径。材料工业和能源工业是我们国家的排碳大户，这两类工业通过资源化途径替代一定可以降碳。以下有几组数据：第一组是国际固体废物协会的计算结果显示，城市固体废物的处理和垃圾的回收、堆肥、处置等可以减少全球10%～15%的温室气体排放；第二组是巴塞尔公约亚太区域中心对全球45个国家和地区的固体废物管理碳减排潜力的相关数据进行了分析，结果表明通过提升城市工业、农业和建筑等4个行业的固体废物全过程管理水平，可以实现相应国家和地区的碳排放减量13.7%～45.2%，也就是在45个国家和地区中，最少的减了13.7%，最多的减了45.2%，通过固体废物管理的"三化"措施，平均减量27.6%；第三组是中国工程院的数据，数据显示 2020 年“无废城市”建设试点开展以后，固体废物处置直接碳排放量为 1.4 亿 t，相比 2019 年下降了 17.6%，源头减量和资源化利用碳减排量为 31.5 亿 t，占我国温室气体排放量的 22.5%。从这三组数据中可以看出，做好固废这个文章对碳减排意义重大。

三是一头连着产业发展。通过“无废城市”的创建，把很多废物变成了资源，这既减少了污染，也带动了一批新兴产业的发展，增加了 GDP、就业、税收等。中国工程院的研究数据显示，到 2030 年，我国主要“城市矿山”的回收价值可以达到 2.41 万亿元，乡村废物的资源化利用产生投资效益可达 3.97 万亿元，重点工业固体废物资源化经济效益可达 1.35 万亿元，加在一起将近 10 万亿元，这可以带来 4 000～5 000 个就业岗位。从这个数据中可以看出，产业化的潜力非常大，这就是现在地方政府开展“无废城市”建设这么受欢迎，那么多地方政府没有被列入国家级名单也要开展“无废城市”建设的原因。笔者去云南开展调研，了解到云南铝业股份有限公司为了处置铝灰非常头疼，埋也埋不了，烧也烧不尽，也没人要。现在公司自己研发技术，把铝灰中的铝等有价值的金属提炼出来进行资源化，每年企业处理铝灰 3 万 t，回收氧化铝 2 万 t，创造价值 2 万多元，整个铝灰处理过程中产生的大量氢气和氨气被收集回来重新利用，减少二氧化碳排放 6 000 多 t。可以说，通过固废资源化利用，不仅解决了固废问题，还带来了效益，在降碳的同时保证了企业的高质量发展。

四是一头连着新发展格局构建。“无废城市”建设和新发展格局构建有何联系？习近平总书记提出构建以国内大循环为主体、国内国际双循环相互促进的新发展格局主要是从安全角度考虑的。循环包括产业循环、市场循环，产业循环里面最关键的还是资源。发展制造业，没有金属材料肯定不行。以下是一组数据，制造业用的金属材料里有 22%的黄金和 55%的铂来自工业固体废物，还有航天、电子、新能源等一些战略性新兴领域所需要的材料，几乎 100%源于工业固体废物。由此可见，固体废物在构建新发展格局中的重要性。还有一组数据，2020 年我国废钢利用量达到 2.6 亿 t，替代 62%品位铁精矿（约 4.1 亿 t）；再生有色金属产量为 1 450 万 t，占到全国十种有色金属总产量的 23.5%。这两组数据说明，“无废城市”建设工作做好了，对新发展格局的构建起着举足轻重的作用。可以说，整个固体废物资源化产业，目前也已经深度嵌入了新发展格局构建过程中，也正在为新发展格局构建做着贡献。

五是一头连着城市治理体系和治理能力现代化。从固体废物产生源头来看，有生产和生活两类：所有企业只要生产，每天就会不断产生固体废物；每个人只要活着，就会产生固体废物。也就是说，固体废物的产生与每个企业、每个人都有关系。要把固体废物管理好，就要管到每个人身上，管到每个企业上，这直接关系着城市治理体系和治理能力现代化的提升。深圳市通过“无废城市”建设，建立了 4 个体系，出台了 6 部地方法规，85 项政策文件，创新了 25 项科技攻坚技术，建立了“制度、市场、技术、监管”四轮驱动的保障体系。从这些数据中可以看出，深圳市通过“无废城市”的创建，全面提升了城市治理能力和治理水平。

六是一头连着生产生活方式的变革。每个城市在“无废城市”建设中必须做的一件事情，也是习近平总书记多次强调很重要的事情——把垃圾分类做好，这也带来了生活方式的变化。过去垃圾就只是往那儿一扔，现在要精细化分类，这涉及每个人的行为。比较文明和发达的国家，垃圾分类都做得比较好，因为它也是文明的象征，是文明的行为方式的养成。生产方式就更不用说了，倒逼的是整个生产结构的转型。

这“六个一”：一头连着减污，一头连着降碳，一头连着产业发展，一头连着新发展格局构建，一头连着城市治理体系和治理能力现代化，一头连着生产生活方式的变革，是通过“无废城市”建设探索总结出来的，是对“无废城市”建设意义的认识。这也是现在我们大规模地开展“无废城市”建设的原因，这不仅仅是环保的事，更不仅仅是固体废物的事，它是贯彻新发展理念、构建新发展格局、推动经济社会全面绿色转型和高质量发展的大事，是贯彻党的二十大精神，践行着习近平生态文明思想，推动着经济社会高质量发展，实现人与自然和谐共生现代化的重要举措，表明了中国共产党人和中国政府坚定不移走绿色发展道路的决心和信心，引领着世界发展的绿色潮流和人类社会文明进步的新形态。如果都能站在这样的高度认识“无废城市”建设，笔者认为很多地方政府的“无废城市”建设，就不是“要我干”，而是“我要干”，对我们“固废人”来说，更能感到肩上的使命和重担。

这是本文的第一个问题，为什么要开展“无废城市”建设。

二、为什么习近平总书记提出要加快“无废城市”建设？

习近平总书记在 2023 年 7 月 17 日召开的全国生态环境保护大会上的重要讲话中提出要加快“无废城市”建设，这既是对正在开展“无废城市”建设工作的充分肯定，又是对现在开展的“无废城市”建设工作提出的新要求。为什么习近平总书记要这么讲？笔者个人认为至少从四个方面理解。

一是建设美丽中国的需要。在中国共产党的党史中，党的十九大非常重要，这体现在两个方面：一方面是确立了习近平新时代中国特色社会主义思想的指导地位；另一方面是将“美丽中国”纳入全面建设社会主义现代化国家“两步走”目标，明确提出到 2035 年“美丽中国”目标基本实现，生态环境根本好转。“美丽中国”建设评估体系的 22 个指标中，有两项指标直接涉及“无废城市”建设。要到 2035 年基本实现“美丽中国”目标，那时必然不能再存在垃圾围城、垃圾围厂、垃圾围村、垃圾堆山、垃圾占田现象，怎么能让“美丽中国”目标基本实现呢？这更体现出了加快“无废城市”建设的重要性。

二是实现生态环境根本好转的需要。笔者谈到了党的十九大报告提出的与生态环境保护有关的两大目标，一是"美丽中国"目标，二是实现生态环境根本好转。要解决生态环境问题，不仅是治好水、气、土，如果固体废物治理不好，就不能叫作生态环境根本好转，固体废物污染防治绝不能拖"美丽中国"建设和生态环境根本好转的"后腿"，因此，必须加快"无废城市"的建设步伐。

三是推动高质量发展的需要。刚才讲到的"六个一"的核心就是推动高质量发展。

四是引领全球生态文明建设的需要。习近平总书记在全国生态环境保护大会上，讲到新时代生态文明建设成就的时候，讲了四个重大转变，其中有一个转变，就是实现由全球环境治理的参与者到引领者的转变。过去的环境保护，确确实实是跟着西方学的参与者，但现在不一样了，我们成了全球生态文明建设的引领者。其中一个重要的标志，就是在国内正在进行的大规模的"无废城市"建设。最初在设计这个工作的时候，概念还借鉴了西方的"零废计划"概念，再结合中国特色和中国文化的习惯表述方式定名为"无废城市"，二者理念是一样的，一旦把这个理念吃透，再结合实践，"无废城市"很快就在中国大地上开花结果。从"十三五"时期的"11+5"个城市到现在的200多个地级以上城市，欧洲像百万以上人口的城市也就36个，而中国千万级特大城市也参与其中，"无废城市"建设，在世界上是史无前例的伟大壮举，是我们国家进行生态文明建设的重大标志性举措。

这是本文的第二个问题，为什么要加快"无废城市"建设。

三、怎样加快"无废城市"建设？

加快"无废城市"建设应重点做好五个方面的工作。

一是要进一步提高政治站位。现在许多城市在做"无废城市"建设工作，但不乏一些城市是在跟风进行。"无废城市"建设要从"要我干"变成"我要干"，而且"我要干得很积极"，各有关城市要主动承担"无废城市"建设的使命和担当。

二是要做好顶层设计。最初我们探索的是一个新的理念，现在"十四五"还是在探索"无废城市"建设的经验，但仅探索解决不了问题。要完成2035年的目标，就不能只是探索，而是要在探索的基础上抓紧总结经验，加快推进。必须将2035年作为"无废城市"建设任务的时间节点倒排工序，要进一步明确目标、思路和方向，具备条件的地方应当提出更高目标，率先建成"无废城市"。笔者到青岛调研讲了"无废城市"建设，青岛有这个条件就要敢于提出口号，敢于往前走，如率先建成"无废细胞"，"无废学校""无废社区""无废企业""无废景区"等，这些都是"无废细胞"。

三是要把握两个重要抓手。一个是"无废细胞"建设，社区、学校、工厂等是整个社会、整个城市的"细胞"，要从微观抓起，把每个"细胞"变成"无废细胞"，整个社会就是“无废社会”，整个城市就是“无废城市”，各地都在这么做。另一个是要做好固体废物资源化这篇大文章，“三化”原则是“无废城市”建设中需要坚守的原则，要将废物转化成资源。整个自然界有两种资源：一种是绿水青山没有被破坏，资源仍在；另一种是绿水青山经过生产、生活消费完之后变成废物再转化为资源。中国是生产大国、消费大国、人口大国，也是产废大国，但产废大国从资源角度来看就是第二种资源大国。因此我们要认识到，把废物变成储存在“城市矿山”中的资源，将其加入整个经济发展中来，加入新发展格局里面来，这是“无废城市”在发展上所做的贡献。因此要做好“无废细胞”建设和固体废物资源化这两篇大文章。

四是要进一步完善创新政策和标准体系。习近平总书记在生态环境保护大会上讲到六个环保问题，其中两个问题讲了两次，一个就是生态环境保护历史欠账还没还清，固体废物污染防治就是欠账，废物放在坑里一填成为历史固体废物，现在固体废物存量每年仍在叠加，但是依靠我国体制优势，我们已经开始重视其中庞大的资源。但是当前政策还有完善的空间，很多标准缺位，如刚才说到的探索“无废细胞”建设，就要加快脚步跟上。还有固体废物资源化方面，好的技术落不了地，好的产品市场上不受欢迎，也都是有政策问题。缺少鼓励大家使用再生资源产品的政策，这和国外相比毫无疑问是有差距的，这也需要我们努力赶上。

五是要形成多方合力。“无废城市”建设不单是生态环境部门的事，还需要全社会参与，构建地方党委和政府、行业企业（是污染的主体，更是固体废物资源化的主体）、社会公众、科研机构（需要专家参与技术的攻关和难题的破解）多位一体的全民共建格局。

这是本文的第三个问题，怎样加快“无废城市”建设。

做精“无废”亚运　讲好“无废”故事 全方位展示“无废城市”建设新成效

杭州市生态环境局党组成员、二级巡视员　曹建松

杭州亚运会是至今为止参赛人数最多、参赛国家最多、比赛项目最多、比赛场馆最多的亚运会。在各方共同努力下，杭州向全世界奉献了一届“中国特色、亚洲风采、精彩纷呈”的体育盛会。作为办赛理念之一的“绿色”，从亚运主火炬使用的废碳燃料、各大比赛场馆的绿电供应再到传递“无废亚运”理念的“加油鸭”的走红，得到世界各国和各界人士的高度评价，成为杭州亚运会的一大亮点。

自成功申办本届亚运会以来，杭州市坚持以习近平生态文明思想为指引，在生态环境部和浙江省生态环境厅的坚强领导和有力指导下，在亚组委相关部门的大力支持和密切配合下，深入开展“无废亚运”创建行动，率先将“无废”理念融入赛事筹办各领域和全过程，全方位推进固体废物源头减量、循环利用和无害处置，形成具有杭州辨识度和世界影响力的“无废亚运”标志性成果，向全世界充分展示习近平生态文明思想的实践成果，展示中国“无废城市”建设的显著成效。

下面，本文从三个方面向大家做个简要介绍。

一、主要做法

“无废亚运”是杭州亚运会首次提出来的。在没有成熟经验借鉴的情况下，围绕固体废物减量化、资源化、无害化，加强谋划设计，精心组织实施，动员全社会积极参与，面向全世界广泛宣传，确保“无废亚运”有序推进、有效落实。

（一）强化谋篇布局，精心绘制施工图

围绕“怎么建、如何评”等问题，加强整体谋划和系统设计，推动“无废亚运”创建走深走实。制定行动方案。印发两轮“无废亚运”行动方案，围绕场馆建设、赛事保障、公众参与等重点领域，制定赛前、赛中、赛后阶段“无废”措施，做到各项工作有章可循、有规可依。构建评估体系。发布《“无废亚运”实施指南（试行）》，设置生活垃圾回收利用率、电子门票使用率等指标，实现创建成效量化可评。开展细胞创建。指导亚运场馆、接待饭店等基本单元，积极开展“无废亚运细胞”创建，分类设置建设标准、举办专题培训，累计建成“无废亚运”场馆 39 个、饭店 83 家，基本实现全覆盖。

建设数智平台。开发“无废亚运”应用场景，综合集成各类固体废物数据，通过大数据分析强化全链条监管，实现“无废亚运”创建情况一屏总览、危废安全一屏管控。

（二）强化源头减量，大幅减少废弃物

坚持把源头减量作为“无废亚运”创建的核心，下功夫做好固体废物和办赛费用两道“减法”。亚运场馆能改不建。56 个竞赛场馆有 44 个为改建或临建，12 个新建场馆也充分考虑了赛后利用；出台《亚运会绿色健康建筑设计导则》等标准规范，积极推广装配式建筑、可再生材料，建筑垃圾大幅减少。杭州电子科技大学体育馆作为亚运击剑比赛场地，本着能用尽用原则，不重新购买观众座椅，通过翻新减少塑料垃圾 4.6 t；亚运壁球馆利用杭州国博中心展厅临时改建，不间断电源设备、消防设施采用租赁模式，玻璃墙、观众坐席可整体打包搬走，赛后将快速恢复展厅功能。赞助企业减废增效。指导赞助企业在产品设计、生产、销售过程中，优先采用绿色工艺和环保材料，优化产品设计，避免过度包装。吉利控股集团通过推广新材料新工艺，推行“全面循环包装”，开展节水节电降危废行动，减少能耗 20%、废气 20%、固体废物 25%。娃哈哈集团通过优化包装设计、加强精细管理、推行物流器具循环利用，每年减少使用塑料 90 t 以上。亚运生活简约低碳。在亚运村和接待饭店推行净菜入村，通过集中采购原料、精准测算人数、按需加工食物，杜绝舌尖上的浪费；推出“云上亚运村”低碳账户，鼓励村民通过光盘行动、垃圾分类、无塑购物等“无废行为”获取积分、兑换奖品，亚运期间参与人次超过 70 万人次。

（三）强化物尽其用，持续提升利用率

坚持器材设备能租不买、能借不租，废旧物资尽可能再生利用、变废为宝。设施设备租赁共用。对赛事期间使用的设施设备，尽可能采用租赁、借用的方式。特别是不少临建场馆采取装配式建筑，赛后可快速拆除，恢复场馆原有功能；观众坐席、照明系统、消防设施、UPS 设备等，尽可能采取租赁模式。淳安界首体育中心场地自行车馆木质赛道由赤松木拼接而成，全部通过租借而来；智能照明、比赛设备集成管理等系统采用租售结合模式。废旧物料能用尽用。对办赛过程产生的建筑垃圾、生活垃圾、易腐垃圾等废弃物，最大限度再生利用。黄龙体育馆改建过程中，采用移动反击式破碎站，产生的 1.3 万 m^3 建筑垃圾在破碎后，约有 40%用于体育馆自有道路和建筑物的垫层回填，其余的作为干混砂浆、抹灰砂浆的原材料，节约资金约 100 万元。针对亚运村矿泉水使用量大实际，开展“空瓶回收”行动，再生利用后制作成塑料长椅重回亚运村，成为村民休憩打卡的好去处。边角废料创新利用。对低价值废弃物进行积极开展再生设计，促进物尽其用、变废为宝。从“江南忆”等吉祥物入手，将边角料制作成多彩吉祥物，每只都有不一样的拼接色彩，都是独一无二的吉祥物，深受小朋友和外国友人的喜欢。做好亚运村低值废弃物的回收利用，累计回收纸质餐盒和牛奶盒 57 t、其他低值废弃物 92 t，可制成原生纸 90 t，一部分做成独具杭州韵味的折扇，作为村民参与“无废亚运”纪念品；剩余部分将做成再生纸笔记本，作为“无废学校”创建奖品。

（四）强化全民行动，积极扩大参与面

坚持“无废”理念先行，大力培育“无废”文化，引导社会各界积极参与“无废亚运”创建。抓活动造势。亚运会倒计时一周年，举办“无废亚运”推进活动；倒计时 100 天，推出“无废亚运”系列报道；倒计时 60 天，举办“无废亚运”主题活动，邀请知名专家学者参加，通过主旨演讲、专题报告和对话互动，提升“无废亚运”知名度。抓宣传引领。召开“无废亚运”媒体吹风会，《人民日报》、新华社、央视等中央媒体报道 40 篇以上，其中阅读量 10 万+的超过 10 篇；推出“无废亚运”动漫形象“绿芽儿”，拍摄“无废亚运”系列动漫片，制作“绿芽儿”表情包，依托公交地铁、灯箱广告、户外大屏等，滚动播放公益广告，让“无废”理念走进千家万户。抓公众参与。发布“无废亚运”公众十条，邀请奥运冠军崔文娟等 10 位志愿者现场倡议，引导市民每年减少 10 kg 废弃物，并将经验分享给 10 个人。开发“无废亚运”公众参与平台，通过打卡积分、兑换奖品的方式，吸引更多人投身“无废亚运”，前两期参与人次已超过 10 万人次。抓“无废”观赛。将“无废”要求写入观赛须知，为每名购票人推送“垃圾随身带走、分类规范投放”提醒短信，并通过现场广播、字幕、视频等形式，引导现场观众自觉做好垃圾分类，不乱丢一片垃圾。特别是开幕式参加人数多，停留时间长，垃圾产生量较大，通过将氛围道具从充气棒改成手拍等方式减少垃圾产生，并为每名观众准备一个可循环利用且有纪念意义的小背包，便于大家将垃圾随身带走，实现“观众离席、留下一片洁净”。

（五）强化国际传播，全面增强影响力

把杭州亚运会作为展示中国“无废城市”建设成效的重要窗口，面向世界主动发声，讲好杭州“无废亚运”故事。“无废”行为示范引领。充分考虑亚洲各国差异，将垃圾分类要求写入亚运村指南，在餐厅等公共场所安排志愿者，在垃圾箱上张贴图例，做好事前告知和宣传引导，将垃圾分类“新风尚”传递给每位村民。“无废”文化主动输出。将“无废”理念与传统文化有机结合，利用废木料和竹笋衣等废弃物，精心制作成传递“无废亚运”理念的“加油鸭”，深受广大运动员喜爱，成为亚运村“网红”；中秋节晚上，组织各国运动员利用矿泉水瓶，制作“无废”鱼灯，感受中国特色的“无废”体验。“无废”宣传走向世界。中央电视台《新闻调查》拍摄 45 分钟“无废城市，无废亚运”纪实片引发关注，中国国际电视台新闻频道（CGTN）向全世界推出“无废亚运”专题报道，*Xinhua News* 和 *China Daily* 等大力传播“无废亚运”故事，新加坡《联合早报》《海峡时报》、韩国《京畿日报》、马来西亚《东方日报》等外媒广泛报道，“无废亚运”的国际影响力和传播力大幅提升。

二、取得成效

总体来看，在上级生态环境部门的精心指导和全社会的共同参与下，“无废亚运”圆满成功、成效显著，对“无废城市”建设产生广泛而深远的影响。

（一）“无废”理念深入人心

以举办杭州亚运会为契机，借力“无废亚运”创建，全方位加强“无废”理念宣传，实现进党政机关、进学校医院、进社区乡村、进电视电台、进公交地铁、进户外广告，覆盖面不断拓展，影响力持续提升，资源节约、废物利用、垃圾分类、光盘行动等成为市民自觉习惯。开闭幕式后观众随身带走垃圾、场馆干净整洁被中新网等媒体广泛报道，充分体现了公众“无废”素养。

（二）“无废”办赛成果显著

初步统计，56个亚运场馆实现100%绿电供应，新改建工程建筑垃圾资源化利用率超过95%，亚运主火炬燃料采用“废碳”再生利用让人眼前一亮；杭州亚运村二星级以上绿色建筑比例100%、达到三星级标准的超过50%，易腐垃圾资源化利用率和医疗废物无害化处置率均为100%。

（三）“无废”产业快速发展

开展“无废亚运”创建，必须依托现有的“无废城市”基础设施和配套产业；同时，通过“无废亚运”创建形成的示范带动效应，有力地推动了建筑施工、再生资源回收利用等相关产业的转型升级。吉利控股集团通过“无废亚运工厂”创建，实现了减废增效的“双赢”，进而全面推开“无废”集团创建，并带动上下游产业链的“无废”建设。

（四）“无废”故事广为传播

“无废亚运”的出圈成为亚运会一道亮丽风景，引发各国媒体的高度关注和广泛报道。亚运场馆旧地板重获新生，“观众离席、不留一片垃圾”，传递“无废亚运”理念的“加油鸭”一“鸭”难求，外国运动员为获取“无废”奖品而收集矿泉水瓶，日本记者将废弃餐盒制作的折扇带回国内学习借鉴，这些经典案例成为“无废亚运”走向世界的见证，得到国际奥委会主席巴赫点赞，新加坡国家环境局专程来杭考察学习。

三、经验启示

回顾“无废亚运”的探索实践，为深化“无废城市”建设提供了示范借鉴，有许多经验做法值得全面总结和推广。

（一）必须坚持思想引领、深信笃行

习近平总书记高度重视固体废物污染防治，做出生活垃圾分类、塑料污染治理、禁止“洋垃圾”进口等重大决策部署，并亲自谋划推动“无废城市”建设，为固体废物污

染防治开辟了新境界、打开了新格局，为“无废亚运”提供了根本遵循和科学指引。推进“无废城市”建设，必须始终坚持以习近平生态文明思想为指引，运用好蕴含其中的立场、观点、方法，把握节奏、力度、效果，才能守正创新，行稳致远。

（二）必须坚持整体谋划、系统推进

“无废亚运”涉及面广、时间跨度大、治理链条长，制定和落实行动方案、实施指南，必须坚持整体意识、系统观念，切实做到建有方向、评有标准、抓有载体、管有平台，保证目标任务有效落实。深入推进“无废城市”建设，必须加强前瞻性思考、系统性谋划，实施项目化管理、清单式推进，强化跟踪督办、闭环管理，以钉钉子的精神狠抓落实，确保各项工作高标准谋划、高质量落地。

（三）必须坚持群众路线、共建共享

“无废亚运”的“出圈”“走红”，与群众认可度高、社会参与面广密不可分。通过深入宣传、广泛发动，社会各界积极投身“无废亚运”创建，传递“无废亚运”理念的“加油鸭”、由废弃餐盒制作的折扇都是群众广泛参与的成果。深入推进“无废城市”建设，必须充分依靠群众力量、集聚群众智慧，进一步加大宣传力度，动员更多市民积极参与、建言献策，为“无废城市”建设做出更大贡献。

（四）必须坚持面向世界、主动发声

高规格、高密度的宣传报道是“无废亚运”取得成功的催化剂。杭州亚运会是亚洲各国的体育盛会，也是展示美丽中国形象的重要契机。为更好地放大亚运效应，主动对接中外媒体，全方位报道“无废亚运”特色做法，引发国内外媒体关注，使之成为杭州亚运会的一道亮丽风景。推进“无废城市”建设，必须善于主动发声、加强正面宣传，在传递好声音、传播好故事中凝聚各方共识，进一步提升中国“无废城市”建设的国际影响力。

在各级生态环境部门的关心支持下，在各地政府的密切协同下，杭州“无废亚运”创建初见成效，但作为首届践行“无废”理念的大型体育赛事，还有不少地方需要加强和改进。下一步，杭州将全面评估创建成效，巩固拓展创建成果，出台大型“无废”赛事实施指南和标准体系，为今后大型赛事活动提供“无废”样本。在此基础上，充分发挥“无废亚运”的示范引领作用，借势借力全面推进“无废城市”建设，继续讲好杭州“无废”故事，让“无废”成为全体市民的共同行动，将“无废城市”打造成美丽杭州的一张金名片。

固体废物资源化利用技术研究进展

冶金工业规划研究院标准与认证中心主任工程师
工业和信息化部钢铁行业资源综合利用标准化工作组秘书长 王强

党的二十大报告指出，“中国特色社会主义进入新时代”。要“实施全面节约战略，推进各类资源节约集约利用，加快构建废弃物循环利用体系”。废弃物资源化利用技术体系是废弃物循环利用体系的重要组成部分，是实现固体废弃物资源化和资源节约集约利用的重要手段。本文在简要回顾和梳理现有固废资源化利用政策要求和技术现状基础上，重点阐述了钢铁工业固体废弃物的资源化利用技术研究进展。

一、新资源观要求对固体废弃物进行资源化利用

不同于“废物”强调的是其污染物属性，“废弃物”强调的是物品或物质的资源属性，它是与原生资源相对应的“二次资源”。因此，党的二十大报告采用“废弃物”而不是“废物”，表现了党中央对资源本质属性的科学认识和精准把握。中国特色社会主义进入高质量发展时期，要求我们更加注重废弃物的资源属性，强化对废弃物的资源化利用。为此，《关于加快推动工业资源综合利用的实施方案》《关于“十四五”大宗固体废弃物综合利用的指导意见》《关于加快废旧物资循环利用体系建设的指导意见》明确指出要提高资源利用效率，推进再生资源循环利用，以及推动固废综合利用模式、关键技术和协同利用机制等的创新。

二、固体废弃物资源化利用技术现状分析

固体废弃物资源化利用技术涉及面宽、范围广，且根据行业领域的不同，固体废弃物资源化利用技术往往呈现不同的特点。根据固体废弃物来源分类及其主要处理方式，可将固体废弃物的资源化利用技术分为物理处理法、化学处理法、生物处理法和热处理法。

（一）物理处理法

物理处理法即通过浓缩或相变化改变固体废弃物的结构，使之成为便于运输、贮存、利用或处置的形态。物理处理方法包括压实、破碎、分选、增稠、吸附、萃取等。物理处理也往往是回收固体废弃物中有价值物质的重要手段。如钢渣磁选回收金属铁技术、含水污泥的压滤技术、废钢铁的破碎打包加工技术等。

（二）化学处理法

化学处理法即采用化学方法破坏固体废弃物中的有害成分从而使之无害化，或将其转变成为适于进一步处理、处置的形态。由于化学反应条件复杂、影响因素较多，故化学处理方法通常只用在所含成分单一或所含几种化学成分特性相似的废弃物处理方面。如利用废油脂制备生物柴油技术、采取湿法技术提取电路板中的贵金属等。

（三）生物处理法

生物处理法即通过利用微生物分解固体废弃物中可降解的有机物，从而达到无害处置和资源化利用。如利用秸秆、粪便发酵制作有机肥料的技术、厨余垃圾厌氧发酵制沼气和肥料的技术等。

（四）热处理法

热处理法即通过高温破坏和改变固体废弃物的组成和结构，同时达到减量化、无害化和资源化的目的。热处理方法包括焚烧、热解、湿式氧化，以及焙烧、烧结等。如废轮胎热解制油技术、转底炉处理冶金尘泥技术等都应用了该方法。

三、钢铁工业固体废弃物资源化利用技术研究进展

钢铁工业是资源密集型企业，根据产生来源其固体废弃物主要分为冶炼渣、冶金尘泥和脱硫副产物等其他固体废物。其资源化利用技术随废弃物的成分、性质等的不同，差异较大。

（一）钢铁工业固体废弃物的产生及综合利用途径

1. 钢铁工业固体废弃物种类及产生情况

不考虑铁矿石采选废物，一般钢铁生产企业的主要固体废弃物包括炼铁高炉渣、炼钢转炉渣和电炉渣、精炼渣等冶炼渣，原料场、焦化、烧结、球团、炼铁、炼钢、轧钢工序产生的含铁尘泥、含碳尘泥、氧化铁皮等冶金尘泥，烧结、球团等环保脱硫产生的脱硫石膏、脱硫灰等脱硫副产物，以及废耐材、废包装物、废油和废乳化液、酸洗污泥等其他工业垃圾。据不完全统计，一般长流程钢铁工业固体废弃物的产生量约为每吨钢 600 kg；其中，冶炼渣约占 70%，冶金尘泥约占 20%，脱硫副产物和其他工业垃圾等约占 10%。

2. 钢铁工业固体废弃物的综合利用途径

钢铁工业固体废物的综合利用主要有三种途径。一是钢铁渣的建材化利用。钢铁渣主要用作制砖、铺路、生产水泥和矿渣微粉、钢渣微粉等建材。据不完全统计，全国有 85%左右的高炉渣用于生产矿渣微粉，钢渣在磁选回收金属铁后有 40%左右的钢渣尾渣用于生产水泥和建筑骨料。受市场需求和钢铁产能布局等影响，西北地区的钢铁渣建材化利用难度较大。二是含铁、含碳尘泥的返生产利用。钢铁生产过程产生的原料场除尘

灰、焦化除尘灰、烧结（球团）除尘灰、高炉炼铁除尘灰、转炉炼钢尘泥及轧钢氧化铁皮等含铁、含碳尘泥主要通过返烧结或焦化等方式在钢铁生产中利用。其中，烧结机头灰和高炉布袋除尘灰因含有较高的锌、钾、钠等碱金属元素，需要单独处理后返生产利用；目前，钢铁工业的含锌尘泥多采用转底炉或回转窑火法工艺提锌处理后，返钢铁生产利用。三是利用钢铁工业窑炉协同处置社会废弃物。如利用烧结机协同处置垃圾焚烧飞灰、市政污泥，利用焦炉或高炉设备协同处置废塑料、废轮胎等，利用转炉协同处置废铁质桶等社会废弃物。

（二）典型钢铁工业固体废弃物资源化利用技术

1. 高炉渣资源化利用技术

高炉渣是钢铁工业利用较好的一类大宗工业固体废弃物，主要用于生产矿渣微粉、制矿渣棉和机制砂等，具体利用技术见表 1。此外，国内外均有关于利用高炉渣生产微晶玻璃、农肥、高强度陶瓷等报道，但还未见大规模地投入工业化生产。

表 1 高炉渣资源化利用技术

序号	典型利用方向	应用成效	典型企业	备注
1	高炉水渣生产矿渣微粉	全国有 85%以上的高炉渣均用于生产矿渣微粉，作为低碳材料广泛应用于水泥建材行业及国家重大工程建设	沙钢、宝武环科等	应用最为广泛，采用立磨生产矿渣微粉的生产线估算在 300 条以上，产能为 2 亿～3 亿 t
2	热态高炉渣制矿渣棉	工艺及配套的技术装备成熟度偏低，主要产品质量不高，主要用于工业保温材料，建筑上应用不到 10%，成本高、经济性差	太钢、宝钢、南钢等	应用较少，只有数家钢铁企业开展应用，不完全统计产能在 20 万～30 万 t 规模
3	含钛高炉渣生产机制砂	技术成熟，机制砂产品用于下游建筑行业，解决了低活性含钛高炉渣的利用问题	攀钢、承钢等	我国西南和河北承德地区利用含钛高炉干渣生产机制砂

2. 钢渣资源化利用技术

钢渣是钢铁工业固体废弃物资源化利用的难点，目前资源化利用水平不高。钢渣尾渣的资源化利用技术主要有制备钢渣微粉、用作水泥铁质校正料和路基材料、制砖、生产钢渣陶瓷等（表 2）。受钢渣自身重量大、易磨性差、成分不稳定和安定性差等因素影响，其资源化利用的成本高、经济效益差，限制了现有钢渣资源化利用技术的推广应用。

表 2　钢渣资源化利用技术

序号	典型利用方向	应用成效	典型企业	备注
1	制备钢渣微粉	工艺技术成熟，由于产品质量低于高炉矿渣微粉，下游市场认可度不高，推广难度大	沙钢、宁波钢铁等	
2	用作水泥铁质校正料	钢渣尾渣最重要的一种用途是作为水泥生产的原料使用，一般掺量可达5%左右	大部分钢铁企业	
3	用作路基材料	工艺技术成熟，目前应用较广	武钢、沙钢、山西建龙等	
4	制作钢渣免烧砖/透水砖	产品市场小，效益一般，受限于运输半径	鞍钢、太钢、莱钢、新钢等	
5	制作钢渣磷肥	已经小规模应用，具有推广前景	太钢	
6	用钢渣制备陶瓷	存在技术瓶颈和应用难题	宝钢、莱钢	
7	用碳酸法钢渣处理	已实现产业化应用	包钢	

3. 含铁尘泥资源化利用技术

含铁尘泥的资源化利用技术主要有直接返烧结、转炉等钢铁生产利用、转底炉火法处理技术、回转窑火法处理技术、氧化铁皮制磁性材料和还原铁粉制造等技术，具体见表 3。

表 3　含铁尘泥资源化利用技术

序号	典型利用方向	应用成效	典型企业	备注
1	作为炼铁原料返烧结循环利用	直接作为原料循环利用，是钾、钠、锌含量低的尘泥的最佳利用方式。以较低成本实现含铁尘泥的资源化利用	国内大部分钢铁企业	
2	冷固球团-转炉使用	炼钢尘泥及氧化铁皮为原料，将其加工成具有一定强度球团，再返回炼钢炉应用，是目前炼钢粉尘利用最有效途径	宝钢、中天钢铁、首钢等	
3	回转窑火法提锌	相比转底炉投资较低、技术成熟，但存在结圈问题、装备规模难大型化、能耗偏高问题，同时处理低锌含铁原料经济性差的问题	永锋钢铁、本钢等	应用较多，国内钢铁企业处理含锌尘泥主要通过回转窑装备，单套规模在5万～15万 t，初步估算各类回转窑生产线近百条
4	转底炉火法提锌及金属化球团	技术不断趋于成熟、环保水平高，金属化球团可以作为高炉-转炉原料利用，投资偏大，盈利能力弱	沙钢、马钢等	主要在大型钢铁企业应用，国内已建成转底炉17座，规模395万 t
5	磁性材料、还原铁粉等	使用氧化铁皮、氧化铁红等优质尘泥，产品附加值高，技术水平要求高	宝武环科、山钢等	

四、展望

固体废弃物资源化利用技术是影响资源利用效率和资源化利用水平的关键性因素，是助力实现减污降碳和“无废城市”建设的有效手段，是持续推动生态文明建设和绿色高质量发展的重要力量。

在国家绿色低碳发展政策背景下，固体废弃物资源化利用技术研发应重点朝以下几方面努力。

一是不仅应关注其技术可行性，更应重视其经济可行性，加强固体废弃物资源化利用技术的产业化应用。二是应加大规模化、高值化、差异化和生态环境保护的固体废弃物资源化利用技术的研发。三是应注重固体废弃物资源化利用技术的节能降碳发展。四是应强化上下游产业链协同创新，推动技术进步和科技成果转化。

基于固体废物资源化利用的项目实践

中国兵器集团首席科学家
中国五洲工程设计集团有限公司总工程师 马志伟

一、背景

“无废城市”是以新发展理念为引领，通过推动形成绿色发展方式和生活方式，持续推进固体废物源头减量和资源化利用，最大限度减少填埋量，将固体废物环境影响降至最低的城市发展模式。“无废城市”是一种先进的城市管理理念，其并不意味着真的没有固体废物产生，也不意味着固体废物能完全资源化利用。“无废城市”建设实际上是一次深层次的革命，是生产方式和生活方式的变革。

我国固体废物问题十分严峻，全国已累积固体废物 650 亿 t，每年还要新增加未处理固体废物 20 亿 t 左右。党的十八大以来，以习近平同志为核心的党中央，对生态环境保护工作和生态文明建设高度重视，确立了习近平生态文明思想。党的二十大报告提出要推进美丽中国建设，推进生态优先、节约集约、绿色低碳发展，推进各类资源节约集约利用，加快构建废物循环利用体系。在全面建设社会主义现代化国家新征程上，深入推进“无废城市”建设，是贯彻习近平生态文明思想的有力措施，对建设和美中国具有重大意义。

二、“无废城市”建设技术研究

近年来，中国五洲工程设计集团有限公司（以下简称中国五洲集团）紧紧围绕《中华人民共和国固体废物污染环境防治法》《中共中央 国务院关于深入打好污染防治攻坚战的意见》等纲领性文件和《“十四五”时期“无废城市”建设工作方案》《“十四五”循环经济发展规划》等具体实施文件，在生态环境部固体废物与化学品管理技术中心领导下，对“无废城市”政策及发展战略、固体废物资源化利用技术和产业培育、“无废城市”建设技术路径及实施路径进行了一系列研究，并取得了一定成果。“无废城市”是一种先进的城市管理理念，通过推动形成绿色发展方式和生活方式，持续推进固体废物源头减量和资源化利用，是一次深层次的建设革命，带来了诸多方面的变革，带来良好的经济效益、环境效益、社会效益。

中国五洲集团依据“无废城市”建设指标体系，开展了一系列课题研究，包括《基于国家“无废城市”建设的装备制造产业发展研究》《农村固体废物资源化循环处理技术研究》《固体废物产业链下社会资本引入研究》等。重点关注固体废物资源化处置技术，我们在生活垃圾焚烧发电、厨余餐厨垃圾处理、危险废弃物处理、市政污泥处理、大宗固体废物综合利用等方面进行了大量实践。承担了“十四五”时期濮阳市“无废城市”建设方案及固体废物资源综合利用产业发展专项任务。为山西太原太忻、辽宁朝阳、广东梅州等地提供了技术咨询及解决方案。

三、“无废城市”建设整体解决方案

“无废城市”是实现建设和美中国、“双碳”目标的抓手，循环经济产业园是“无废城市”落地的主要措施。按照“无废城市”建设涉及的内容，中国五洲集团为“无废城市”建设提供整套技术解决方案，针对城市固体废物及县域固体废物提供不同的技术模式。

（一）城市固体废物循环经济产业园

在城市固体废物建立循环经济产业园，产业园以固体废物处置和资源化利用为核心，重点发展四大产业：固体废物处理处置产业、固体废物资源再生利用产业、环保技术研发孵化产业、环保教育培训展示产业，助力城市实现真正“无废”。

产业园立足工业聚集区，辐射周边，聚焦固体废物处置、资源循环利用，协同发展工业旅游产业、垃圾处理文化产业，塑造“美丽长春”新形象，成为全球城市固体废物处置和资源循环利用的典范。产业园设置有四大功能区。

生活固体废物处理区：建设内容主要包括环境能源中心、餐厨垃圾处理、污泥处置、医疗垃圾处理、公共配套设施等，以焚烧为主导、以循环利用为方向、以城市环境服务为中心，拓展完善固体废物处理处置产业链条。

工业固体废物产业区：主要处置工业固体废物，主要包括固体废物处置中心和一般工业固体废物处理厂。

城市矿产处置区：主要包括报废汽车拆解回收项目和废旧物质资源化利用项目。

环保科研教育培训展示区：包括环保技术研发孵化、环保科研教育培训及办公生活，借助目前国内巨大的环保技术市场需求，建立一个大型的、现代化的、有经济规模的环保技术研发孵化中心，吸引国内相关经济技术企业和科研院所进行科技创新研发和国外先进环保产业设备本土化验证，提升我国固体废物处理工艺和固体废物处理设备等环境技术领域的研发能力和设计水平。

物料在园区内得到最大化循环利用，减少了外部物质和能源的供给。能源在企业间梯级利用，通过各单元用户的能量流来提高效率，实现能耗的最小化。水资源在园区内多次再利用和再循环，以多种方式处理后排放到外部社区或自然生态系统。

形成园区与城市之间物质和能量循环，园内建链，园外补链，实现园内企业之间及园外企业间的共生和代谢。城市废弃物进入园区，经过园区资源化利用，形成电力、肥料、建材等原材料返回园外企业，经过加工变为城市所需的产品；培育规模化的固体废物循环利用示范企业和园区，建立再生资源和再生产品交易市场，推进静脉产业发展，构建消费—回收—再生—回用的循环体系，最终实现无废社会。

按照此种模式，中国五洲集团已打造天津东丽固体废物综合利用产业园、成都长安万兴循环经济产业园、上海天马无废低碳环保产业园、北京海淀区循环经济产业园。

（二）无废城市建设技术方案：县域固体废物热肥联产模式

为解决县域固体废物处理规模小的痛点和难点，中国五洲集团联合清华大学创新提出先气化后焚烧理念，开发了 TFB 气化焚烧技术，焚烧炉具备多元有机固体废物综合处理能力，烟气排放满足现行标准要求，建设及运行成本低，垃圾高效资源化。

同时，开发了运用多原料混合水热裂解法生产有机肥的技术，通过水热裂解反应使肥料小分子化，可吸收有机质含量增加，促进了农作物吸收消纳，大大提升了有机肥的肥效，适用于高标准农产品。物料无须再经过发酵处理即可制备高品质有机肥，此工艺颠覆传统发酵制肥方式，大大提高了生产效率与产品品质，并使制肥工艺实现机械化、自动化、标准化。

对县域固体废物采用"TFB 气化焚烧+水解制肥"热肥联产工艺，通过专有 TFB 气化焚烧炉对多元、异源有机固体弃物进行无害化处置，实现最大限度减量化、无害化，同时将固体废物产生的热量进行回收利用，用于水解制肥工艺系统使用，生产高品质的固体和液体有机肥，两种技术相互融合实现了"物质协同"和"能量协同"，最终实现"经济协同"，彻底解决了县域固体废物处理经济性差、难度大等问题，形成县域固体废物处理的绿色循环特有技术模式。

目前，该技术模式在广东乳源、四川洪雅、福建光泽、四川华坪等县域固体废物综合处置项目上得到应用，极具推广价值。

四、固体废物资源化利用技术路径

固体废物的减量化和资源化利用水平是衡量一个地区生态文明建设水平的指标，也是推进"无废城市"建设的一个具体而有力的抓手。"无废城市"建设旨在实现固体废物产生量小、资源化利用充分、处置安全的目标，实现资源、环境、经济和社会共赢，中国五洲集团在大量固体废物项目实践的基础上，积极探索各种固体废物资源化利用技术路径。

（一）生活垃圾

生活垃圾经焚烧处理，热量回收利用，产生的蒸汽驱动汽轮机发电入网，也可对外供热。焚烧产生的炉渣可综合利用，用于铺路和作为建材行业。烟气经净化后达标排放。

相对于传统填埋工艺实现双重减碳。

完成了北京、上海、天津、厦门、南京、太原、石家庄、西安、长春、成都、杭州等全国几十个城市生活垃圾焚烧发电项目；设计了全球规模最大的垃圾焚烧发电厂项目，上海老港再生能源利用中心二期项目，日处理生活垃圾 6 000 t；设计了世界最大单炉焚烧厂，河北三河垃圾焚烧发电项目（2 000 t/d）单炉处理能力 1 000 t/d。

（二）厨余垃圾

采用“预处理+厌氧发酵+沼气资源化利用+沼渣协同焚烧”工艺。沼渣可以制肥，用于园林绿化，也可进入焚烧厂。提取油脂对外销售，沼气提纯可以制成压缩天然气（CNG）或液化天然气（LNG）。

承接了北京海淀、德州、即墨、嘉鱼、太仓、昆山、上饶、惠民等几十个厨余垃圾处理项目。其中，德州、太仓、昆山等项目均为工程总承包项目，为客户提供工程建设的全过程服务。

（三）大宗固体废物

响应国家开展资源综合利用，近几年资源综合利用深入了大宗固体废物综合利用领域。其主要包括建筑垃圾、电厂粉煤灰及石膏综合利用。建筑垃圾经预处理回收铁、有色金属、木头等有价值物质，没有回收利用价值但有热值的可燃物进入焚烧厂处理，砖头、混凝土等建筑材料经处理后可作为建筑骨料。电厂粉煤灰被加工成超细灰及掺合料，脱硫石膏制成建筑石膏粉和石膏基特种砂浆。

建筑垃圾完成北京海淀项目年处理 100 万 t，天津项目年处理 30 万 t，产品均作建筑骨料综合利用；山西盂县电厂固体废物综合处理项目年处理 70 万 t 粉煤灰，35 万 t 石膏粉被综合利用。

（四）危险废物

针对危险废物中的油泥，国内创新将油泥和一般固体废物联合处置，油泥经过处理后与黏土、粉煤灰混合造粒，生产轻骨料产品，彻底实现了油泥的无害化处置，无废渣产生。

先后承接了河北迁安、沈阳辽中、滦南、山西广灵、山西左云、陕西榆林、北京化工等几十项工程咨询和设计项目。项目涵盖焚烧、柔性填埋、刚性填埋、雾化及资源化利用等全工艺。其中，滦南危废项目处理包括废药品、有机溶剂废物、废矿物油、废乳化液等几十种危险废物，处理总规模达到 14.5 万 t/a，总投资 6.17 亿元，是京津冀地区规模最大、处理危险废物种类最多、建设水平最高的危险废物处理示范项目。

五、中国五洲集团简介

中国五洲集团是中国兵器工业集团有限公司直属全资子集团，是中国特色先进兵器工业体系建设的主要工程设计和全过程工程服务支撑单位。拥有工程设计综合资质甲级、工程勘察综合资质甲级、工程监理综合资质等行业最高资质，上榜全国工程勘察设计领域百强单位和美国《工程新闻纪录》及中国《建筑时报》评为工程设计企业60强。被科学技术部认定为国家高新技术企业，被北京市科学技术委员会认定为北京市设计创新中心。

中国五洲集团为顺应环境与能源行业发展趋势，加快环境与能源核心业务发展，加速提升产业核心竞争力，按照公司“专业化、集约化、产业化、品牌化”的经营发展思路，组建了环境与能源工程设计研究院（以下简称环能院）。环能院是一支环境与能源行业的专业团队，能为客户提供专业化的高附加值服务。环能院业务涵盖环境与能源领域的技术研发、工程咨询、工程设计、项目管理及工程承包等全过程服务。其中，环境板块涵盖垃圾填埋处理、垃圾焚烧发电、厨余垃圾处理、危险废物处理、建筑垃圾处理、污泥处理、医疗垃圾处理、大宗固体废物综合利用、场地修复等领域，能源板块涵盖光伏发电、节能咨询、节能评估、节能减排、城市集中供热、低品位能源利用等领域。

经过近四十年的发展，中国五洲集团在节能环保行业拥有了雄厚的技术力量和丰富的工程咨询、设计及承包经验，具有很强的核心竞争力与市场影响力。中国五洲集团以市场为基础，以创新发展为经营理念，以行业产业化为发展路径，以保护环境、节约能源为己任，服务国民经济发展，为“无废城市”提供高水平、全过程、一体化服务。

旋流热振干化技术
在“无废城市”建设和污泥资源化利用中的作用

张斌

一、企业简介

山东智奇环境技术有限公司（以下简称智奇公司）成立于 2019 年，是一家致力于环保专用设备、节能设备研发制造的高新技术企业，在 VOCs 处理、固体废物减量化、污泥资源化利用、循环水物理法阻垢、低温余热回收利用等节能环保领域经验丰富；其中，旋流热振干化技术于 2022 年被科学技术部下属中国民营科技促进会评定为国际先进。2023 年 6 月公司被生态环境部下属中国生态文明研究促进会吸纳为常务理事单位。智奇公司位于山东省济宁市金乡经济开发区，现有职工 120 人，其中研发人员 34 人；现生产基地占地 56 亩，拥有先进的数控加工设备 90 余台（套），检测设备齐全，综合环境治理设备产能达到 260 台（套）/a。

二、技术研究与发展

旋流热振干化技术源于意大利米兰，至今已有上百年历史。得益于 20 世纪 70 年代欧洲各国政府对城市污泥处置的重视，旋流热振干化技术在污泥处置领域获得快速发展，并很快成为欧洲污泥干化市场主流技术。经过半个多世纪的实践应用，旋流热振干化技术装备已经遍布世界各地，主要用户群集中在各个国家的各大城市，如法国的巴黎、马赛和里昂，意大利的罗马、米兰和威尼斯，德国的慕尼黑，中国的北京、上海、天津、昆明等。

三、技术应用领域

旋流热振技术适用于固体废物处置、石油炼化、畜牧养殖、园林绿化、食品加工、能源电力、医疗制药等领域，具体适用工艺如下。

（1）干燥工艺。将市政污泥、化工污泥、炼油污泥、动物粪便、屠宰场弃渣，消化后的沼渣、餐厨垃圾，沼渣、废气秸秆、园林绿化废弃物转化为垃圾衍生燃料（RDF）。

（2）灭菌工艺。对病禽、死猪、传染性医疗废物进行的消毒、灭菌、干燥处理，将之最终转化为RDF。

（3）浓缩、结晶工艺。将化工母液、垃圾渗滤液、污水厂终端浓盐液、电镀废水、有机和无机浓盐液浓缩、结晶、分离，让污染源彻底远离生态循环系统。

四、核心技术

该技术的理论基础是莱顿弗罗斯特现象（Leidenfrost Phenomenon），该现象指含水率较高的物料碰触炙热的金属表面时，迅速形成一个蒸汽隔离层的现象，表现为“不沾黏、不结垢、不结焦”。在该理论指导下，采用涡轮径向转动和工艺循环气体轴向流动两种形式，使进入设备内的物料被迅速流化成均匀颗粒，在设备内呈现旋流热振运动和湍流薄膜换热状态。被流态化、颗粒化的物料可以在极短时间（2～3 min）内高效率获得能量，安全稳定地处置完毕。同时，流态化的工况更有利于通过常规传感手段精准控制各项工艺参数（温度、湿度、含氧量），实现更安全、更稳定、自动化程度更高的生产。这种高效率、低能耗的工艺，设备组成既简单又安全，使固体废物处置行业走向机械工业化、批量规模化、无人值守自动化变得更加容易。

旋流热振干化工艺结构完全不同于其他技术（刮刀薄层、转筒、桨叶、圆盘），独特的闭环工艺结构彰显了更高的技术水准和更安全的干化环境，代表着未来的干化技术发展方向，其优点如下。

（1）更环保：更少、更清洁的尾气排放。

（2）更安全：更低的含氧量，更安全的惰性化环境（含氧量＜1%）。

（3）更耐磨：闭环内的气载环境彻底改变了污泥颗粒与金属内壁及桨叶的摩擦接触形式，使用寿命更长、更耐磨。

（4）热能利用效率更高：闭环工艺兼顾“热传导”和“热对流”两种热交换形式，吸收同等热量后能够获得含水率更低（10%以下）的干污泥。

（5）自控程度更高：循环工艺使气体形成闭环，使可编程逻辑控制器（PLC）通过各种仪表在线精准“感知”和自动“调整”工艺参数成为可能。

智奇公司与青岛科技大学经过多年联合攻关，掌握了核心技术和关键参数，使该技术装备具有显著的先进性和安全性：可接受污泥含水率范围为30%～90%；可将污泥干化至含水率10%～30%；能灵活适应污泥含水率的大幅波动，运行稳定不停机；同等条件下电能和热能消耗更少；同时具备“恒温+高湿+低氧”的安全措施；全封闭、微负压、车间无异味；可远程应用计算机进行日常管理，一键启停，车间可以无人值守；易损件少，维修简单，只更换桨叶（图1）。

图 1 旋流热振干化机

五、给客户带来的价值

旋流热振技术可以实现利用干化污泥制作 RDF，也可以实现“干化+焚烧”能源自平衡一体化。该技术将为客户带来最大限度、最彻底的污泥减量，全工艺流程累计减量 90%。污泥中因富含有机物和微生物，具备一定的发热量，所以是一种难得的再生资源。含水率较高的污泥热值很低，仅有 100～900 kcal/kg，当含水率降低到 15%以下时，其热值可以升高到 2 000～3 000 kcal/kg，是优质的、可持续利用的衍生燃料。国家能源局、生态环境部鼓励有条件的地区将市政污泥深度干化至含水率 10%～15%，制作 RDF，由水泥厂、热电厂、发电厂二次利用。

膏体充填助力“无废城市”建设

飞翼股份有限公司副总经理，博士　李书生

习近平总书记多次强调“绿水青山就是金山银山”的理念，站在人与自然和谐共生的高度谋划发展，指明了新时代实现发展和保护协同共生的方向。我国矿山开采后的遗留问题较为严重，如何既解决历史环境“欠债多”，又避免产生新的污染，是我国矿山开采和生态文明建设亟待解决的问题。

一、企业概况

飞翼股份有限公司坐落于长沙国家级宁乡经济开发区，是一家以“安全、环保、经济、高效”为宗旨，以矿山膏体充填及固体废物安全无害化处理成套技术与装备、充填胶凝材料的研发生产与销售、充填运营及全生命周期服务为主营业务的国家“专精特新”“小巨人”企业。

二、金属矿山尾砂膏体充填技术

目前全球对金属和非金属矿石、煤等资源的开采量约为 90 亿 t，相应废石和尾矿的排弃量高达 300 亿 t。我国现有尾矿库 12 万余座，每年排弃尾矿近 15 亿 t，占全国大宗工固体废物约 50%，需占用土地约 2 万 km^2。因尾矿造成的汞、砷、浮选物、pH 等指标超标导致的土地污染面积大，每年经济损失约 300 亿元。2005—2016 年，全国尾矿库发生环境污染和安全事故超 80 起，死亡和失踪 400 余人。因此，由尾矿产生的环境危机、经济损失和安全问题已亟待解决，对金属矿山固体废物的综合利用势在必行。

全尾砂膏体充填技术是指将尾砂、水泥等充填材料与水按一定比例混合，制成一种“无临界流速、不需脱水”的膏状浆体，利用充填泵或重力加压通过管道输送到井下采空区，部分或全部充填采空区控制覆岩及地表沉陷的采矿方法。该方法不仅可以满足国家环评要求，减少环境影响，防止安全事故的发生，保证企业安全运行，而且提高了资源采出率，产生了巨大经济效益。

三、煤矿煤矸石膏体充填技术

我国富煤、贫油、少气，在碳达峰中适宜走煤炭托底的能源发展道路。煤炭开采、洗选过程中会产生煤矸石。煤矸石属于大宗工业固体废物，含有碳等有机物和无机硅酸盐、高岭土类矿物，若不加以综合利用直接排放，会浪费资源、侵占土地并造成大气、水体和土壤污染。因此，探索煤矸石因地制宜的综合利用，对煤炭行业绿色、低碳和循环发展意义重大。

煤矸石膏体充填技术是指将采矿产生的煤矸石等固体废弃物与粉煤灰、胶结剂等材料复合而成的高密度非牛顿流体（饱和率 101%～103%），通过充填泵加压，经过管路输送到井下的采空区，支护采场、匹配采矿作业。具有“两高三不”的特点，即浓度高、屈服应力高，不泌水、不分层、不离析。此外，具有机械化程度高，充填速度快的特点，有利于采场稳定和采矿作业安全性；地表不沉降；水泥耗量少，可以降低充填成本；因采用高压泵和管道充填效率高，能够解决高浓盐水治理等问题。

四、磷矿磷石膏膏体充填技术

中国磷矿产量占全世界的 30%～50%。依据国家统计局数据，2019—2022 年，我国磷矿石产量整体呈上升趋势，2022 年达到 1.05 亿 t。但是中国磷矿石储量占全世界储量不足 5%，储采比低。因此磷矿于 2016 年被列为战略性矿产资源，必须高效回采。磷石膏中含有多种有害元素，如 P、F、As 等，无论是露天堆放还是井下充填，都容易污染水系。因此在处理磷石膏时必须采取措施解决磷石膏对环境的污染问题。

我国磷石膏利用率逐年增长，但全国综合利用率仍不足 50%，利用方法以水泥缓凝剂、建筑材料、筑路材料、矿井充填为主。2021 年，我国副产磷石膏约 8 000 万 t，利用量约 3 650 万 t（含矿井充填），综合利用率约为 45.6%。矿山充填是国内磷石膏大规模利用的关键途径。

磷石膏膏体充填技术是指将磷石膏、胶凝材料和水按一定比例制成一种“无临界流速、不需脱水”的膏状浆体，同时运用技术手段解决磷石膏的毒性问题，采用自流或加压泵送的方式将磷石膏膏体输送至井下采空区，部分或全部充填采空区控制覆岩及地表沉陷。

五、固体废物资源化利用技术

固体废物制备成膏体料浆充填至井下需要一定的胶结强度，以保证井下作业的安全。传统胶凝材料一般采用硅酸盐类水泥，水泥生产工艺（“两磨一烧”，即生料粉磨、熟料煅烧和熟料粉磨）存在以下问题。

（1）资源和能源消耗严重：水泥熟料在生产过程中需要高温煅烧，物料温度在 1 300～1 450℃，湿法熟料能耗为 5 500 kJ/kg，而干法熟料的能耗也在 3 000 kJ/kg，同时，生产 1 t 熟料需要消耗约 1.5 t 石灰石和黏土等不可再生资源。

（2）CO_2 排放严重：熟料煅烧过程中 $CaCO_3$ 分解释放出大量 CO_2，煅烧 1 t 熟料需向大气排放约 0.95 t CO_2，水泥工业排放 CO_2 占世界人为排放 CO_2 的 5%～7%。为减轻水泥胶结充填固化而间接导致的资源环境影响，可采用工业副产品作为主要原料替代水泥作为充填固化剂，达到变废为宝的目的。

绿色、高效、低成本的胶凝材料研发技术是指使用工业副产物为原料，如矿渣、钢渣、铜渣、镍渣和粉煤灰，制成新型胶凝材料，变废为宝，其具有以下优势。

①以废治废：胶凝材料原料主要由各类固化物废料组成，在对废物综合利用的同时，完成了废物（尾矿）治理。

②不烧不磨：生产工艺简单，仅需将原材料与激发剂进行搅拌即可，减省了水泥生产过程中的烧制、磨制，生产过程环保，无污染。

③适用面广泛：生产胶凝材料的激发剂与原料，可根据当地需求更换配方，无须特定配方。适用于不同应用场景，如道路铺设、建材制备、采空区回填等。

④降本增效：相比于水泥制造生产流程，施工工艺简易、施工效率高，同时设备投资大大减少，电费和人工成本大大降低；相比水泥用料更少，起效更快，增加了效益。

六、总结

膏体充填技术从源头上减少了采矿及固体废物排放造成的污染，解决了事故、塌陷（溃坝）、占地等一系列环保、安全难题，并大幅提升了矿产资源的采出率、延长矿山服务年限，是安全、环保、规模化的大宗固体废物资源化处置方式，是实现“无废城市”建设的有效途径。

八、区县长论坛

在中国生态文明论坛济南年会区县长论坛上的致辞

济南市委常委、市政府常务副市长　王宏志

尊敬的刘青松秘书长，各位领导、各位嘉宾：

大家上午好！在中国生态文明论坛济南年会期间，很高兴与大家欢聚一堂，一同出席“区县长论坛”。在此，我谨代表济南市委、市政府，向出席论坛的各位领导和嘉宾表示热烈的欢迎！向长期以来关心支持济南生态文明建设的社会各界表示衷心的感谢！

近年来，在习近平生态文明思想的科学指引下，济南始终坚持“绿水青山就是金山银山”理念，深入落实黄河流域生态保护和高质量发展重大国家战略，抢抓山东绿色低碳高质量发展先行区建设重大机遇，坚决扛起保障国家生态安全、加强生态文明建设的重要职责和神圣使命，聚焦降碳、减污、扩绿、增长，坚持因地制宜、深耕细作，持续打响蓝天、碧水、净土保卫战，大力推进“无废城市”建设，举全市之力守护泉城蓝天白云、绿水青山，相继获评“国际花园城市”“中国十大美好生活城市”，创建了全国第一个水生态文明试点城市、首批国家海绵城市，以及 5 个国家级和 1 个省级生态文明建设示范区、1 个国家级和 8 个省级“绿水青山就是金山银山”实践创新基地、3 个区县获省生态文明强县荣誉称号，创建数量居全省首位，人与自然和谐共生的新格局正深刻改变着济南，千万泉城人民享受到了更多的绿色福祉、生态福祉。

县域作为中国统筹治理乡村社会的基层行政组织，具有中国生态文明建设的诸多禀赋优势，是中国生态文明建设的重要场域，也是决定中国特色生态文明建设成效的重要因素。本届中国生态文明论坛济南年会区县长论坛，紧紧围绕“生态引领，探索区县绿色发展新路径”这一主题，深入贯彻落实习近平生态文明思想，探索推动地方特别是县域生态文明建设的新方法、新措施、新模式。参加本次论坛的各位领导和嘉宾，多年从事生态文明建设和生态环境保护事业，具有丰富的理论和实践经验，是生态环境领域的精英和专家。希望与会的各位领导、各位专家不吝传经送宝，为济南市污染防治、生态治理把脉支招。我们将以这次论坛为契机，认真聆听智慧声音、汲取真知灼见，努力与各兄弟城市一道，在共同推动县域生态文明建设的新征程上踔厉奋发、勇毅前行，为建设人与自然和谐共生的美丽中国而不懈奋斗！

最后，预祝本次论坛取得圆满成功！祝愿各位领导和嘉宾身体健康、生活愉快！

谢谢大家！

在中国生态文明论坛济南年会区县长论坛上的致辞

中国生态文明研究与促进会副会长兼秘书长 刘青松

尊敬的各位领导，各位来宾、各位朋友：

大家上午好！

很高兴和大家相聚在美丽山东、泉城济南，共同参加中国生态文明论坛济南年会区县长论坛。首先，我谨代表中国生态文明研究与促进会对区县长论坛的召开表示祝贺，对各位远道而来的朋友表示欢迎，对大家一直以来对中国生态文明研究与促进会和中国生态文明论坛年会的关心与支持表示衷心的感谢！还要对济南市人民政府、济南市生态环境局和济南市槐荫区人民政府对本届区县长论坛的会务工作给予的大力支持，表示感谢！向本届区县长论坛的承办单位先河环保，对本届论坛的大力支持表示诚挚的谢意！

“郡县治则天下安，县域强则国家强。”县域作为城市与农村的过渡和接合点，涵盖城镇与乡村，上承省市、下领乡镇，既是推进国家治理的基本依托，也是发展经济、改善民生的基础单元，是我国国民经济发展的重要组成部分和战略基石。

党的十八大以来，我们把生态文明建设作为关系中华民族永续发展的根本大计，开展了一系列开创性工作，决心之大、力度之大、成效之大前所未有，生态文明建设从理论到实践都发生了历史性、转折性、全局性变化，美丽中国建设迈出重大步伐。经过顽强努力，我国天更蓝、地更绿、水更清，万里河山更加多姿多彩。新时代生态文明建设的成就举世瞩目，成为新时代党和国家事业取得历史性成就、发生历史性变革的显著标志。我国以年均3%的能源消费增速支撑了年均超过6%的经济增长，碳排放强度累计下降超过35%，建成全球规模最大的碳市场和清洁发电体系。全国地级及以上城市细颗粒物（$PM_{2.5}$）平均浓度历史性地下降到29 μg/m^3，重点城市$PM_{2.5}$平均浓度下降57%，成为全球大气质量改善速度最快的国家。

但是，当前我国生态环境保护结构性、根源性、趋势性压力尚未根本缓解。我国经济社会发展已进入加快绿色化、低碳化的高质量发展阶段，生态文明建设仍处于压力叠加、负重前行的关键期。必须以更高站位、更宽视野、更大力度来谋划和推进新征程生态环境保护工作，谱写新时代生态文明建设新篇章。

各位来宾、各位朋友！

各区县要顺应历史发展形势，勇于迎接挑战。根据各地的特点，加快推动发展方式绿色低碳转型，坚持把绿色低碳发展，加快形成绿色生产方式和生活方式，作为解决生态环境问题的治本之策，促进当地高质量发展的根本出路。

建设美丽中国是全面建设社会主义现代化国家的重要目标。地方各级党委和政府应坚决扛起美丽中国建设的政治责任，研究制定地方党政领导干部生态环境保护责任制，汇集最强大的绿色合力，不断提高县域生态文明水平，为子孙后代留下天蓝、地绿、水净的美好家园。

希望各位领导、专家能够不吝真知灼见，畅所欲言，借此机会，为我国县域绿色低碳发展提供良策，为习近平生态文明思想在县域层面不断开花结果，提出新路径、新模式。中国生态文明研究与促进会愿与社会各界一同携手，为全面加强生态文明建设、推动绿色发展做出更大贡献，为不断满足人民群众日益增长的优美环境需要，持续做出努力！

谢谢大家！

生态文明与高质量发展

原生态环境部自然生态保护司二级巡视员 王捷

党的十八大以来，以习近平同志为核心的党中央从中华民族永续发展的高度出发，深刻把握生态文明建设在新时代中国特色社会主义事业中的重要地位和战略意义，大力推动生态文明理论创新、实践创新、制度创新，创造性地提出一系列富有中国特色、体现时代精神、引领人类文明发展进步的新理念、新思想、新战略，形成了习近平生态文明思想，高高举起了新时代生态文明建设的思想旗帜，为新时代我国生态文明建设提供了根本遵循和行动指南。

2005年8月，时任浙江省委书记的习近平同志在浙江湖州安吉考察时，提出“绿水青山就是金山银山”理念。以战略谋划为前提，实现规划先行的模式，发展时既要“金山银山”，又要“绿水青山”。在发展经济与生态保护之间保持平衡，以“绿水青山”为基础，向“金山银山”转变。

2017年10月18日，习近平总书记在党的十九大报告中指出，坚持人与自然和谐共生，必须树立和践行“绿水青山就是金山银山”的理念，坚持节约资源与保护环境的基本国策。

2020年3月30日，习近平总书记在浙江省湖州市安吉县余村考察并在4月1日听取汇报后指出，要践行“绿水青山就是金山银山”理念，推进浙江生态文明建设迈上新台阶，把“绿水青山”建得更美，把“金山银山”做得更大，让绿色成为浙江发展最动人的色彩。

2021年10月12日，习近平总书记在联合国《生物多样性公约》第十五次缔约方大会领导人峰会视频讲话中提出：“绿水青山就是金山银山。良好生态环境既是自然财富，也是经济财富，关系经济社会发展潜力和后劲。我们要加快形成绿色发展方式，促进经济发展和环境保护双赢，构建经济与环境协同共进的地球家园。”

习近平生态文明思想提出的时间节点，恰好是人类发展到达新阶段的时刻。总结人类文明发展的历程，经历了三个关键阶段，即狩猎文明、农耕文明与工业文明。而生态文明的发展穿插在前三段关键文明中。随着工业文明发展到中后期，人类意识到生态文明是关系到人类能否保持长期可持续发展的关键。此后，生态文明建设的呼声越来越高。

早期人类在学会使用火、工具的石器时代，主要以狩猎和采果为生。此时，人类无法稳定获取食物。同时，由于食物总量不足且贮藏水平有限，限制了人口的增长。早期人类并不了解生物多样性的重要性，通过大量捕杀来获取食物。

农耕文明是人类自狩猎文明之后的下一个新的文明阶段。通过使用新兴的灌溉技术，实现了粮食规模化种植。粮食作物按照人类对食物的需求生长，为人类提供了稳定且充足的食物。因此，全球人口数量大幅增长，上了一个新台阶。种植业与养殖业也对地球生态环境造成了不同程度的破坏，生态平衡逐步被打乱，但改变幅度不算大。人类尚未意识到其行为和活动已对地球生态造成一定的破坏。

自工业革命之后，人类文明进入了新的时代。生产力逐渐提升，在农业领域逐渐对土地使用进行了优化与调节，种植与养殖技术的显著提升，使人类农业生产快速发展。工业化推动了城市建设，使用地效率进一步提升，城市化进程拉开了序幕。人居环境和与空间的进一步提升，又推动了人口又一次大幅增长。随着通信技术的发展和交通便利化，世界经济、贸易与人员往来持续提升，全球经济、文化与艺术快速发展。在快速发展的过程中，人类发现在工业化进程中大量使用自然资源，快速破坏生态环境，生物多样性受到严重威胁，地球气候发生重大变化，适宜生存的土地面积逐渐缩小，人类健康受到严重影响。这一系列问题严重地影响了人类的生存和可持续发展，所以在此阶段，人类要审视自身的行为和做法，提高生态文明思想水平，将人类文明带入新的阶段，化解危机，最终实现全人类的可持续发展。

进入新时代，我们首先要弄懂什么是生态文明，生态系统是如何孕育生态文明的。生态文明是指人类与自然和谐发展取得的物质与精神成果的总和；是以人与自然、人与人、人与社会和谐共生、良性循环、全面发展、持续繁荣为基本宗旨的形态。人在生物圈中同时也在生态系统中，人类社会系统属于生态系统的一部分，人类社会运转依赖生态系统，人与自然是生命共同体，人类有义务保护生态系统正常运转，从而帮助人类与自然一起实现可持续发展。

为了实现中国式现代化，我们必须以习近平生态文明思想为指引，实现高质量发展。于是搞好生态文明建设便成了当务之急，首先要修复经济发展带来的生态破坏。目标是修复原先已破坏的生态环境，恢复人与自然和谐共生的关系。其次，应按生态平衡理论的要求，提高生态修复的能力和水平。自然生态修复主要包括森林、草原、湿地、荒漠等自然生态系统的修复；农田生态系统保护修复主要针对生态功能减弱、生物多样性减少等问题进行；城镇生态系统保护修复，包括解决城镇生态系统连通不畅、生态空间不足等问题；矿山生态保护修复，主要是对历史遗留矿山存在的突出生态环境问题进行修复；海洋海岛海岸带生态修复工程，需要修复的对象是海洋生态系统、海岛生态系统和海岸带生态系统等；生物多样性保护和景观生态修复也很重要。特别要加强对外来入侵物种的监测预警、防治和清除工作。以上是关于解决历史遗留问题尽快修复被破坏的生态系统，在修复的过程中还要加强预防新的生态风险。

引入新技术可以有效地降低工业生产对环境的影响。例如，采用智能制造技术可以提高生产效率，降低能源消耗和排放，同时还能提高产品质量和竞争力。此外，引入清洁能源技术，如太阳能、氢能、风能等可再生能源，可以减少对传统化石能源的依赖，降低碳排放和空气污染。

环保产业数字化转型也是重要的方向之一。通过数字化技术，可以实现环保产业的智能化、精细化管理，提高环保设施的运行效率和环保服务的品质。例如，利用物联网技术对环保设施进行实时监测和数据采集，及时发现和解决问题；利用大数据和人工智能技术对环保数据进行挖掘和分析，为环保决策提供更加科学和精准的依据。

高科技还可以提升环保产业整体水平。如通过引进先进的环保技术和设备，可以提高环保产业的科技含量和附加值；通过加强环保科技创新和人才培养，可以增强环保产业的自主创新能力和核心竞争力。

循环经济新模式也是实现环保的重要途径之一。通过推广循环经济模式，可以实现资源的再生利用和废弃物的资源化利用，减少对自然资源的开采和对环境的污染。例如，在工业园区内建设循环经济示范区，实现企业间的资源共享和废弃物再利用；在城市内建设垃圾分类处理和资源回收体系，实现城市废弃物的资源化利用。

确实，中国在新能源领域的发展已经取得了显著的成绩。随着全球对环境保护的关注度不断提高，新能源产业也成了中国重要发展领域。在新能源汽车领域，中国已经拥有了一些世界知名的新能源汽车品牌。这些品牌不仅在国内市场取得了很大的成功，在国际市场上也逐渐获得了认可。同时，中国政府也在大力推广新能源汽车，通过政策扶持和补贴等措施，鼓励消费者购买和使用新能源汽车。

氢能也是中国新能源发展的重要方向之一。中国已经在一些城市开展了氢能公交试点项目，并计划在未来逐步推广到更多城市。此外，中国也在积极开展氢能储存和运输等方面的研究，以更好地推进氢能产业的发展。储能也是新能源发展的重要方向之一。中国已经在一些地区建设了大型储能电站，以解决新能源发电不稳定的问题，同时也为电力市场提供更加灵活的调度服务。

当然，过于集中、密集的风力发电在某些地区确实会对生态环境造成一定的影响。例如，风力发电的风车会对鸟类产生影响，导致一些鸟类死亡。此外，风力发电也会对啮齿动物的天敌等产生较大的影响，打破生态平衡，破坏生态系统。但是，随着技术的不断进步和环保意识的不断提高，这些问题也会逐步得到解决。

中国政府提出的“双碳”目标即二氧化碳力争于 2030 年前达到峰值，努力争取 2060 年前实现碳中和的目标。实现这个目标不仅涉及生态环境，还涉及金融问题，更涉及政治问题。因此，需要努力做好金融产业与“双碳”目标的结合，通过金融手段支持新能源产业的发展，发展绿色金融。

新时代美丽中国建设对环境质量持续改善的需求分析

生态环境物联网与大数据应用技术国地联合工程研究中心　潘本锋

生态环境部公布的“十三五”末的中国环境状况公报显示，“十三五”期间，我国生态环境保护工作取得了较大进步，生态文明建设成绩斐然。

（1）2020 年全国 337 个城市平均优良天数比例 87%，完成“十三五”目标（80%）。

（2）全国地表水Ⅰ～Ⅲ类断面比例 83%，完成“十三五”目标（70%）。

（3）2020 年，全国生态状况指数（EI）值为 51.7，生态质量一般，同比无明显变化，生态质量保持稳定。

（4）全国农用地土壤环境状况总体稳定。实现了受污染耕地安全利用率达到 90%左右，污染地块安全利用率达到 90%及以上的目标。

其中，在地表水保护方面，我国设定的Ⅲ类水断面比例目标是 70%，实际达到了 83.4%，已经接近发达国家的水平了。

图 1 和图 2 引用于生态环境部环境规划院发布的《美丽中国在行动 2022》，新时代我国生态文明建设的一个主旨就是美丽中国建设。由图 1、图 2 可以看出，“十三五”期间，$PM_{2.5}$ 作为衡量重点区域环境空气的最重要指标，总体下降了 30%以上（图 1），将近 40%；地表水Ⅰ～Ⅲ类水比例增加将近 20%（图 2）。

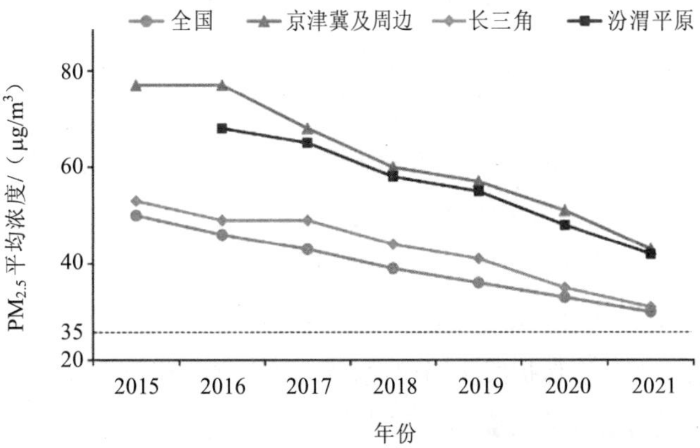

图 1　全国及重点区域 $PM_{2.5}$ 年平均浓度变化情况（2015—2021 年）

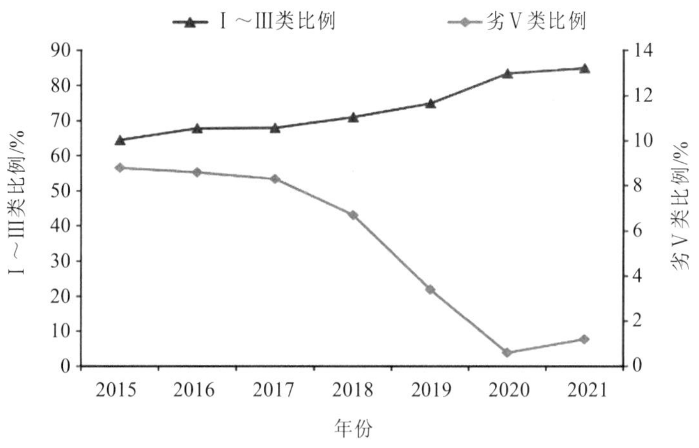

图 2 全国地表水国控断面水质变化情况（2015—2021 年）

一、宏观政策看形势

中国生态环境保护任重道远，当前生态环境质量的改善还处于气象依赖型阶段，取得的成绩不是特别的牢固。基于这种现状，国家公布了《中华人民共和国国民经济和社会发展第十四个五年规划和 2035 年远景目标纲要》（以下简称“十四五”规划），“十四五”规划中提出了环境保护的量化指标，要求地级及以上城市 $PM_{2.5}$ 浓度下降 10%、有效遏制 O_3 浓度增长趋势、基本消除重污染天气，基本消除就是要把重污染天气限定在 1%之内。

2021 年 11 月，中共中央、国务院发布《关于深入打好污染防治攻坚战的意见》，意见要求：

（1）地级及以上城市细颗粒物（$PM_{2.5}$）浓度下降 10%；

（2）空气质量优良天数比例达到 87.5%；

（3）地表水Ⅰ～Ⅲ类水体比例达到 85%；

（4）近岸海域水质优良（一、二类）比例达到 79%；

（5）重污染天气、城市黑臭水体基本消除；

……

2022 年 10 月，党的二十大召开，对第一轮污染防治攻坚开始十年来的成绩用了三个转变给予肯定：生态环境保护发生历史性、转折性、全局性变化。这次大会还有一个非常重要的主题，就是确定新时代党和国家的中心任务——全面建成社会主义现代化强国，总的战略安排分两步走，从 2020 年到 2035 年基本实现社会主义现代化；从 2035 年到本世纪中叶把我国建成富强民主文明和谐美丽的社会主义现代化强国。在生态环境保护方面，到 2035 年，我国发展的总体目标如下。

（1）广泛形成绿色生产生活方式。

（2）碳排放达峰后稳中有降。

（3）生态环境根本好转。

（4）美丽中国目标基本实现。

在“十三五”时期空气质量已经较好的情况下，国家仍然在强调持续改善环境质量，国家对生态环境保护的重视程度可见一斑。而其中提到的生态环境根本好转，是各地仍没有完全达标的。只有从不达标变成达标，生态环境根本好转才能实现。

2023 年 3 月 5 日，黄润秋部长在全国两会“部长通道”上接受记者采访时提到，下一步生态环境部将统筹推进降碳、减污、扩绿、增长，持续推进人与自然和谐共生的中国式现代化建设。

2023 年 7 月，全国生态环境保护大会在北京召开，习近平总书记出席会议并发表重要讲话。他对新时代的生态环境保护工作提出要求，要正确处理五个重大关系，第一个就是高质量发展和高质量保护的关系。一直以来，多数人认为发展和环保是矛盾的，但实际上从习近平总书记的讲话中可以发现，没有高质量发展的原因是之前的环保水平不够高。如今出现的很多生态环境问题，实际上又是发展质量不高造成的。第二个就是重点攻坚和协同治理的关系。新时代十年我们将生态环境保护方面的工作中心放在了重点攻坚上，却忽略了协同的问题。减污降碳协同成为各地生态环境保护部门面临的又一大难题。严格来说，超低排放、VOCs 治理等减污工作是属于增碳的。未来如何把减污与降碳协同起来，是一个需要认真思考和研究的问题。此外，习近平总书记在部署新时代生态环境保护工作时还强调了持续深入打好污染防治攻坚战和持续改善生态环境质量。

二、环境状况看潜力

笔者对持续改善生态环境质量方面我们的潜力进行了一些分析。

图 3 出自《中国大气臭氧污染防治蓝皮书（2020 年）》，该书对我国多年来臭氧防治工作取得的一些成绩进行总结。2013 年以来，SO_2、$PM_{2.5}$ 等污染物浓度下降明显，NO_2 维持在一定的水平，O_3 反而上升了 28%。《2022 年中国生态环境状况公报》显示，全国 339 个地级及以上城市平均空气质量优良天数比例为 86.5%，同比下降 1.0 个百分点；O_3 平均浓度为 145 $\mu g/m^3$，同比上升 5.8%。由此可见，O_3 就是我们下一步要重点关注的问题。

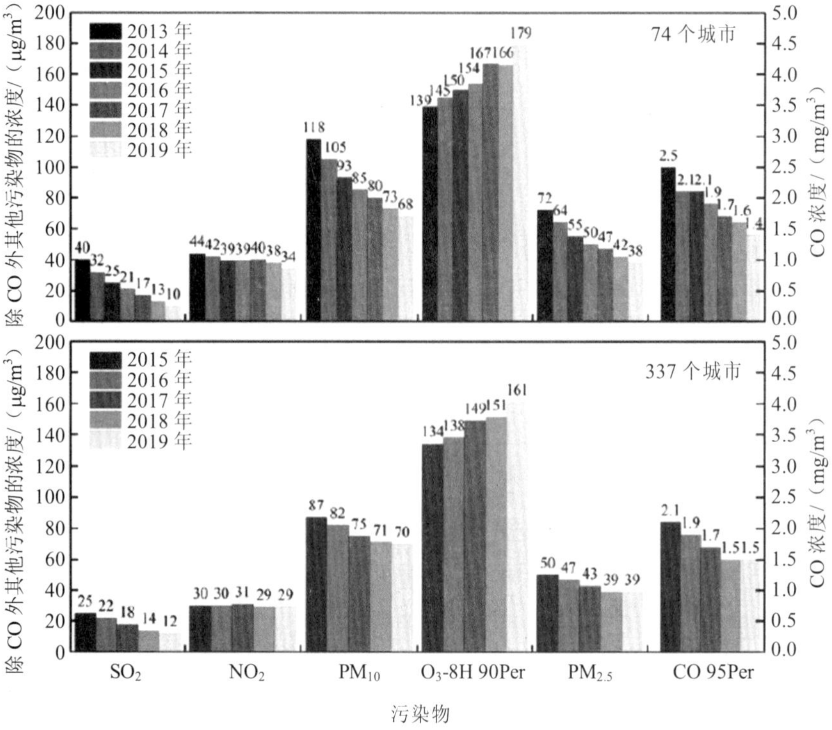

图 3 2013—2019 年重点城市污染物浓度年际变化

美国从 1990 年以来环境质量改善历程与中国非常相似，SO_2、CO、$PM_{2.5}$ 都快速下降，但 O_3 浓度仅下降了 22%，说明美国和我们同样面临臭氧问题。

北京市生态环境局公开发布的研究结果表明，2014—2021 年，$PM_{2.5}$ 的来源仍为燃煤、扬尘、工业、机动车等，不同的是，通过十年的努力，工业源和燃煤源的占比在下降，机动车的占比在上升（图 4、图 5）。

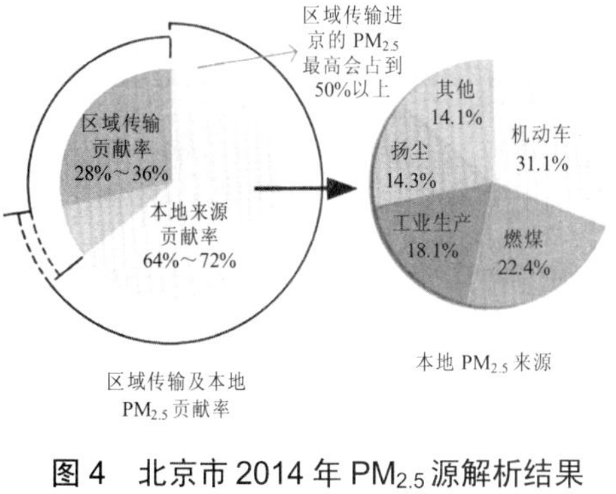

图 4 北京市 2014 年 $PM_{2.5}$ 源解析结果

来源：北京市生态环境局 2014 年公布

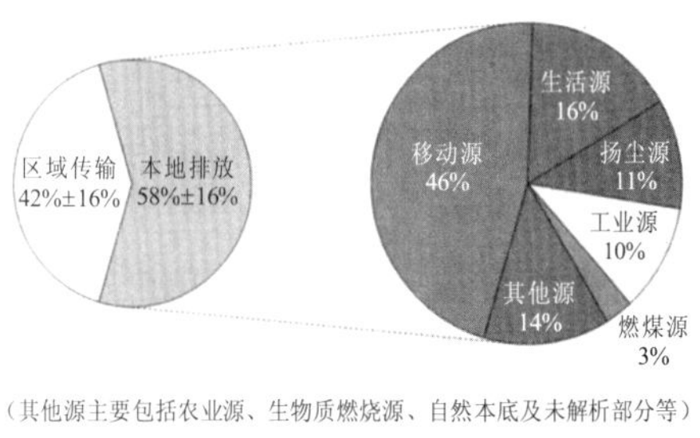

图 5 北京市 2021 年 $PM_{2.5}$ 源解析结果

来源：北京市生态环境局 2021 年公布

通过生态环境部公布的京津冀周边区域的“冬防”计划可以看出，重污染天气的发生主要集中在 10 月到次年 3 月。通过部分典型污染过程测算，一次重污染天气就可以让 $PM_{2.5}$ 的浓度上升 0.5 μg/m^3。生态环境部发布的《深入打好重污染天气消除、臭氧污染防治和柴油货车污染治理攻坚战行动方案》文件中，提出推动京津冀及周边区域、汾渭平原重污染天气消除攻坚行动措施主要包括：优化调整产业结构和布局、加快实施工业污染排放深度治理、强化分散低效燃煤治理等长期性、基础性减排措施。通过这些措施我们不难看出要解决重污染问题，不能仅靠应急管控，更要着眼于日常管理，基础减排才是重污染天气消除的根本保障。

针对秋冬季的重污染天气应急，笔者有几条建议，供大家参考。

（1）加强预测、预报工作。

（2）细化应急减排措施，动态修订重污染天气应急减排清单。

（3）实施企业环境绩效评估，推进涉气企业差别化管理。

（4）强化区域联防联控，实施统一标准、统一调度的大气污染联防联控机制。

面向“三水”统筹管理的水生态环境智慧监管研究

河北先河环保科技股份有限公司研究院副院长 马俊杰

一、背景介绍

为支撑深入打好污染防治攻坚战，持续改善水生态环境质量，加快实现生态环境监测现代化，国务院办公厅、生态环境部相继发布了《“十四五”生态环境监测规划》《关于开展汛期污染强度分析推动解决突出水环境问题的通知》《关于加强入河入海排污口监督管理工作的实施意见》，对流域水生态环境综合监管能力建设提出了更明确的目标。另外，近期生态环境部发布的《水生态监测技术指南》明确了关于河流和湖泊水库水生生物的监测与评价的技术要求。

二、总体思路

笔者针对上述需求梳理了水生态环境服务需要提升的方向，包括水环境、水生态、水资源、统筹管理四个方面。在水环境方面，加强常规水质因子的立体监测，并且掌握全流域不同断面的通量状况，加强入河排污口的监管，开展水环境污染精准溯源；在水生态方面，协助构建水生态监测评价体系，加强水生生物、栖息生境等水生态指标监测，加强遥感监测、AI 图像识别等新技术在该领域的应用；在水资源方面，加强生态需水量核算，提升地下水超采管控水平，开展“双源”地下水环境质量监测与风险评价；在统筹管理方面，构建统一的智慧管控平台，利用水质—水量—水生态模型进行模拟计算，实现水环境质量改善、水生态健康恢复、水资源高效利用的目标。

三、整体架构

将水生态环境智慧管控总体思路总结为六个步骤“查、测、溯、算、治、管”，即本底调查、立体监测、精准溯源、融合计算、高效治理、智慧管控。在“查”的环节，调查流域地理、水系、水文、水生境和污染源现状，摸清流域水环境、水生态和水资源底数，构建水生态环境基础数据库；在“测”的环节，利用遥感卫星、高光谱监测无人机、自动监测站和移动监测设备，构建“天空地”立体网格化监测体系；在“溯”的环节，采用高光谱监测数据进行污染热点范围识别，采用水质水量模型进行污染贡献率分析，形成从水环境污染到排污主体的追溯路线；在“算”的环节，融合水环境—水资源信息进行污染物通量核算，融合水生态—水环境信息进行水生态健康评价，融合水生态—水资源信息进行生态流量计算；在“治”的环节，运用水质—水量—水生态模型对不同设计方案进行可达性分析，根据经济性和可达性对治理方案进行优化并排序，选择最优的设计方案；在“管”的环节，依托“碧水云”智慧管控平台，实现水环境质量改善、水生态健康恢复、水资源高效利用的目标。

四、关键产品技术

高光谱扫描成像监测系统是新型遥感技术在水生态环境监测领域的创新应用成果，具有无人机式和塔式两种产品形态，通过对河流、湖库水体及岸边带进行高光谱扫描和智能反演，全面掌握水质多参数、栖息生境等水生态环境质量综合信息，为因地制宜开展水生态环境修复与治理提供数据支撑。技术优势如下。

（1）自主开发的高光谱扫描成像仪光谱分辨率高，可达纳米级。

（2）高光谱图像空间分辨率高，可达厘米级。

（3）可获取大范围水生态环境空间分布特性，监测效率高、区域广。

（4）采用模块化设计理念，集成高光谱数据采集、预处理、水生态环境多参数智能反演算法、统计分析展示等多种功能。

（5）支持多种水生态环境参数反演，包括高锰酸盐指数、化学需氧量、氨氮、总磷、总氮、叶绿素 a、蓝绿藻、浊度、溶解氧等水质参数及植被覆盖度、叶面积指数等栖息生境指标。

五、水生态监测评价重点服务

在重点关注的水生态监测评价服务方面，在“有河有水、有鱼有草、人水和谐”的整体目标的指导下，对水生生物、栖息生境、理化指标开展监测、评估与诊断。在水生生物多样性监测方面，依托中国环境监测总站“长江流域水生生物图谱和标本的制备维护技术服务”项目开展了鱼类多样性智能监测、藻类多样性智能鉴定等新产品新技术的开发。在栖息生境监测方面，与中国环境监测总站合作开展中小尺度水生态栖息生境监测试点，采用高光谱扫描成像新型技术在重点流域水体及岸带进行栖息生境遥感监测与评价。对水生生物、栖息生境、理化指标进行业务化筛选，开展水生态环境质量综合评价，并基于评价结果提出相应的治理修复措施建议。

六、典型应用案例

该技术已在全国多地应用推广，以“水清岸绿、鱼翔浅底”为目标，促进水环境质量改善、水生态健康恢复、水资源高效利用，全面掌握水生态环境质量信息，推动水生态环境管理从单一水质指标考核向全面涵盖“水质、水量、水生态”要素的综合指标考核转变，将“建设人与自然和谐共生的现代化”思想落到实处。

呵护“绿水青山” 换来“金山银山”

江西省赣州市石城县委书记 张小川

石城县位于赣闽边际、江西省东南部、赣州市东北部，于南唐保大十一年（公元 953 年）建县，因“环山多石，耸峙如城”而得名。全县辖 11 个乡镇和 1 个城市社区管委会、131 个行政村，总面积 1 567 km^2，总人口 33.3 万人。

石城，是客家摇篮、人文之城，客家先民经此东迁闽西、南下粤北，素有“客家摇篮”“闽粤通衢”之称。

石城，是中央红军长征重要出发地，是全红县，也是苏区的北大门，国共对峙、反围剿斗争的前沿阵地，毛泽东、朱德等老一辈无产阶级革命家在这里生活、战斗过。

石城，是中国烟叶之乡、中国白莲之乡、中国温泉之城、中国灯彩艺术之乡、中国民间文化艺术之乡，石城灯彩和石城砚制作技艺属国家级非物质文化遗产。

石城，是江西母亲河赣江的源头县，源头 1.1 万 hm^2 的范围被列为国家级自然保护区，负氧离子含量达 10 万个/cm^3，全县森林覆盖率达 76.01%。

石城，还是旅游胜地，在这里可以寻赣江源头、走闽粤通衢、淌高山流水、沐峡谷温泉、赏百里荷花、览百年杜鹃、穿尘封遗址、缅红色记忆、探丹霞地貌、品千年遗风。

党的十八大以来，石城县深入贯彻习近平生态文明思想，全面践行“绿水青山就是金山银山”理念，着力构建“产业绿色化、绿色产业化”的现代化生态经济体系，探索出一条高质量绿色发展之路。石城被列为国家重点生态功能区、国家生态综合补偿试点县，先后获评国家生态文明建设示范区、国家全域旅游示范区、国家卫生县城、“绿水青山就是金山银山”实践创新基地等荣誉称号。这些荣誉的获得源于以下几方面工作的成绩。

一、深耕生态保护“责任田”

坚决扛起使命担当，压紧压实责任链条，着力构建生态环境治理体系。

一是强化组织保障。成立由县委、县政府主要负责同志任“双主任”的县生态环境保护委员会，下设水污染防治专业委员会等 10 个专业委员会，乡镇及城市社区设立环委会机构、组建村级环保网格队伍，形成了多部门齐抓共管、多层级联防联治的生态环境保护大格局。

二是强化资金保障。充分发挥财政资金引领作用，建立政府、社会、企业多元化的投入机制，近年来累计筹集资金 35 亿元，实施生态保护、水环境整治、生态补偿等项目 108 个，不断夯实生态环境保护发展基础。

三是强化制度保障。将生态文明建设和环境保护工作纳入县人民代表大会领导干部年度述职内容，推行生态环境损害赔偿和责任追究、自然资源资产离任审计制度，建立“河湖林长+警长、检察长”的工作机制，探索“行政处罚+赔偿”的执法联动机制，构筑起全领域、全要素、全覆盖的监管保护体系。

二、守护“绿水青山”“高颜值”

牢固树立“增绿就是增优势、护林就是护财富”的理念，统筹推进山水林田湖草沙综合治理、系统治理、源头治理，坚决守护好“绿水青山”。

一是全境护山。印发《关于严格森林资源保护的实施意见》，推行“十年禁伐”政策，加强生物资源保护，筑牢生物多样性保护网。深入实施国土绿化、森林质量提升、湿地保护修复、“增绿”等重大工程，构建一体化生态屏障。

二是全域理水。严格落实河（湖）长制，建立横向到边、纵向到村的河（湖）长组织体系，县、乡、村“三级河长”同向发力、协调作战。深入开展“清河行动”、河湖水库水环境、饮用水水源地保护等专项整治，完善水环境监控设备，河湖库实现一张网管理。

三是全面治污。深入开展“四尘三烟三气两禁”整治行动，2022 年全县 $PM_{2.5}$ 浓度同比下降 11.1%，空气质量优良率 98.1%。加强入河排污口水质监测，落实乡镇主要河流跨界断面水质考核制度，县域国控断面和县城、乡镇集中式饮用水水源水质达标率均为 100%。大力推进“厕所革命”和城乡垃圾、污水处理一体化，卫生厕所普及率、农村生活垃圾处理率均达 100%，整县推进农村生活污水治理经验被生态环境部作为典型案例在全国推广。

三、打通“绿水青山就是金山银山”转换“新通道”

加快推进绿色产业化、产业绿色化，把资源变资产、资产变资本、资本变资金，让“绿水青山”的“好颜值”转化为“金山银山”的“好价值”。

一是做优生态农业。构建以种植业为主体，林、牧、渔并举的生态农业体系，白莲、脐橙、薏仁、翻秋花生、贡米等绿色富民产业不断壮大，“石城白莲”“石城翻秋花生”“石城贡米”注册为国家地理标志证明商标，获得富硒农产品认证 43 个，拥有全国绿色食品原料标准化生产基地，是江西省绿色有机农产品示范县。

二是做强低碳工业。品牌运动鞋服首位产业集群发展，鞋服企业超 600 家，产值突破 170 亿元，带动 2 万余人就业。发展壮大新能源产业，光电、风电、生物质发电等装机容量突破 300 MW，2 000 多户农户实现增收。支持大由大食品、德都食品等绿色食品企业发展壮大，2022 年全县绿色食品产业产值达 36 亿元。

三是做旺生态旅游。立足良好的生态优势和独特的旅游资源，大力发展生态旅游业，打造国家 AAAA 级旅游景区 2 个、国家 AAA 级旅游景区 2 个，以及一大批乡村旅游点，“好风景”加快变成“好钱景”，全县游客接待量、旅游综合收入每年以 20%以上的速度增长。

生态文明建设永无止境。未来，石城将继续深入践行习近平生态文明思想，持续加强生态文明建设，巩固提升生态环境质量，进一步将生态优势转换为发展胜势，努力打造美丽江西“石城样板”。

生态引领绿色发展 奋力建设大美桐柏幸福淮源

河南省桐柏县委书记 党建凯

桐柏县（图 1）位于豫鄂之交、桐柏山腹地，是千里淮河发源地，属于国家重点生态功能区，自然特点是“七山一水二分田”，县域总面积 1 915 km^2，辖 13 个镇、3 个乡、1 个省级先进制造业开发区，常住人口为 37.5 万人。先后获得“中国人居环境范例奖”“国家卫生县城”“国家园林城市”“中国天然氧吧”等荣誉称号。

图 1 淮河水穿流而过的桐柏县城

近年来，桐柏县深入践行习近平生态文明思想，牢固树立“绿水青山就是金山银山”理念，围绕生态制度、生态安全、生态空间、生态经济、生态生活、生态文化六大领域，深入实施生态引领发展战略，推动绿色低碳高质量发展，走出了一条生产发展、生活富裕、生态良好的文明发展之路。桐柏县的主要做法，可以归纳为“四个聚焦”“三个结合”。

一、突出“四个聚焦”，建设大美桐柏（图 2）

一是聚焦绿色低碳转型，持续推动产业、能源等结构优化。严格落实“三线一单”管控要求，把好项目源头关，坚决遏制“两高一低”项目盲目发展，大力发展“专精特新”企业和以茶艾菌为主的绿色低碳产业，持续开展绿色创建行动。近年来，桐柏县先后取缔“散乱污”企业200余家，新增风电装机20万kW，新增光伏发电装机3.9万kW，推广使用新能源（纯电动）公共交通车辆194辆，产业结构、能源结构、交通运输结构等持续优化，绿色生产方式和生活方式逐步形成。

图2　大美桐柏

二是聚焦生态环境改善，持续打好污染防治攻坚战。桐柏县以解决群众关心关注的环境污染问题为突破口，以污染防治攻坚“十大专项行动”为抓手，坚持精准治污、科学治污、依法治污，深入打好蓝天、碧水、净土“三大保卫战”。以$PM_{2.5}$和O_3协同控制为主线，以工业源、扬尘源、移动源、生活源等为重点，全心守护“桐柏蓝”；实施“河长+警长+监察长”“三长治河”联动机制，确保一河清水永续东流；争取中央土壤治理专项资金近8 000万元，推进农用地安全利用和土壤污染源头管控，全县土壤安全稳定；深入开展“千村示范、万村整治”活动，强力推进“厕所革命”，乡村更加美丽宜居。

三是聚焦生态保护修复，持续提升生态系统多样性、稳定性、持续性。近年来，桐柏县以山区造林、通道造林、城镇绿化为重点，大力开展造林绿化工作，森林覆盖率达52.9%，积极推动山水林田湖草沙生态保护修复，成功创建省级森林城市、国家园林县城；积极开展“绿盾”自然保护地强化监督检查专项整治行动，完成了36个历史遗留矿山治理工程，建成国家级绿色矿山6家，强化高乐山国家级自然保护区、太白顶省级自然保护区、淮河源国家森林公园等重点区域管理，实施生物多样性保护工程，生态系统多样性、稳定性、可持续性持续提升，淮河源头生态安全屏障进一步筑牢。

四是聚焦生态环境安全，持续筑牢美丽桐柏安全底线。近年来，桐柏县坚持全域联动、部门联合、群众联防，常态化开展非法采砂毁河、采石破山“双打击”行动和砂石等矿产品管理“利剑”专项整治，严厉打击破坏环境的违法犯罪行为；强化环境风险预警防控与应急管理，完善环境监测、监控网络体系建设，对重点污染源和重点区域实现多要素、多时相、多维度的实时监控和闭环管理，切实筑牢县域生态环境安全防线，保障群众环境权益，为美丽桐柏建设提供坚强保障。2018 年、2021 年，南阳市生态环境局桐柏分局先后两次被生态环境部评为生态环境保护执法大练兵表现突出集体。

二、强化“三个结合”，打造幸福淮源

一是推动生态与发展结合，构建高质量发展新格局。桐柏县以生态优先、绿色发展为导向，以国家生态文明建设示范县规划为引领，深入推进以人为核心的新型城镇化，突出“一本规划管全域”“一张蓝图绘到底”，科学布局生产空间、生活空间、生态空间，着力建设“山水桐柏”“大美桐柏”“生态淮源”“幸福淮源”等品牌，加快打造“全国知名茶乡”“中国文旅名县”“中华生态休闲康养福地”。特别是桐柏县充分发挥自然生态和产业基础优势，倾力打造茶文化、茶产业、茶科技“三茶”统筹发展新样板，被中国国际茶文化研究会授予“‘三茶’统筹发展先行县”称号（图 3）。

图 3 香溢四野的桐柏山茶园

二是推动生态与治理结合，建设幸福淮源新风貌。桐柏县以打造淮河生态保护和高质量发展示范区为目标，推进淮河源头生态保护和修复工程，构建“一核三区五带多廊道”生态格局。深入实施沿河系统化生态治理与修复，通过“人防+技防”多种手段，以强监管推动河湖“大保护”。近年来，先后投资 5.3 亿元，建成淮渎公园、流香溪湿地公园、盘古公园等水生态涵养项目，并实施“十里淮河”生态景观带等重大生态水系综

合治理项目，让“以水润城、以绿荫城、以文化城”的现代化桐柏焕然一新。

三是推动生态与文旅结合，打造文旅产业新名片。突出全域规划、红绿结合、文旅融合，加快构建具有桐柏特色、淮源风情的全域旅游发展新格局。做强全域旅游，编制出台《“中国文旅名县”三年行动方案》，以淮源山水、红色文化、茶文化和康养产业等要素为内涵，全面构建集生态、休闲、度假、人文、红色、康养于一体的全域旅游体系。做大“氧吧”经济，围绕塑造“行走河南、读懂中国”文旅品牌的“桐柏篇章”，以创新思维和市场化手段，打好“生态淮源”特色牌，叫响“桐柏，一个‘氧’‘养’得意的福地”城市文旅新名片。打响红色品牌，唱响“桐柏英雄”主旋律，围绕电影《小花》等红色经典，深入开展“读一本小说、观一部电影、看一部电视剧、唱一首歌、品一杯茶、探一次源、登一次山”的“七个一”活动，精心筹办“桐柏英雄”文化艺术节等系列节会，弘扬红色文化，推动文旅产业发展破题破冰、出圈出彩（图 4）。

图 4　层林尽染的桐柏黄岗红叶景区

生态文明建设永远在路上。桐柏县将以此次年会为新的起点，把生态文明建设摆在更加突出的位置，紧紧围绕“生态自然之美、和谐文明之美、绿色发展之美”精准发力，加快推动发展方式绿色低碳转型，厚植高质量发展的绿色底色，全力建设人与自然和谐共生的大美桐柏、生态淮源。

推动绿色低碳高质量发展 建设人与自然和谐共生的美丽槐荫

济南市槐荫区委副书记、区长 刘敬涛

槐荫区是泉城济南的中心城区之一，因“国槐泽荫”而闻名。全区面积 151.61 km^2，人口 70 万人，是一座人文底蕴深厚的文化之城、红色资源富集的英雄之城、活力迸发涌动的青春之城，更是生态禀赋优越的生态之城、自然风光旖旎的秀美之城。槐荫区西怀江北最大的湿地公园济西国家湿地公园，黄河、长江、玉符河、小清河“四水融汇”，玉清湖千顷碧波，黄河畔万亩稻田，玉水白鹭、银杏连岸，坐拥匡山风雅、腊山云屏、峨眉山“十二景”，灵山秀水、蓝天白云，勾勒出高质量发展的最美画卷。

槐荫依托得天独厚的生态底色，积极践行“绿水青山就是金山银山”理念，深入贯彻黄河流域生态保护和高质量发展重大国家战略，抢抓山东省“强省会”战略机遇，走出了一条生态优先、绿色发展之路，不断绘就“齐鲁门户，医养之都”壮丽篇章。

一、举全区之力推进“生态兴”，打造黄河流域生态保护典范

深入贯彻落实黄河流域生态保护和高质量发展国家战略，建设黄河下游绿色生态走廊，聚力打造气韵贯通、和谐共生的大河、大湖、大湿地生态格局。制定《槐荫区生态文明建设五年行动方案（2025）》，系统化开展生态文明建设、“四减四增”、污染防治攻坚、黄河流域水生态保护、环境风险防范化解、城乡绿色低碳建设等“六项行动”，持续优化产业能源结构，深化工业污染治理，推进扬尘精细化管理，$PM_{2.5}$ 浓度近五年下降 36%，空气优良天数比例提升 21%，达到历史最高水平。高标准提升水环境质量，建立槐荫区流域水环境预警体系，严格落实小清河源头水质保障措施，加快推进腊山河综合整治工程，国控、省控水质断面连续五年达到III类或以上标准，时隔 60 多年济南“土著鱼”中华鳑鲏大量涌现小清河，实现了“水清岸绿、鱼翔浅底”的良好水生态系统。黄河岸边“七星九美十三香”最美村落连片发展，成功创建 12 个齐鲁样板村，4 个省级美丽乡村示范村。建立了土壤污染防治联席会议制度，建立污染及疑似污染地块信息共享机制，全区危险废物安全处置率达到 100%，建设用地安全利用率达到 100%。扎实推进林草绿化工作各项任务，全区林草覆盖率达到 21.56%。持续加大野生动植物保护工作力度，国家重点保护野生动植物保护率达到 100%。

生态制度不断健全。严明生态环境保护责任制度，贯彻环境保护督察制度，建立环境保护管理长效机制，完善网格化管理制度、排污许可证制度和生态环境损害赔偿制度。全面推行河湖长制，创新“互联网+河长制”，构建了河湖“线上看、网上管、掌上查”立体化监管和智慧治水新格局。全面实行林长制，建立了“林长+检察长+警长”联动工作机制。构建了区、街道、村三级“田长制”工作体系，健全耕地保护激励长效机制，以保护促发展。实施环境信息公开制度，生态环境信息公开率达到100%。

二、加快构建生态经济体系，打造绿色低碳高质量发展的“槐荫样板”

槐荫区积极践行以“生态立区”为抓手，做强“槐荫四宝”，挖掘生态农业产品价值。积极调整优化农业生产力布局，大力加强生态农业优质化、特色化、品牌化建设。吴家堡大米被评为全国名特优新农产品，成功注册地理标志证明商标；吴家堡白莲藕获得绿色农产品认证，年销售超250万kg；玉清湖圆葱取得无公害农产品认证，年出口量达到1.5万t；西郊盖韭先后取得济南市“十佳最受欢迎农产品”“名牌农产品”“泉城消费者最喜爱的特色农产品”等称号；黄河水“一步法”稻蟹生态种养技术居国内领先。强化绿色低碳，发展生态工业循环经济。济南槐荫经济开发区获批省级绿色工业园区。济南二机床集团有限公司获批省级绿色工厂，中车山东机车车辆有限公司、济南天岳先进科技股份有限公司等5家企业获批市级绿色工厂。大力发展清洁能源的应用，济南天齐特种平带有限公司屋顶 564.4 kW 分布式光伏项目自运营以来，累计实现发电量1.55 GW·h，二氧化碳减排1 540 t，等效栽种绿植858棵。丰富产品供给，提升全域旅游发展能级。打造“黄河生态风景带、济西湿地乡村休闲区、老商埠休闲文化区、都市文化体验区、现代娱乐购物区、国际康疗养生区”一带五区全域旅游空间格局，推出商埠游、非遗游、田园游、研学游等系列产品，槐荫区先后荣获省级“医养结合示范先行区”“山东省全域旅游示范区”“浙商（省外）最佳投资城市”等荣誉称号。全区现有国家AAAA级旅游景区2处，国家夜间文旅消费集聚区2处，全国重点文物保护单位1处，省级乡村旅游重点村1处，省级工业旅游示范基地2处。成功创建省级全域旅游示范区，近三年来累计接待旅游人数1 850.44万人次，旅游综合收入达到235.3亿元。入围“胡润中国”最具投资潜力区域百强榜，区域承载力、影响力日益凸显。

三、传承融合自然与文化价值，打造泉城生态文化新高地

大自然是人类赖以生存发展的基础，尊重自然、顺应自然、保护自然，是全面建设社会主义现代化国家的内在要求，也是绿色发展的重要特征。槐荫南依泰山山脉，北赖黄河滋养，立于省会济南“西大门”，自古就是齐风鲁韵交汇之地，孕育出悠久绵长的历史文化。新时代的槐荫人，深入挖掘传统文化中的生态价值理念，推动优秀传统文化

转化为新时代生态文化。槐荫区开展辖区黄河流域非物质文化遗产挖掘整理，致力于推进黄河文化遗产系统保护。创立“千亩银杏林、千顷玉清湖、千年兴福寺、万亩稻花香”沿黄文旅品牌，让游客在欣赏自然风光的同时，领略到齐鲁文化的独特魅力。推动文化元素有机融入城市建设，打造承载文化记忆、富有时代特色的文化景观，提升“四五”纪念广场、中车山东党史馆等红色文化资源，让红色基因在绿色大地上赓续传承。文化最能代表城市软实力，以生态文化建设推进生态文明建设，是槐荫书写新时代美丽中国建设新篇的重要章节。

四、不断增进绿色民生福祉，建设人与自然和谐共生的幸福槐荫

“环境就是民生，青山就是美丽，蓝天也是幸福。”党的十八大以来，生态文明建设被纳入中国特色社会主义“五位一体”总体布局，绿色发展理念逐步深入人心，坚持“绿色、生态、宜居”的发展理念，大力建设精品城区，凝心聚力实现居民“安居梦”。积极推进城市有机更新，推动绿色低碳发展，突出人文传承、景观塑造、融合发展，统筹城市规划、建设、管理，打造生态宜居的生活圈。运用“城市美学”理念，以“春花、夏荫、秋叶、冬绿”季相变化为主题，统筹推进城市绿化美化。近三年来，新建腊山山体公园、南辛康养公园等20余处城市公园，开展生态保护红线和自然保护地优化工作，有序推进生态安全屏障建立。黄河槐荫段范围内初步形成了集临河防浪林、堤肩行道林、淤区适生林以及护堤林于一体的24.281 km生物防护林系，同步打造了若干花卉景观大道、花漾街区，实现了“出门见绿、推窗见景”。初步构建了以山体（森林、湿地、郊野）公园为基底、以城市综合公园为主干、以社区公园为节点的公园体系。大力推进美丽乡村建设，推广农村人居环境物业式管理模式，“一村一景、一村一韵”乡村风貌深入人心，美化了乡村环境，提高了居民的生活品质和幸福感。

“人不负青山，青山定不负人”。新征程上，槐荫区将继续深入学习贯彻习近平生态文明思想，全面落实习近平总书记对山东、对济南工作的重要指示要求，把生态文明建设摆在更加突出的位置，进一步擦亮生态底色、厚植生态优势，让良好生态环境成为人民美好生活的增长点、经济社会持续健康发展的支撑点、展现区域良好形象的发力点，为美丽中国建设做出新的更大贡献。

绿水青山就是金山银山　生态财富就是经济财富

四川省成都市蒲江县委副书记、县长　赵钢

蒲江位于成都平原西南部，面积 583 km^2，常住人口 26 万人。这里，有习近平总书记亲自谋划、亲自推动的川藏铁路世纪工程，全线唯一的运维保障基地就布局于蒲江，国家还在此布局了南向东南亚、西通西亚和欧洲的蒲江铁路物流港；蒲江盛产盐铁茶，自古以来就是进藏入滇的咽喉要道，全国重点文物保护单位飞仙阁的胡人造像、宋代茶马古道都见证了蒲江作为南丝绸之路重要节点的繁华；同时蒲江河流域也是长江上游岷江水系的水源补给区。蒲山青青、蒲水渟渟，蒲江是 2 100 万人口的大都市的“城市之肺”，彰显出“雪山下的公园城市”美学价值。

今天的蒲江，生态之美与产业之美兼具，被评为全国首批、四川首个国家生态文明建设示范县。蒲江县“以绿为底”，森林覆盖率在成都市首屈一指，空气质量常年优于国家二级标准，负氧离子日均浓度达 5 000 以上，最高突破 50 000，享有“中国天然氧吧”的美誉。蒲江县“点绿成金”，建成西部唯一一个中德国别合作园区；获批成都首个国家现代农业产业园，成为全国唯一拥有三个地理标志产品且均进入“2023 中国品牌价值评价信息”发布的全国 40 强的县，品牌价值超 420 亿元。

蒲江县始终牢记习近平总书记的重要嘱托，全面贯彻习近平生态文明思想，深入践行“绿水青山就是金山银山”理念。历届县委、县政府始终坚持“生态优先、绿色发展”，“一张蓝图干到底”，用数十年如一日的不懈努力，推动生态价值实现高质量转化。

一、坚持生态优先，高位谋划美丽蒲江“大格局”

始终把生态作为立县之本。坚持长久可持续发展，整体谋划推进生态文明建设，制订实施五年行动计划，率先开展美丽四川建设先行试点县。坚持“三生相融”引领，编制四川首个地方性环境功能区划，划定“三区三线”，锁定“三山两河拥四湖、浅丘森林嵌林盘”生态功能格局，生态和农业空间占比达 93%。筑牢生态版图“最严防线”，率先启动丘陵地区生态保护红线划定，梳理自然资源资产负债表，覆盖全域、全员、全链。

坚持把生态作为筑城之根。主动担负成都公园城市示范区的乡村表达使命，将绿色发展理念贯穿城市建设、产业发展、市民生活全过程，构建全域公园体系，展现望山见水、城绿交融画卷。坚持世界眼光、国际标准、一流品质，率先探索建设碳中和天府森林公园城市，创新绿色产业、绿色能源、绿色交通、绿色建筑、绿色生活方式、森林湿地固碳的“五绿一固”实施路径，组建“3060”绿色低碳发展研究院和成都蒲江双碳公司，打造全国首个“双碳”交易服务中心，争当西部地区“双碳”先锋示范。

二、坚持绿色发展，创新构建绿色低碳“大产业”

积极推进产业绿色化转型。瞄准智能制造、绿色食品、生物医药等主攻方向，培育以德国博世为龙头的百亿元级绿色产业集群，高新技术产值占规模以上工业比重达50%。实施绿色种养循环、绿色养殖、冷链物流等现代农业提升工程，主要农作物绿色防控覆盖率超 70%，建成特色水果、茶叶国家级示范基地 45 万亩，被评为国家有机食品生产基地建设示范县，“买全国、卖全国”的“蒲江样本”受到国务院通报表扬。

加速生态资源高质量转化。推动“绿水青山”转化为文旅产业的“流量”，建设成都解放纪念馆、成都公园城市教育实践基地等“红色”“绿色”地标，发展研学游学、文化创意、休闲运动等新业态，获评全国休闲农业与乡村旅游示范县，近三年旅游收入年均增长 25%。推动生态“金矿”转化为总部经济“增量”，探索一个精品林盘催生一批郊野总部企业的模式，建设有别于城市中央 CBD 的田园生态商务区，成功吸引科大讯飞等一批总部企业、科技企业到林盘创新创造、低碳生活。

三、坚持系统观念，持续发力全域环境“大保护”

全力攻坚改善环境质量。以“气净水清”工程为抓手，守住环境质量“只能向好、不能变坏”底线，让天更蓝、水更清、地更绿。以铁腕保卫蓝天，坚持县政府常务会每月研究推进，推动大气治理常态严抓、长效久治，空气质量优良天数常年保持在成都市前 3 位，成为大运会“成都蓝”的有力承载，给中外游客留下深刻印象。下重拳出击治水，抢抓专项债机遇，获批资金 50 余亿元，系统实施控源头、治流域、截污水、优断面，主要流域水质达到Ⅲ类，重点流域水质提升到Ⅱ类以上；20 户以上集中居住区生活污水处理设施全覆盖，城镇污水处理率达 93%；推进全域高品质供水，自来水入户率达99%。用科技改善土壤质量，在全国率先开展“两个替代”行动，全域实施耕地质量保护和提升行动，土壤有机质含量年均提升 0.2 个百分点，这一土壤改良模式被纳入农业农村部全国教学案例。

全盘统筹凝聚保护合力。破解“九龙治水”难题，明晰属地、部门、企业、市民“四方责任”，抓实河（湖）长、林长、田长、路长“四长合一”，构建“科技+网格”“线上+线下”的生态监测与保护一体格局。统筹发挥生态惠民效益，争取国家专项债项目 23 个、150 余亿元，用于实施重大生态保护和修复，推进城镇易淹区流域生态治理，打造 136 km^2 的长秋山全景式郊野森林公园。

四、坚持以人为本，共创共享公园城市“大幸福”

聚力提升城乡和美气质。秉持“公园城市最大的美在乡村，乡村最大的财富就是生态”的理念，推动城乡共建共治共享，持续开展百个最美村庄、千个最美小组、万个最美庭院的城乡环境“百千万”工程，全域美化亮化农民新居、整治农房风貌、再造乡村大地景观，城镇绿化覆盖率提升至45%，人均公共绿地达20 m^2以上，获评中国气候宜居城市。

普惠推广绿色生活方式。建设“森呼吸漫步骑行之城”，构建“轨道+公交+慢行”的绿色出行网络，高铁实现公交化运行，县域公交直达行政村，公共交通新能源占比达43%，建成城乡慢行道路336 km，被评为全国绿色出行创建考核评价达标城市。推出成都首个《碳中和绿色生活方式专项规划》，培养群众减量、节能、降耗“绿色习惯”，被评为全国节水型社会达标县，绿色生活成为市民追求的“新时尚”。

做好生态文明建设文章 打造绿色发展“五莲路径”

山东省日照市五莲县委副书记、县长 孙丽

五莲县位于山东半岛西南部，因县内秀美的五莲山而得名，隶属日照市，总面积1 500 km^2，其中山地丘陵占86%，是个典型的山区县。近年来，五莲县坚持以习近平生态文明思想为指引，坚定践行“绿水青山就是金山银山”理念，深入实施“生态强县”战略，着力打造“绿水青山就是金山银山”理念实践创新新高地，探索出一条具有山区特色的绿色发展之路，连续六年登上“中国最美县域榜单”，先后获得“国家重点生态功能区”“国家生态文明建设示范区”“国家级生态示范区”“国家园林县城”“全国绿化模范县”等荣誉称号。

一、持续治山治水，厚植绿色发展生态底色

五莲山多地少，大小山头3 300多座，1947年建县初期，森林覆盖率不足10%，而且十年九旱、地力贫瘠，群众生产生活条件恶劣，收入微薄，发展受限。历届县委、县政府一届接着一届“唱山戏”“走山路”，咬定生态优先、绿色发展不动摇，带领全县人民矢志不渝狠抓生态文明建设，终于把昔日的穷山恶水变为今天的青山绿水。

一是持续“治山增绿”。先后开展两轮“森林五莲”“果乡五莲”建设，高标准实施治山改土、林果提升等“十大工程”，治山整地13.5万亩，新造林38万亩，全县林果面积突破50万亩，达到人均一亩果，森林覆盖率提高到31.45%，高于山东省平均水平17.29个百分点。特别是在荒山裸岩多、缺水少土、土层不到20 cm的莲西区域，通过国企介入撬动社会资本投入等模式，投资5.2亿元建成弘丰生态林、凯阳林果产业园等6个千亩以上生态林片区，累计造林8万余亩，实现了荒山披绿、林果飘香。

二是持续“治水兴水”。坚持“树栽到哪里，水就引到哪里”，新建塘坝、谷坊等小型水利设施6 000多处，实现小雨不出地、中雨不下山、大雨不出库。建成山东省首座碾压混凝土重力坝龙潭沟中型水库，除险加固181座中小型水库，全县90%以上的农田果园实现了有效灌溉。

三是持续“治城美村”。以建设宜居宜业和美乡村为目标，坚持“一村一策”“一村一品”“一村一景”，着力描绘“各美其美、美美与共”的多彩画面。引导乡镇探索村庄景区化建设，推动清洁村庄变美丽村庄，探索出全域景区化、节点特色化、村庄精致化、管理网格化的“四化”路径，将村庄打造成为“处处花香、移步换景”的乡村美术馆，

全县 2/3 的村庄创建为市级以上美丽乡村，获评为全国村庄清洁行动先进县。

二、坚持向绿而行，推动产业绿色低碳转型

坚定走“产业生态化、生态产业化”的发展路子，持续推动产业向结构轻、模式绿、质量优转变，生态优势、资源优势正在加快转化为经济优势和发展优势。

一是聚力招引生态项目。抬高项目准入“绿色门槛”，先后将总投资 180 余亿元的 40 个具有环保风险的项目拒之门外。围绕加快汽车、石材、铸造等传统产业生态化改造，实施产业绿色转型突破行动，引进鸿日新能源汽车及核心零部件产业园项目，落地宏邦资源循环科技有限公司、基石增材环保科技有限公司等石材产业循环利用项目，“一企一策”推动铸造企业绿色转型，以产业“含绿量”带动发展“含金量”，万元 GDP 能耗连年下降，创建国家级绿色工业园区 1 个、省级以上绿色工厂 3 家。全面梳理优势资源，成立京津冀、长三角、珠三角、胶东经济圈和中西部五大开放招引专班，积极招引生态工业、生态农业、生态文旅等项目，总投资 245.6 亿元的 78 个“四新”产业项目落地建设。其中，白鹭湾美术馆小镇就是挖掘生态资源的成功实践，小镇坚持“用艺术振兴乡村”，聘请世界知名设计师规划建设了 12 个各具特色的美术馆，将自然生态与建筑、艺术、生活相融，把山野荒滩蝶变为具有国际水准的特色小镇，生态美学在白鹭湾绽放异彩。

二是发展全域生态旅游。坚持点线面结合，把整个县域作为一个大景区来规划建设，推动实现“全县是景区、处处有景观、村村皆景点”，打造“近悦远来”“快旅慢游”旅游名城。点上抓旅游项目，先后实施总投资 167 亿元的重点文旅项目 68 个，全县 80% 以上的林果项目融入休闲旅游、体育运动等元素，实现生态和旅游的深度融合。线上抓串珠成链，新建改造“四好农村路”860 km，串联 230 处景点及采摘园、农家乐，形成路路相通、景景相连的全域旅游循环圈。面上抓节会赛事，常态化举办中国山马越野系列赛等国家级赛事和“绿水青山”运动会、樱桃采摘节等 30 余项节会活动，形成“一日活动、多日停留，一人参赛、多人旅游”的节会赛事旅游模式。

三是做强生态有机农业。坚持把有机、绿色、生态作为农业发展方向，推进采摘、果品深加工、休闲旅游三产融合，实现农业“接二连三”，五莲杜鹃、国光苹果、板栗、小米、樱桃成为地理标志农产品，全县“三品一标”达到 135 个。以龙头企业丰沃集团为例，先后布局占地 2.8 万亩的丰美园林、大丰园等 5 大林果育苗基地，与荷兰维贝克公司、美国佐治亚大学等知名公司和科研机构合作，建成全球首个果树育苗集成系统、全球前三的组培实验室，年可组培高端种苗 4 000 余万株，构建起品种选育—组培工厂—大田育苗—示范果园—果园建设的全产业链布局。

三、加快价值转化，促进生态产品增值变现

深化生态文明体制改革，加快构建生态价值转化体系，实现生态“高颜值”、经济“高质量”协同发展。

一是探索建立生态产品价值转化机制。为加快打通“绿水青山”与“金山银山”双向转化通道，聘请中国环境科学研究院全面系统梳理全县生态资源，根据县域生态系统特征、结构特点，围绕物质产品供给、生态调节服务和生态文化服务3大类15项功能指标，统筹开展县、乡、村三级生态产品总值（GEP）核算，全县共核定GEP 293亿元，为进一步发掘生态财富，破解“绿水青山”定价难题，推动生态产品价值转化夯实了基础。

二是积极推动金融支持生态产品价值实现。深化GEP核算成果运用，强化金融资本赋能，创新开发“生态活力贷”产品，为首批13个试点村整村授信1.5亿元；推出“林果飘香贷”“新六产贷”等一批“生态价值贷”，累计发放贷款5亿元，有力助推乡村产业发展。探索果树入股、乡村游入股、土地入股等多种模式，党支部领办合作社达到620家，实现行政村全覆盖，所有村集体收入全部达到10万元及以上。

三是加快推进EOD模式落地和碳汇开发。以生态保护和环境治理为基础，以特色产业为支撑，规划实施投资17.8亿元的林泉河流域生态环境治理提升等3个生态环境治理修复类项目，并关联2个产业项目，在东部山区打造万亩级生态建设和乡村振兴的生态环境导向的开发（EOD）模式项目，推动形成生态效益和经济效益相互促进的良性循环。制定《五莲县零碳美丽乡村片区建设试点工作方案》，选取县内生态环境最优的五莲山度假区部分村庄，集中连片建设“近零碳”乡村示范区，探索零碳美丽乡村建设新标准。经科学评估，森林平均碳储量245万t，为碳汇交易奠定基础。

下一步，五莲县将坚定践行“绿水青山就是金山银山”的发展理念，聚焦绿色崛起，持续探索创新、争当先行，不断开辟生态文明建设的“五莲路径”。

九、大气污染防治论坛

在中国生态文明论坛济南年会大气污染防治论坛上的致辞

山东省生态环境厅二级巡视员　张金智

各位来宾，女士们、先生们、朋友们：

大家上午好！

金秋送爽，天朗气清。非常高兴与大家相聚在美丽的泉城济南，共同参加中国生态文明论坛济南年会，一起深入学习贯彻习近平生态文明思想，为推动生态文明建设事业建言献策。在此，我代表山东省生态环境厅，向各位嘉宾、各位朋友的到来表示最热烈的欢迎！对大家长期以来给予山东生态环境保护工作的关心支持，表示最衷心的感谢！

近年来，山东牢记习近平总书记的殷殷嘱托，坚决落实党中央决策部署，把生态文明建设摆在全局工作突出位置，完整、准确、全面贯彻新发展理念，全力推动生态环境保护发生历史性、转折性、全局性变化，美丽山东建设迈出坚定步伐。我们坚定不移走绿色低碳高质量发展之路，实施两轮“四减四增”三年行动，以十强产业为主战场，坚决淘汰落后动能，改造提升传统动能，培育壮大新动能，推动经济社会全面绿色转型，生态优先、绿色发展的道路越走越宽。我们坚定不移改善生态环境质量，深入打好污染防治攻坚战，系统实施生态保护修复重大工程，纵深推进黄河流域生态保护和高质量发展，生态环境质量连创有监测记录以来最优水平，$PM_{2.5}$ 平均浓度近三年年均改善 10% 以上，国控断面优良水体比例持续改善，V 类及以下水体保持动态清零。我们坚定不移完善环境治理体系，坚持生态质量、环境质量和经济质量同考核，全面落实河（湖）长制、湾长制、林长制，县际流域横向生态补偿实现全覆盖、全兑付，32 地被命名为国家生态文明建设示范区、11 地被授予国家级“绿水青山就是金山银山”实践创新基地称号。

如今的齐鲁大地，“绿水青山就是金山银山”的理念深入人心，岱青海蓝、万物勃发，一幅人与自然和谐共生的生态画卷正徐徐展开。美丽山东建设的生动实践，充分彰显了习近平生态文明思想的真理力量和实践伟力，任何时候，我们都要将其作为做好生态环境保护工作、推动绿色低碳高质量发展的根本遵循。

各位嘉宾、各位朋友！

此次年会在济南召开，是对山东生态环境保护工作的充分肯定和大力支持，我们深感荣幸、备受鼓舞。未来，我们将继续认真落实习近平总书记对山东工作重要指示要求，锚定“走在前、开新局”，持续深入打好蓝天、碧水、净土保卫战，加快美丽山东建设。我们愿与各方一道，携手并肩、深化合作，以生态环境高水平保护推动经济社会高质量发展，为建设美丽中国做出新的更大贡献！

最后，预祝论坛圆满成功！祝各位嘉宾、各位朋友身体健康、工作顺利！

谢谢大家！

在中国生态文明论坛济南年会大气污染防治论坛上的致辞

中国生态文明研究与促进会副秘书长　于绪文

尊敬的文毅副会长，各位领导，各位专家，各位朋友：

大家上午好！

很高兴和大家相聚在美丽山东泉城济南，共同参加中国生态文明论坛济南年会及今天上午举行的大气污染防治论坛，首先我代表中国生态文明研究与促进会对各位远道而来的朋友表示欢迎，对大家一直以来给中国生态文明研究与促进会和中国生态文明论坛年会的关心支持表示衷心的感谢！向承办单位甘肃泰聚环保，以及济南市有关方面对论坛的大力支持表示崇高的敬意！

党的十八大以来，我国把生态文明建设作为关系中华民族永续发展的根本大计，开展了一系列开创性工作，决心之大、力度之大、成效之大是前所未有的。生态文明建设从理论到实践都发生了历史性、转折性、全局性变化，美丽中国建设迈出重大步伐。

经过多年努力，我国天更蓝、地更绿、水更清，万里河山更加多姿多彩。十年来，我国以年均 3%的能源消费增速支撑了年均 6%以上的经济增长，建成全球规模最大的碳市场和清洁发展体系，生态环境质量改善成效显著。持续深入打好蓝天、碧水、净土保卫战，污染防治攻坚向纵深推进。全国地级及以上城市细颗粒物（$PM_{2.5}$）平均浓度下降到 29 $\mu g/m^3$，重点城市平均浓度下降 57%，成为全球大气质量改善速度最快的国家。

经过不断努力，2022 年全国主要污染物排放量继续下降，生态环境质量改善目标顺利完成。全国 339 个地级及以上城市环境空气质量优良天数比例平均为 86.5%。重污染天数比例首次下降到 1%以内。

但是，当前我国生态环境保护的结构性、根源性、趋势性压力还没有得到根本缓解。我国经济社会发展已经进入加快绿色化、低碳化的高质量发展阶段，生态文明建设仍然处于压力叠加、负重前行的关键期。

党的二十大报告指出，到 2035 年我国发展的总体目标之一是在广泛形成绿色生产生活方式，碳排放达峰后稳中有降，生态环境根本好转，美丽中国目标基本实现。在基本实现现代化的基础上，将城乡人居环境明显改善，美丽中国建设成效显著列为未来 5 年的主要目标任务。打好污染防治攻坚战关系人民群众的切身利益，是建设美丽中国的关键举措，要坚持精准治污、科学治污、依法治污，以更高标准深入推进蓝天、碧水、净土保卫战，以细颗粒物控制为主线，强化多污染物协同控制和区域污染协同治理。

生态环境部黄润秋部长在 2023 年全国生态环境保护会议上强调：扎实推进蓝天保卫战。推动出台空气质量持续改善行动计划。着力推动天然气管网、电网、热力管网、铁路专用线、廊道等环境基础设施建设，在矿山、港口码头、大宗货物运输企业推动电动重卡等清洁运输方式广泛应用。因地制宜有序推进北方地区清洁取暖，稳妥推进重点区域平安地区散煤清零。高质量推进钢铁企业超低排放改造，有序推进水泥、焦化行业超低排放改造。持续推动锅炉、工业炉窑综合治理。开展重点行业 VOCs 深度治理。加强柴油车、非道路移动机械及成品油全链条监管。推进京津冀及周边地区农业大气氨排放空气控制试点。深化重点区域大气污染联防联控，加强重污染天气绩效分级和差异化管控。

在大气治理策略上特别强调，要统筹 $PM_{2.5}$ 和臭氧协同治理，加大对 VOCs 和 NO_x 的治理力度，降低臭氧的同时降低 $PM_{2.5}$，这是大气污染防治向深里走的必然要求。要坚持协同减排、源头防控。以石化、化工、工业涂装、包装印刷和油品储运销等为重点，加强 VOCs 全流程治理。推进钢铁等行业超低排放改造，加大锅炉、炉窑、移动源 NO_x 减排力度。

各位来宾、各位朋友，要实现以上目标，政府、企业和科研机构都面临着更多的挑战和更多的要求，希望各位领导、专家今天能够不吝真知灼见，畅所欲言，借此机会和论坛的平台，为我国空气质量改善提供良策。

谢谢大家！

坚持绿色发展　守护蓝天白云
为南阳建设副中心城市厚植生态优势

南阳市生态环境局党组书记、局长　刘建光

南阳古称“宛”，位于河南省西南部，豫鄂陕三省交界处，是河南省面积最大、人口最多的省辖市，是河南省委、省政府确定的省域副中心城市。南阳地跨伏牛山、桐柏山两大山系，以及长江、淮河、黄河三大水系，是千里淮河发源地、南水北调中线工程核心水源地和渠首所在地，是全国文明城市、国家卫生城市、国家历史文化名城、中国优秀旅游城市、国家创新型试点城市、国家森林城市，2022 年还荣获了“国家生态文明建设示范市”和联合国首批“生物多样性魅力城市”两块金字招牌。

近年来，南阳市认真贯彻习近平生态文明思想和习近平总书记视察河南南阳时的重要讲话及重要指示，坚持生态优先、绿色发展，深入打好蓝天保卫战，大气污染防治工作取得明显成效，环境空气质量持续改善，蓝天白云已成为南阳高质量发展的常态和亮丽底色。2022 年以来，我市环境空气质量各项核心指标稳居全省前 3，2022 年，南阳为全省完成省定环境空气质量年度目标的 2 个地市之一，2023 年 1—9 月，$PM_{2.5}$、PM_{10} 平均浓度同比分别下降 10%、4.8%，环境空气质量优良天数同比增加 12 天，实现了“两降一升”目标，空气质量改善幅度在全国 168 个重点城市中位居第 5，取得了历史性突破。主要做法如下。

一是构建“三大体系”，高位推进。构建指挥体系。成立高规格的南阳市生态环境保护委员会，市委书记、市长担任双主任，市委常委会、市政府常务会议多次研究大气污染防治重点工作，市委、市政府主要领导多次对重点区域大气污染防治工作进行暗访调研并现场办公，2022 年以来，组织召开了 4 次由市、县、乡、村四级班子领导参加的全市生态环境保护大会和大气污染防治攻坚誓师大会，安排部署大气污染防治攻坚工作。市环委办对各项重点任务加强调度督办，对工作推进中的难点问题及时开展研判会商，各级各部门凝心聚力、合力攻坚，推动环境空气质量持续改善。构建责任体系。研究制定了《南阳市加快构建现代环境治理体系的落实措施》《南阳市委、市政府及有关部门生态环境保护责任清单》《南阳市蓝天保卫战实施方案》《南阳市污染防治攻坚 10 个专项行动方案》《贯彻落实〈关于推动职能部门做好生态环境保护工作的意见〉若干措施》等方案措施，明确各县（市、区）党委、政府和各部门的生态环境保护责任，积极构建党委领导、政府主导、部门联动、社会各界广泛参与的大环保格局。构建考评体系。制定《南阳市县（市、区）、乡镇（街道）环境空气质量排名暨奖惩办法》和《南阳市环境空气质量生态补偿办法》，严格考评，奖优罚劣、重奖重罚。每周对各县（市、区）、各乡镇空气质量进行通报，每月计算排名和生态补偿金额，对最后一名处罚 1 000 万元，主要领导要通过市主流媒体向公众做出承诺。2023 年以来，对县（市、区）累计大气生态补偿扣款 1.76 亿元，奖励 1.74 亿元。

二是突出“三个治污”，合力攻坚。突出精准治污。坚持目标导向，结合南阳独特的地理气候特点，冬季加强对工业企业、秸秆焚烧的管控，努力降低 $PM_{2.5}$ 浓度，减少重污染天数，春秋季节加强对施工工地、道路等的扬尘管理，精准施策、靶向治污。同时，优化执法监管，全面落实“多宣传、常提醒、真帮扶、慎处罚、少关停”，实施“企业安静日”“企业服务月（日）”等制度，精准帮扶，助企纾困。突出科学治污。高端借智，与中国环境科学研究院签订战略合作框架协议，聘请国内一流的大气环境精细化管理专家团队，建立日研判、周通报、月点评机制，实时研判分析空气质量，会商发布管控建议，实现大气环境精细化管理。设置中心城区四区、街道（乡镇）、社区（村）三级大气污染防治网格 343 个，分区域安装空气质量监测微型站 169 个，利用卫星遥感、激光雷达、走航监测、视频监控、大数据等技术手段构建空天地一体化监测体系，整合生态环境、住房和城乡建设、农业农村等部门的大气环境数据资源，创新搭建大气污染防治智慧平台，实现“一张图”动态可视化管理，全面夯实全市大气污染防治分析研判和调度指挥能力基础。突出联合治污。常态化开展区域联防联控，特别是中心城区和上风向的方城、社旗、新野、邓州等县市，每周进行空气质量研判，实施联防联控各项举措。在实施市域联防联控的同时，积极探索与湖北省襄阳市开展跨区域联防联控，签订框架协议，建立了大气污染联防联控工作机制，制定《南襄荆大气污染协同治理行动》，与襄阳市、荆门市在大气污染防治方面信息共享、远程会商、统一调度、同步应急、交叉帮扶，强化区域共治与协作。

三是落实“三个到位”，极限尽责。措施落实到位。开展常态化督导检查，累计整治取缔“散乱污”企业 1 000 余家，完成食用菌“双改”项目 153 个，新（改）建烟叶电能烤房 6 865 座，拆改燃煤散烧设施 885 台，查扣燃煤 58.25 t，取缔散煤点 8 个，完成 395 个省级重点治理项目，培育绿色生产绩效 A 级、B 级和绩效引领企业 82 家，实现“零”的突破，大气治理效果不断提升。铁腕整治到位。在全国率先专门设置 6 位副处级环保督察专员，不断增强环保督察力量，强化督察，严格执法。坚持无禁区、零容忍，开展砖瓦、炭素和涉挥发性有机物等行业企业治理、塑料污染治理、秋冬季重污染天气应急减排管控等专项行动，开展突出生态环境问题整改“利剑”行动，组织专班逐县区、过筛子查找问题，对违法问题铁腕执法，达到“查处一个、震慑一批、教育一片”

的效果，全市共下达行政处罚决定 342 件，累计罚款 1 110.86 万元。问责问效到位。严格落实印发的各项责任追究办法，2022 年以来，已对考核排名靠后的 4 个市直部门分管领导、2 个县区主要领导、11 个县区分管领导和 74 个乡镇（街道）主要领导进行了约谈，1 名市直部门主要领导、2 名县区主要领导和 2 名乡镇（街道）主要领导通过南阳电视台公开做出整改承诺。

积力之所举，则无不胜，众智之所为，则无不成。下一步，我们将学习借鉴各地好的经验做法。同时也欢迎各位专家、领导和嘉宾们多来南阳走走看看，多关注南阳，为南阳生态环境保护工作把脉献策、传经送宝，助力南阳建设更好更快。

高分子干法脱硝助力碳达峰碳中和

甘肃泰聚环保科技有限公司总经理 李京宁

近年来，一些地方为了持续改善空气质量和实现“双碳”目标，不断提高工业烟气排放标准。为了达到日益加严的烟气排放标准要求，生物质发电、垃圾发电、燃煤热电等行业的烟气处理技术、工艺和装置需要升级改造，其中，脱除氮氧化物是重点。

目前，成熟的脱硝工艺主要为传统脱硝工艺——SNCR+SCR（非选择性催化还原+选择性催化还原）联合脱硝工艺，此工艺在燃煤发电大机组锅炉上的应用非常成熟。但是，传统的 SNCR+SCR 联合脱硝工艺应用在垃圾焚烧炉和生物质锅炉上，也存在一些不足。比如，前期设备技改费用高、技改工期时间长、后期的综合运行费用高等。此脱硝工艺也存在个别技术缺陷，由于垃圾和生物质在焚烧过程中产生的钾和钠易于引起 SCR（选择性催化还原）催化剂中毒。一般来说，SCR 催化剂常规设计使用寿命为 3 年，但在实际运用过程中如果催化剂中毒后会导致脱硝效率降低，18 个月左右就需更换催化剂。另外，更换下来的催化剂是危险废物，给企业增加处理二次污染物的负担。

随着科研攻关，技术不断更新，目前行业内研发了高分子干法脱硝工艺。此技术工艺的技术标准为《垃圾焚烧电厂烟气高分子脱硝工艺系统技术规范》（T/ACEF 029—2022），已在垃圾焚烧锅炉、生物质锅炉、燃煤锅炉、碱回收炉，以及水泥、钢铁等行业成功应用。脱硝剂（图 1）采用固体粉末形态，粒径在 80 目左右。与固体颗粒（需经历膨胀、破碎、燃烧过程，反应时间长）相比，粉末与烟气接触面积更大，反应更充分、反应时间更短，同时具有脱硫的功效。高分子脱硝剂与氨水/尿素溶液比，不会额外消耗热量。

此脱硝剂以高分子材料为载体，把氨基成分聚合在高分子材料上形成粉状料剂。高温下氨基与高分子链接的化学键断裂，释放出大量的氨基，与 NO_x 反应实现脱硝，其最佳反应窗口为 850～950℃。针对垃圾焚烧炉，研究发现高分子脱硝剂所含的一些成分能够抑制二噁英，并同时具有脱硫的功效。

泰聚环保科技有限公司曾在垃圾焚烧炉、生物质水冷振动炉排炉有过成功案例，现把大致的投资成本、技改时长和运行费用等数据列举如下，供参考：

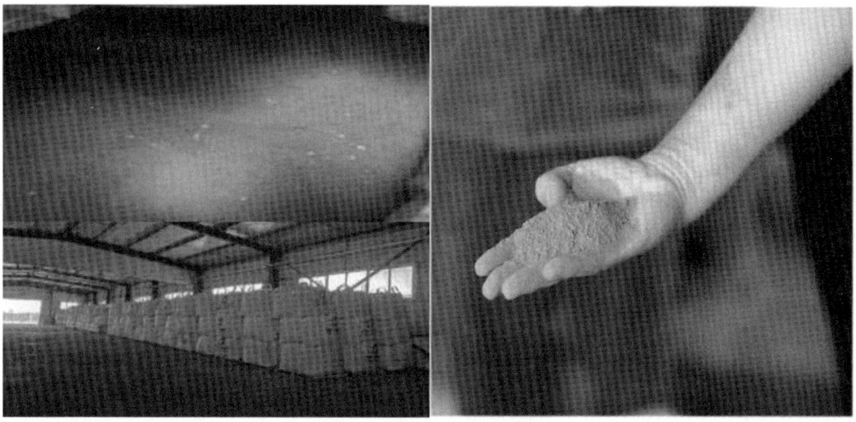

图 1　泰聚高分子干法脱硝剂

（1）以日焚烧 500 t 的垃圾焚烧炉为例：氮氧化物排放均值在 50 mg/m³ 以下，氨逃逸排放均值在 8 mg/m³ 以下，采用高分子干法脱硝工艺，设备技改投资 180 万元左右，技改工期 7～10 d，技改后焚烧 1 t 垃圾综合费用在 15 元左右。

（2）以 130 t 的生物质水冷振动炉排炉为例：氮氧化物排放均值在 50 mg/m³ 以下，氨逃逸排放均值在 8 mg/m³ 以下，采用高分子干法脱硝工艺，设备技改投资 180 万元左右，技改工期 7～10 d，全年按 8 000 h 运行计算，技改后脱硝全年综合运行费用 550 万元左右。

泰聚环保科技有限公司根据高分子干法脱硝剂的技术特点，研发了高分子干法脱硝剂输送设备（图 2）。该输送系统采用负压吸料、正压输送的方式将脱硝剂输送到炉膛合适的位置，实现了远距离、高扬程输送。物料在输送过程中完全密闭，不受气候条件影响，能确保物料不受潮，且连续、均匀、可控，有利于生产现场的环境保持整洁。

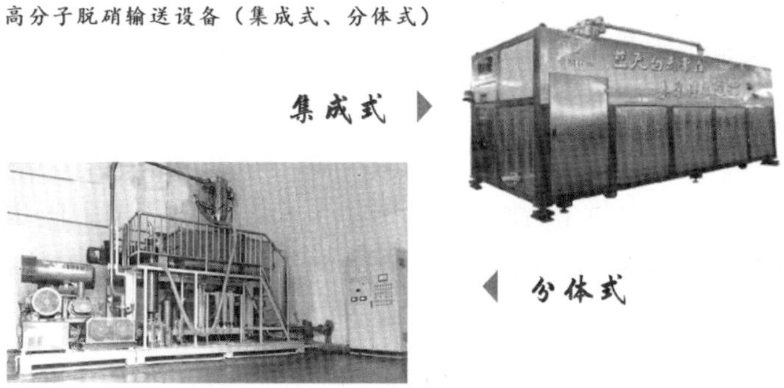

图 2　泰聚高分子干法脱硝输送设备

高分子干法脱硝工艺将发挥自身优势，立足新发展阶段，为企业早日实现“双碳”目标做出积极贡献。

工业涂装中心“绿岛工程”设计与实践

泰安乐邦环保科技有限公司运营总监 郭敏

近年来，全国各地面临有效治理大气污染，解决区域范围内VOCs无组织排放的环境难题。建“绿岛”、找“管家”的集中治理方式被广泛关注，类似的集中涂装中心的“绿岛”项目如雨后春笋般在各地兴起。

那么，“绿岛”项目的建设需要遵循什么原则？“绿岛”项目将会释放什么机遇？“绿岛”项目典型案例运营有哪些技术方法值得借鉴推广呢？

一、“绿岛”模式简介

“绿岛”：“绿岛”是一个通俗形象的称呼，在国家层面，它的名字叫作污染集中控制治理，是指由政府投资或政府组织多元投资，配套建有可供多个市场主体共享的环保公共基础设施，实现污染物统一收集、集中治理、稳定达标排放的集中点（片区）。

目前“绿岛”包括三类。工业“绿岛”：如区域性活性炭集中再生中心、溶剂集中回收处置中心、集中喷涂中心等；农业“绿岛”：如畜禽养殖粪污处理中心等；服务业“绿岛”：如餐饮油烟集中治理中心等。

“绿岛”模式推行政策符合性

1. 符合国家产业政策

本项目通过建立涂装中心，为产业提供集中涂装、涂料废渣处理和VOCs治理服务，解决本地区及周边相关制造业等涂装不集中、涂料废渣处置难、VOCs防治难以管理等问题。项目属于环境治理产业，属于《产业结构调整指导目录（2019年本）》鼓励类“第四十三、环境保护与资源节约综合利用”中的“15.‘三废’综合利用与治理技术、装备和工程”“20. 城镇垃圾、农村生活垃圾、农村生活污水、污泥及其他固体废弃物减量化、资源化、无害化处理和综合利用工程”“26. 再生资源、建筑垃圾资源化回收利用工程和产业化”，并且符合产业政策发展要求，属于国家鼓励发展的项目。

2. 符合国家“十四五”规划纲要的要求

《中华人民共和国国民经济和社会发展第十四个五年规划和2035年远景目标纲要》指出，加快推动绿色发展。强化绿色发展的法律和政策保障。大力发展绿色金融。实施绿色技术创新攻关行动。壮大清洁生产，聚焦现代环境保护等产业，推进重点行业和重要领域绿色化改造。

3. 符合山东省“十四五”规划和2035年远景目标纲要的要求

《山东省国民经济和社会发展第十四个五年规划和2035年远景目标纲要》指出，加快推动绿色低碳发展。实施绿色制造、节能降耗、循环发展行动计划，开展企业清洁生产领跑行动，对成效显著的进行奖补。

4. 符合国家环保产业发展政策

（1）《关于构建现代环境治理体系的指导意见》

中共中央办公厅、国务院办公厅2020年3月3日印发的《关于构建现代环境治理体系的指导意见》指出，要创新环境治理模式。积极推行环境污染第三方治理，开展园区污染防治第三方治理示范，探索统一规划、统一监测、统一治理的一体化服务模式。强化监测能力建设。

（2）《重点行业挥发性有机物综合治理方案》

生态环境部2019年6月26日印发的《重点行业挥发性有机物综合治理方案》也提出了工业涂装VOCs综合治理、工业园区和产业集群VOCs综合治理等。

（3）《国家发展改革委办公厅　生态环境部办公厅深入推进园区环境污染第三方治理的通知》

2019年7月11日国家发展改革委办公厅和生态环境部办公厅印发《国家发展改革委办公厅　生态环境部办公厅深入推进园区环境污染第三方治理的通知》也明确指出，积极推行环境污染第三方治理，培育第三方治理新模式，形成园区环境规划、环境质量监测、企业污染治理等一体化治理模式。

二、案例分享：工业涂装中心绿岛

（一）涂装中心项目介绍

鲁中环保智能涂装中心年涂装80万台（套）配件项目，解决鲁中地区喷涂行业“散乱污”问题及为周边配套喷涂服务。项目总投资4.69亿元，总占地面积96 000 m^2（约144.0亩），总建筑面积约77 915.9 m^2，厂内布置联合车间、加工车间、联合站房、综合楼、消防泵房、仓库等各1座，以及停车场1处，其中联合站房内设空压站、变电所、冷冻站、污水处理站、危险废物暂存间、固体废物库等。

项目建设车厢、驾驶室等汽车部件涂装线1条，起重机、车桥涂装线各1条，汽车塑料部件涂装线1条，环保车间漆渣回收利用生产线1条，建成后年产车桥涂装20万台（套）、卡车驾驶室涂装3万台（套）、货车车厢涂装12万台（套）、商用车外饰件涂装5万台（套）、起重机涂装0.6万台（套）、泰开产品（变压器外壳、电器控制箱等）涂装2万台（套）、其他汽车配件涂装37.4万台（套）。

（二）公司介绍

泰安乐邦环保科技有限公司创建于 2003 年，公司已经发展为一个多事业板块集团化企业，公司坚持涂装涂料环保一体化循环经济体发展模式。目前公司业务涵盖专业化涂装生产服务、工业涂料生产经营、漆渣资源化利用和环保处理中心等。

公司秉承“让客户省心放心，为客户省力省钱”的经营宗旨，以其先进的技术特色、稳定的产品质量和完备的应用服务体系赢得了众多客户的青睐。

（三）公司环保治理思路

1．建立 VOCs 监测监管体系

结合园区的地理位置、布局、气象数据等，不定期开展 VOCs 特征污染物监测，第一时间摸清 VOCs 排放浓度及达标情况。

2．实施全程 VOCs 污染防治

（1）重视源头减排，落实水性漆替代油性漆，从源头治理喷涂中 VOCs 的无组织排放。

（2）持续推进清洁生产，优化和改进生产工艺技术，确保绿色生产，实现 VOCs 的控制与减排。

（3）实施 VOCs 末端治理，通过高效负压收集，加强有组织工艺废气治理，制定末端治理技术路线。

（4）控制非正常工况污染，将突发性 VOCs 泄漏防范和处置措施纳入企业应急预案体系。

3．选择高效 VOCs 治理技术

采用日本倪嘉斯 VOCs 先进处置技术，处理效率高达 99.7%以上。

4．创新推进漆渣资源化再生技术

真正实现危废资源价值吃干榨净，循环利用。

（四）案例项目特点

1．产业配套

鲁中地区是起重机械、工程机械、煤矿机械、汽车部件等产业相对集中的工业区，其中泰安市羊流镇是我国起重机产业集中地，但部分企业涂装环节存在“门槛低、能耗高、污染大”等问题，未来对专业环保的涂装配套需求较大。本项目可为泰安市起重机械及汽车产业链企业提供集中涂装服务，实现“智能高效、资源配套”的目标，补齐产业链条短板弱项。

2．共享工厂

项目集各类先进喷涂工艺于一体，突破了单一工厂、传统喷涂等作业局限。可为制造业企业提供专业化、定制化涂装产品，已与中国重汽、吉利集团、鲁能泰山、山东鲁

工、龙辉起重等大型汽车行业及机械制造行业企业达成合作协议，有效减轻了企业投资压力、环保压力，实现资源共享、合作共赢。

3. 绿色环保

引进世界顶级倪嘉斯 VOCs 治理系统，采用“沸石转轮+RTO 焚烧”工艺，喷涂作业中的废气、废尘处理效率达 95%，达到排放标准，全面达产后每年减少 VOCs 排放 1 700 余 t。自主研发的全国首套漆渣回收再利用系统，将漆渣回收处理再利用，制造木塑板、镁水泥工艺品、胶类制品等，实现资源循环利用、价值吃干榨净。

4. 服务输出

公司拥有世界上最先进的废气处理和全国首台套废渣处理设备，专业打造涂料涂装环保一体化服务制造平台，为工业园区提供最优的废气、废尘环保处理及资源化循环利用整体解决方案，是鲁中地区的“绿岛”工程项目。已与陕西宝鸡、潍坊诸城、江苏徐州等地园区达成战略合作，走出“总部经济+全国推广复制”商业模式输出新路径。

（五）案例项目功能定位

积极响应国家“双碳”目标，致力于为解决园区“四大污染”中废气和废尘提供环保服务（四大污染为废水、废气、废尘和噪声），公司拥有世界上最先进的废气处理设备和全国首台套废渣资源化利用设备，可以提供专业高效的服务。

1. 废气污染防治

为贯彻落实习近平总书记“绿水青山就是金山银山”的理念，解决鲁中地区制造业涂装散乱污问题，生态环境部和财政部投入专项资金 1 599 万元，扶植鲁中环保产业园高标准规划建设，引入全球最先进的倪嘉斯 VOCs 废气处置转轮设备，VOCs 均采用负压高效收集，VOCs 处理效率达到了 95%，解决园区行车和 300 km 以内的涂装废气问题。

2. 废尘污染防治

从油漆制造、施工、回收、再利用一条龙产业链将原料价值最大化，把污染排放“吃干榨净”。案例项目为力争零排放的服务平台，是循环再利用工程，是山东省重大科技创新项目，拥有第一条工业化的漆渣资源化利用生产线。科学技术部和财政部给予的 1 040 万元扶持资金，是对企业绿色低碳转型的巨大支持。

三、下一步展望

集中涂装中心“绿岛”模式是未来涂装废气和废渣处理的发展方向，在“绿岛”项目中秉持固废资源化理念更是未来固废处置的主要方向，所以建设具备无废工厂标准的“绿岛”项目可能是实现循环经济、节能减排的有效路径。

“绿岛”项目的治理设施是集中高效的，要实现整体治理水平的有效提升和污染物的大幅度减排。而其集中化、减量化、资源化的特点正是环保治理的方向。

本案例比较典型，形成了水性涂料生产—涂装生产施工—涂料废渣再生—再生粉体材料应用四个环节，形成了相对完整的成套技术，建成了示范工程生产线，技术与装备可复制、推广，实现了从“散乱污”涂装到集中治理的转变，以及涂料废渣由无害化处置向资源化利用的转变，引领了行业发展。

未来一是可以加快行业内推广、提升，实现更大的经济与社会效益。二是要建立健全行业标准体系，起草制定相关指导性标准，打造集中涂装中心“绿岛”模式标准体系，推动行业规范化、标准化发展。

人工智能和遥感技术在大气环境管理中的研究与应用

中国生态文明研究与促进会常务理事，
中科宇图科技股份有限公司董事长、教授级高工　姚新

大气污染治理是中国生态文明建设的组成部分，也是提高人民群众新时代蓝天幸福感的重点生态环境保护工作之一。党的十八大以来，我国以前所未有的力度向大气污染宣战，从“雾霾重重”到“蓝天常在”，全国空气质量改善工作取得了历史性成就。但随着污染治理的深入，我国污染物减排空间逐渐收窄，末端治理的减排难度日益增大，必须寻求新路径、新方式推动污染物的减排。在新的形势需求下，中科宇图科技股份有限公司以遥感技术为基础，积极探索人工智能大模型，赋能空气质量精准管理与执法监督。现将相关技术研究做如下介绍。

一、技术研究背景与需求

（一）生态文明建设新篇章的政策引领

习近平总书记曾在全国生态环境保护大会上强调：要加强科技支撑。深化人工智能等数字技术应用，构建美丽中国数字化治理体系。在多部委联合印发的《重污染天气消除攻坚行动方案》中也提到，充分运用污染源自动监控、工业用电量、车流量、卫星遥感、热点网格等远程信息化技术手段，强化数据分析技术应用，提升监管效能。

（二）生态环境监测新进展的建设需要

根据《“十四五”生态环境监测规划》要求，要深入落实《生态环境监测网络建设方案》，建成符合我国国情的生态环境监测网络。我国国土面积幅员辽阔，地大物博，受地域、资金、监管等多因素限制，国省控标准站点不足一万，如何精准、全面捕捉小微区域污染症结，是现实难题。

（三）生态环境执法新格局的迫切要求

大气环境污染涉及面广、源类复杂，各地环境执法人员因人力、精力等因素难以全面精准掌控局势，更需要利用大数据人工智能技术挖掘污染因子与污染源排放之间的内在关联，帮助环境执法人员找到源头，真正实现高效执法、精准执法。

二、人工智能和遥感关键技术研究

（一）多源数据融合技术

多源数据融合是将与环境有关的多源异构数据进行综合挖掘，提取统一的且比单一数据更好、更丰富的信息。

考虑到大气环境影响因素的复杂性，该技术融合了包含气溶胶光学厚度（AOD）数据、环境站数据、气象数据、排放数据、经济数据等数据在内的十余个大类，数百个变量；同时，根据需求，可融合污染源在线数据、用电数据、高密度站数据等更为丰富的相关数据，通过建立多源数据集，对模型进行训练和优化，最终将与目标对象有关联的异构数据进行同化分析，以使得到的目标结果更加准确、可靠。

（二）智能大气遥感反演技术

卫星遥感作为区域性污染监测的科技重器，已在环境领域展开广泛研究应用，但不同卫星遥感数据时间和空间尺度不一，如何协同应用是当前的技术难题。

智能大气遥感反演技术，以人工智能深度学习算法为核心，构建遥感数据智能反演模型，将不同时空分辨率的卫星数据统一到同尺度下，同时考虑云雨等天气影响，在算法中同时加入精细化数值模拟和地面监测数据，最终通过深度学习算法对各结果数据进行融合分析，得到时空尺度更精确、更连续的网格结果。

（三）人工智能双引擎择优预报技术

空气质量预报技术是大气环境管理的关键支撑，但传统数值预报因受源清单的不确定性影响，预报准度和迭代速度难以满足管理需求。

人工智能预报技术利用深度学习算法挖掘各影响因子与污染物浓度潜在关系，通过在污染物浓度与历史多年的气象、排放、污染源等数据间建立特征关联，得到本地化人工智能预报模型。同时，人工智能预报模型可结合实时预报数据进行滚动训练优化，自动矫正算法，充分保证预报数据的准确性。

同时，人工智能预报模型可同步融合数值预报结果，通过深度学习算法对不同类型的预报数据进行智能择优，输出更加准确、更具价值的数据。

（四）热点网格识别与溯源技术

基于多源数据融合、智能遥感反演技术体系，可实现全国 1 km 网格的逐小时颗粒物连续监测。通过建立热点网格算法和报警规则引擎，能动态识别热点网格和报警网格分布。同时，以热点网格和报警网格为监管对象，通过建立满屏跳算法、超常态算法等智能分析算法，可以识别网格内企业异常行为，真正做到大气环境管理由粗犷到精细、由方向到点位的转变。

三、技术研发成果与应用

（一）建立了大气环境多源数据分析系统

该系统依据与环境信息化相关的数据标准规划、国家环境空气质量相关标准规范等，对海量环境监测数据进行融合分析，形成智能化大气环境数据分析体系。可实现对环境数据的基本管理与智能推送，包括实时数据动态预警、污染等级管理分析、多源数据趋势对比等；基于大气环境污染过程分析需求，建立特征分析工具集，包含污染特征分析、时序热值分析、关联分析等，能促进大气环境分析更加科学、精准、便捷。

（二）建立了人工智能预报预警系统

通过建立空气污染预报的深度学习模型，找出隐含于各影响因子和污染物浓度之间的规律，设计最佳网络结构。同时在执行预报流程时，考虑下一时刻的气象预报数据，以及上一时刻污染浓度和气象因素影响，增加预报模型的合理性，提高预报结果的可靠性和精度。

通过人工智能预报系统建设，实现区域城市、站点短临 24 小时和未来 7 天的空气质量指数（AQI）、$PM_{2.5}$、PM_{10}、SO_2、NO_2、CO、O_3、污染等级和首要污染物预报，真正辅助环境管理提前部署决策。

（三）建立了热点网格精细化管理系统

基于热点网格识别和溯源技术，建立了热点网格精细化管理系统，通过建立符合本地化管理需求的热点网格识别算法，实现对热点网格的识别和报警分析。并通过热点网格、报警网格与企业在线监测、用电量、视频监控等数据关联分析，揪出对网格产生重要影响的关键源头，精准执法。通过热点网格系统建设，真正实现监测全覆盖、监管全时段、监察全角度，千米锁区、百米锁源、米级定位，高效、精准、科学治污。

（四）建立了智能化分析报告系统

基于空气质量管理过程中的方法与措施，以及在大气环境管控中不同的管控场景、支撑数据，建立一套本地化管控规则库，如气象条件管控规则、预报预警管控规则、企业异常管控规则、污染特征管控规则等，并根据规则库建立全场景的管控措施库，如重污染天气预警、临时应急管控、扬尘源管控、$PM_{2.5}$ 专项管控、O_3 专项管控等的措施库。系统可根据日、周、月等周期的空气质量监测数据，自动生成模式化的空气质量分析报告，并根据规则库与措施库，自动化输出管理建议。真正助力基层环境管理人员实现线上线下一体化、前端后端多元化的现代化工作模式。

四、未来技术展望

提升人工智能网格反演精准度。以卫星遥感和地面监测数据为基础的热点网格技术体系的建立，受遥感数据和数值模拟的不确定性影响，在算法提升方面仍有不足。根据相关调查研究，笔者认为，利用降尺度和超分算法可有效解决这一问题，降低数值模拟的依赖，并通过对抗式生成网络，进一步填充像元数据。

探索热点网格与智能无人值守融合技术。热点网格依靠其强大的数据覆盖和计算能力，可精准捕捉高排放网格、异常排放网格，但仅依靠人工仍难以全面提高执法效率。无人机作为环境监测领域的新宠，随着智能值守无人机巢搭载环境监测仪器技术体系的出现，更具竞争力。通过建立“热点网格—智能报警—信息推送—无人执勤—监测反馈”的一体化流程，可提升在环境管理过程的实效性及空间分析能力，使环境执法更加智慧。

近地面雷达/超光谱数据融合应用技术。作为地面精细化溯源技术的代表，环境激光雷达、超光谱分析仪借助其突出的污染溯源能力，解决了许多难以精准定位的污染源问题。针对建成区热点网格体系，若能充分融合激光雷达、超光谱的实时分析数据，对热点产生的源类进行进一步分析模拟，则可更加精细化地指导环境管理。

十、企业生态文明建设论坛

在中国生态文明论坛济南年会企业生态文明建设分论坛上的致辞

济南市人大常委会副主任　王勤光

尊敬的各位领导、各位嘉宾、各位企业家朋友：

大家上午好！

深秋时节硕果盈枝，在这满是收获的季节，我们相约在美丽的泉城济南，共同出席企业生态文明建设论坛，畅叙友情，畅谈合作，畅想未来，至此我向各位领导和各位嘉宾的到来表示热烈的欢迎，向长期以来对济南生态运文明建设给予的关心与支持表示衷心的感谢。

生态文明建设是关系中华民族永续发展的根本大计。在习近平生态文明思想指引下，济南坚决落实习近平总书记对山东、对济南工作的重要指示要求，完整、准确、全面贯彻新发展理念，把生态文明建设摆在重要位置，生态济南绿色基调愈加浓厚，人与自然和谐共生的美丽画卷全面铺开，先后获得“国家园林城市”“国家森林城市”“全国水生态文明城市”等荣誉称号。2023 年 1—9 月，全市环境空气质量综合指数为 4.42，与“十四五”基数相比，细颗粒物浓度改善 27.1%，空气优良天数比例增加 0.3 个百分点。水环境质量显著提升，国、省、市控断面和城镇级饮用水水源地水质 100%达标，国控断面水质 100%优于III类水体，优于省定目标 30 个百分点。建设用地土壤安全利用有效保障，地下水环境质量总体稳定，无重大突发环境事件发生。

近年来，济南全力推进绿色低碳高质量发展，积极支持企业生态文明建设。我们靠前服务保障重大项目，出台服务项目建设促进经济高质量发展 22 条措施，将年度省、市、县重点项目纳入环评审批服务保障台账，“一对一”精准对接，“一企一策”提供许可服务，100%纳入绿色通道并联提速。我们科学精准应对重污染天气，624 个保障性工程、208 家保障类企业执行保障政策，17 家 A 级企业、引领性企业不限产，138 家 BC 级企业降低限产幅度。我们积极推进环保产业发展，起步区成功入选国家整体清洁生产审核创新试点，明水经济开发区获批开建省级生态工业园区。

企业是建设生态文明的重要力量，在座的各位企业家作为决策者和掌舵人，应深入贯彻习近平生态文明思想，聚焦主责主业，履行生态文明建设的责任使命，将生态文明理念落实到生产经营管理的各个环节。希望大家科学制定经营策略，主动思考、科学谋划产业结构和发展方式，积极规划节能环保、清洁生产、清洁能源等绿色发展项目，实现发展与保护齐头并进。希望大家厚植绿色发展优势，坚守生态环境保护红线、严守环境质量底线和资源利用上线，以科技创新赋能绿色发展，加快基础设施转型升级，充分提高资源利用效率，减少污染物排放。希望大家营造绿色企业文化，持续加大生态环境保护理念宣传，教育引导员工转变观念，倡导绿色低碳生活方式，推广绿色出行方式，形成崇尚生态文明的社会新风尚。

各位嘉宾、各位朋友！推动企业生态文明建设意义重大、影响深远。2023年召开的全国生态环境保护大会，指明了未来五年的生态文明建设方向，为我们提供了理论指引和根本遵循。本届生态文明论坛在济南举办，为深化生态文明领域交流合作，搭建了广阔的平台，创造了难得的机遇，也给济南提供了展示生态文明建设成效的宝贵窗口。诚挚欢迎各位企业家朋友，在济南多走走看看，体验一下“四面荷花三面柳，一城山色半城湖”的生态美丽泉城。我们愿以此次论坛为契机，与大家加强交流对接、深化务实合作，推动实现互利共赢、共同发展。

最后，预祝本次论坛取得圆满成功！祝愿各位领导、嘉宾身体健康、事业兴旺、阖家幸福！

谢谢大家！

在中国生态文明论坛济南年会企业生态文明建设分论坛上的致辞

生态环境部对外合作与交流中心副主任　丁丁

对外合作与交流中心（以下简称中心）是生态环境部直属事业单位，于 2019 年 1 月，由原环境保护部环境保护对外合作中心和原中国-东盟环境保护合作中心融合组建，同时加挂环境公约履约技术中心、中国-东盟环境保护合作中心、中国-上海合作组织环境保护合作中心和澜沧江-湄公河环境合作中心。中心在政策研究、国际公约履约、区域及双多边合作、产业技术交流及能力建设等领域为生态环境部开展国际合作提供支持与服务，是中国生态环境保护对外合作与交流的重要平台。其中，环境国际公约履约是我们非常重要的业务工作之一，而《关于持久性有机污染物的斯德哥尔摩公约》就是其中一个重要公约。中国作为公约缔约方之一，在过去 20 年中积极履约，参与各项公约议程，为全球持久性有机污染物（POPs）的淘汰行动，推动构建人类命运共同体，维护公平合理、合作共赢的全球环境治理体系贡献了中国方案和智慧，得到了各国的一致认可。

为切实履行公约，落实《中华人民共和国履行〈关于持久性有机污染物的斯德哥尔摩公约〉国家实施计划》分区域开展履约活动的战略要求，我们与联合国工业发展组织共同组织实施了“基于区域生态效益的 POPs 和有毒化学品管理项目”。项目旨在通过开展区域内典型工业价值链 POPs 和有毒有害化学品减排和全生命周期管理示范，探索建立基于生态效益的循环经济模式，提高区域生态效益，在产品的全生命周期过程中，采取洁净、低碳、循环的综合治理方式，实现不断增长、包容的可持续发展。

项目选择了天津市和山东省东营市两个地区作为示范市，并分别与两地签署了合作框架协议。天津市结合“从摇篮到摇篮”“循环经济”“清洁生产”“绿色制造体系”的相关要求，创新性地提出了适合天津市的基于区域生态效益的 POPs 和有毒化学品管理模式，并在产业园区及铅酸蓄电池生产和回收企业进行示范推广，取得了良好的成效，为天津市“十四五”规划和《新污染物治理行动方案》的编制提供了实践基础。同时，东营市在固体废物全生命周期管理智能化支持平台和石油行业碳捕集、利用与封存技术，以及行业绿色可持续发展等方面开展示范，项目成果将为东营市“双碳”行动的开展提供有益借鉴。此外，项目还组织开展了基于生态效益的产品、园区和企业生态文明的认证体系建设，推动了企业环保信用评价体系构建的研究，从制度建设到产业示范，构建点面结合、多层级、多区域的生态文明示范建设格局，全面推进生态文明建设示范工作。

生态文明建设和可持续发展是紧密相关的。生态文明建设作为关系中华民族永续发展的根本大计，党中央、国务院高度重视生态文明建设，生态环境部多年来统筹推进生态文明建设“五位一体”总体布局，在全面构建生态文明建设体系、持续推进区域生态文明示范建设、推动绿色发展转型等方面，取得了巨大的成就。希望在座各位企业家能积极参与到工业企业生态文明建设的规范编制和企业认证中，充分发挥各个省（区、市）的产业优势、环境优势，以天津市、山东省等地方企业为代表，把习近平总书记指明的生态文明建设路线图变成施工图，形成一批具有先进性、代表性的生态文明企业。深入推进生态文明建设示范创建，将国际公约履约与新污染物治理等生态环境保护要求相互融合，统筹兼顾、科学布局，在产业能源结构调整、污染治理、生态保护多个目标中找准工作切入点、发力点和平衡点，协同推进降碳、减污、扩绿、增长，努力实现环境、经济、社会效益多赢。以更高站位、更宽视野、更大力度来谋划和推进生态环境保护工作踏入新征程，谱写新时代生态文明建设新篇章。

坚持绿色低碳发展　建设生态文明强企

山东钢铁集团有限公司党委委员、副总经理　王向东

山东钢铁集团有限公司（以下简称山钢集团）是山东省属国有重要骨干企业，成立于 2008 年 3 月 17 日，注册资本 111.93 亿元，企业信用等级 3A，具有年产 3 000 多万 t 钢的生产规模，工艺技术和装备达到国内领先水平，连续五年跻身中国钢企综合竞争力排名 A+（竞争力极强）行列。主要钢铁产品覆盖板带、板材、型钢、特钢、建材五大系列，涵盖高端装备、海洋工程、汽车用钢、电站锅炉、轨道交通、白色家电、石化装备、工程机械等重点领域，是全国著名的宽厚板、带钢、H 型钢、优特钢和高端建筑用钢生产基地，企业产品畅销全国并远销 70 多个国家和地区。

山钢集团作为山东省钢铁产业链“链主”企业和黄河流域九省（区）最大的钢铁企业，始终服务并践行国家重大战略，牢固树立“低碳清洁、绿色山钢”环保理念，坚决把生态环境保护视为生存发展的“生命线”，积极响应国家“双碳”目标，坚定不移走“绿水青山就是金山银山”绿色生态发展之路，全力打造绿色低碳发展行业新标杆。

山钢集团及下属单位荣获“国家级绿色工厂”“全国冶金绿化先进单位”“水效‘领跑者’”“中国钢铁工业清洁生产环境友好型企业”“绿色发展标杆企业”“山东省资源综合利用先进单位”“环保诚信企业”“山东省节水标杆单位”等荣誉称号。

一、聚力攻坚，全域推进超低排放

近年来，山钢集团环境治理累计投资达 140 多亿元，通过源头控制和末端治理，全流程、全覆盖、全方位实施超低排放改造，主要污染物排放持续降低，超低排放效果处于国内第一梯队，实现了从“环保解困”向“环保决战”再到“环保领先”的本质性转变。日照岚山基地 2020 年获评山东省钢铁行业首家环保绩效 A 级企业；济南钢城基地莱芜分公司焦化厂 2020 年获评山东省焦化行业首家环保绩效 A 级企业、银山型钢公司 2022 年环保绩效被评为 A 级。2023 年年底前，山钢集团将成为山东省首家全域环保绩效获评 A 级的钢铁企业。

搭建超低排放管控治理一体化平台，实现有组织、无组织排放控制治理设施集中管控。实施无人机环保督察监控；雾炮鹰眼、天雾抑尘系统实现预测、预知、预判智能管控。

建立自主环保监管模式和监控体系，配备废气排放、环境空气质量等监测设备，对各类指标进行实时监控。主要污染物及特征污染物排污总量均低于政府许可排污量，

2023 年吨钢氮氧化物、二氧化硫和颗粒物排放量分别为 0.237 kg、0.13 kg 和 0.224 kg，呈逐年下降趋势，达到清洁生产一级水平。

二、极致利用，提高资源循环效率

持续提升余热余压、煤气、水等资源再回收利用率，煤气近零排放。强化废弃物减少、再利用、回收（3R）管理，2022 年固废综合利用率达到 100%，努力打造“无废工厂”，助力“无废城市”创建。开展低碳前沿技术研究应用，紧跟全氧富氢低碳冶炼、直接还原氢冶金、二氧化碳捕集、利用与封存技术（CCUS）等突破性冶金技术的发展。

济南钢城基地开发利用高炉冲渣水、发电机循环水等低品质工业余热为城市居民供暖，提高余热余能综合利用率，城区供暖面积已达 650 万 m^2，可替代供暖耗煤 13 万 t/a，减少二氧化碳排放量 26.6 万 t/a。

济南钢城基地自主研发脱硫渣提取石墨碳工艺，实现了脱硫渣加工工艺的新突破，该技术为国内首创。具有年处理脱硫渣 10 万 t 的能力，每年可提取纯度大于 90%的石墨碳 3 000 t 以上。

极致利用水资源，日照岚山基地采取海水淡化造新水、串级利用省新水、先进技术再节水等措施，实现废水零外排，2022 年被评为山东省节水标杆单位和国家级“水效‘领跑者’”。

三、以人为本，守护生态文明

按照“高于标准、优于城区、融入城市”的要求，系统推进企业“三治四化”环境建设，全力打造城市钢厂绿色发展样板，加快形成“废气超低排、废水零排放、固废不出厂”的绿色发展格局，全力创建资源节约型、环境友好型工业旅游企业。

济南钢城基地积极打造“花园式”工厂，荣获“国家级绿色工厂”荣誉称号，所在的钢城区环境质量改善率和排名位居济南市前列。日照岚山基地完成绿化面积 200 万 m^2，2023 年成为山东省钢铁行业首家 AAA 级旅游景区。

四、低碳转型，深耕绿色产品制造

山钢集团实施“一绿一黄一蓝”战略，坚定走高效、清洁、低碳、循环的绿色发展道路。坚持绿色设计，推进绿色制造，打造绿色低碳钢、黄河钢、蓝色海洋钢等绿色高端产品，更好地发挥绿色绩效支撑作用，引领企业高质量发展。

日照岚山基地管线钢产品被评为绿色产品，成功应用于中石化青宁输气管道项目、中石化皖北输气管道项目等国家重点工程；抗酸管线钢实现批量稳定供货，广泛应用于酸性介质的工程项目。

日照岚山基地生产的高强钢应用于 4 000 t 履带式起重机、2 600 t 轮式起重机、4 000 t 浮式起重机、12 m 液压支架，为国产装备走向世界贡献了山钢力量。

实施钢化联产，在国内钢铁行业中成为首家采用焦炉煤气、工业氮气生产液化天然气（LNG）、合成氨，实现了焦炉煤气全部转化为清洁能源产品，每年为社会提供 LNG 20 万 t、合成氨 8.5 万 t，处于国内领先水平。

提升绿色制造水平，开展绿色产品生命周期评估（LCA），2023 年完成连退、镀锌、酸洗三种冷轧钢材产品环境声明报告（EPD）的发布。

各位领导，各位同人！中国生态文明论坛是推进钢铁企业生态文明建设向纵深发展的重要纽带和强力支撑。山钢集团将快速落实“生态文明 • 济南宣言”，借助中国生态文明研究与促进会的生态发展平台，携同各行业领军企业及合作伙伴，共同探索、迭代“零碳”之道，完善公司绿色低碳供应链高质量发展目标，持续开拓结构优化、效能提升、技术减排、产品创新等低碳路径，在走向“零碳”的道路上，携手同行，共赢未来。

中国绿发：践行生态优先、绿色高质量发展之路

中国绿发投资集团有限公司党委委员、副总经理 付明翔

党的十八大以来，我国将生态文明建设放在全局工作的突出位置，创造了举世瞩目的生态奇迹和绿色发展奇迹，奋力谱写着人与自然和谐共生的中国式现代化新篇章。中国绿发投资集团（以下简称中国绿发）作为以绿色发展为主题的中央管理企业，积极响应生态文明建设要求，大力推动绿色低碳转型，布局绿色能源、幸福产业、低碳城市和战略性新兴产业投资，全面服务国家战略。

绿色能源产业布局 12 个省（区），运营、在建项目 65 个，装机容量 2 088 万 kW，年发电量 100 亿 kW·h，到“十四五”末，预计建设运营装机容量 3 000 万 kW。

幸福产业运营 40 家酒店，10 家商业及写字楼项目，5 家文旅项目，6 家区域物业及高端物管公司，获得 33 项绿色饭店、绿色商场相关奖项。

低碳城市产业，发展 30 年，布局 27 个城市，达到 100%绿建认证，取得绿建认证 196 项，认证面积超 2 000 万 m^2，健康建筑认证 36 项，认证面积近 4 000 万 m^2。济南领秀城获评“全球绿色示范社区”，与中国建设科技集团股份有限公司等获批共建国家建筑绿色低碳技术创新中心。

战略性新兴产业，积极推进世界最大容量液化空气储能设备、自同步电压源友好并网技术、熔盐储热储能设备、锂离子电容器等的研发应用，助力构建以新能源为主的新型电力系统。

习近平总书记在 2023 年 7 月召开的全国生态环境保护大会上强调，今后 5 年是美丽中国建设的重要时期……要牢固树立和践行“绿水青山就是金山银山”的理念……推动城乡人居环境明显改善、美丽中国建设取得显著成效。中国绿发将深入贯彻习近平总书记重要讲话精神，积极参与生态环境保护，全力打造绿色低碳示范企业，奋力担当在中国式现代化进程中的新使命责任。

一、对标生态文明建设要求，建立生态环保管理体系

为全面规划“十四五”期间生态环保工作，我们制定了“十四五”生态环保专项规划纲要。编制了《生态环保管理办法》《生态环保责任制度》等规章制度。开展了覆盖全产业的生态环保监督检查，重点督查生产现场生态环保合规性和贯彻落实情况。

二、强化全生命周期管控，严守生态环境综合质量

在项目前期，严格遵守生态保护红线，坚持绿色低碳设计理念，制定生态环保措施。依规办理水土保持、节能评审、环境影响评价、污染排放许可等手续。如在江苏如东的 20 万 kW 海上风电项目中，中国绿发优化风机选型设计，减少占用养殖用海，避让鸟类迁徙通道，远离江苏盐城国家级珍禽自然保护区，切实保护海洋生态环境。

在项目建设阶段，践行绿色施工，落实现场环保措施，采取绿色工艺，打造绿色、干净、整洁的标准化工地。如在长白山鲁能胜地开发过程中坚持“路要修，树也要留”的原则，项目建成后森林覆盖率高达 84%，项目所在地获评“绿水青山就是金山银山”实践创新基地。

在项目运营阶段，严格落实环境影响评价、水土保持方案要求，对建设过程中造成的生态破坏做好恢复和修复工作。如在千岛湖华美胜地，通过治理内湖富营养化水体、修复消落带、补种植物、迁地保护等方式，对项目内 1.3 万亩水域、陆域进行了系统生态治理修复，成功入选联合国“生物多样性 100+全球典型案例”，获得了“2022 年度国家级水土保持示范园”的称号。

三、顶层设计和试点引领相结合，切实推进生物多样性保护主流化

中国绿发完成了青海格尔木多能互补、千岛湖华美胜地、济南领秀城、重庆星城外滩项目等的生物多样性保护试点示范。下一步，我们将在全企业、全业态、全场景推广生物多样性保护修复和可持续利用。在绿色能源产业方面，我们将尽力减少对生态系统的干扰，将对生物多样性及生境造成的影响降到最低。推广“绿色能源+”模式。因地制宜开展“林光”“农光”“渔光”互补项目建设，探索推进“产业+生态修复”模式。设立生物多样性常态化监测样地，用数据支撑生物多样性保护和科普宣传工作。在幸福产业方面，我们将把生物多样性植入产业规划，因地制宜实施生物多样性保护与可持续利用策略。推行可持续发展运营管理，实施零废弃社区、零碳园区等建设行动。加强生物多样性宣传教育，引导公众成为宣传教育的主力军。延伸生物多样性产业链，引入生态农业、自然教育、生态研学等产业的项目。在低碳城市产业，我们将开展绿色规划设计，构建生物多样性空间体系。推广绿色基础设施，提升城市生物多样性。打造社区韧性景观，优先选用乡土物种，提升物种丰富程度。引领绿色生态行动，共建共享生物多样性友好的绿色社区。

展望未来，中国绿发将全力推进生物多样性保护工作。到“十四五”时期末，将生物多样性保护融入生产经营全过程，从保护自然中寻找发展机遇，努力实现保护与发展的双赢，成为中央管理企业中生物多样性保护的“领跑者”。也欢迎行业内伙伴们携手合作，为建设美丽中国，实现人与自然和谐共生的中国式现代化不懈前行！

平阴县企业ESG评价工作探索

平阴县发展和改革局 宋勇
济南市生态环境局平阴分局 尹翀

平阴县位于济南市西南部，是黄河流经济南市第一县，总面积715 km^2，被誉为“世界阿胶之源”“中国玫瑰之都”“齐鲁泉水之乡”。近年来，平阴县深入贯彻落实新发展理念，以ESG可持续发展评价体系为抓手，全力做大做强高端装备零部件、碳材料、绿色建材、大健康“两优两特”产业集群，目前县内拥有全球生产规模最大、品种规格最全、销售区域最广的管路连接件生产基地，亚洲最大的液态奶生产基地和国内最大的商用预焙阳极生产基地。现将相关情况简要介绍如下。

E——环境保护，推动产业绿色发展全面加速。为充分激励广大企业奋斗热情，更好地担负起绿色低碳高质量发展使命，我们借鉴了ESG可持续发展评价体系，结合平阴企业发展实际，实施企业绿色提升行动，开展了县域工业企业ESG评价工作，在工作中将环境保护指标放在首位，选取工业企业主要污染物排放、能耗、用水，亩均营业收入、税收，社会捐赠、就业贡献，科技创新、人才引进等22项指标赋权赋分，持续推动企业转型升级、绿色低碳发展。关停整治“散乱污”企业269家，打好污染防治攻坚战，18家重点涉气企业进行深度治理，完成山水水泥超低排放改造，7家碳素企业投资12.5亿元进行环保提级改造。玫德集团、伊利乳业等37家企业被命名为国家级、省市级绿色工厂。与2020年相比，2022年全县煤炭消费量压减19.4万t；万元GDP能耗累计下降41.3%，超额完成下降17%的目标任务。

S——社会责任，推动企业公益事业全面深化。平阴县强化结果运用，激励企业重视ESG可持续发展评价，组织工业和信息化、财政、税务、生态环境、自然资源等部门，在政策支持、要素保障、规范引导、社会宣传等方面制定奖惩措施，建立资源要素向典范企业、先锋企业倾斜，闲置资源要素及时收回处置的机制，引导企业更好地履行社会责任。2022年全县民营业企业在发展的同时，真情回馈社会，缴纳地域税收30.2亿元，为地方经济发展做出突出贡献；同时积极创造就业机会、参与公益事业，玫德集团设立“玛钢助学基金”已运作19年，发放助学金3 600余万元；玫朵教育发展基金会发放奖金100多万元。2022年，全县唯一供热企业面临破产严峻形势，我们果断决策、顶住压力，决定投资4.1亿元开展碳素余热进城项目，县内4家碳素企业主动出资1.78亿元，奋战70天时间建设完成碳素热源进城项目，保障了主城区600万 m^2 的集中供暖。

G——公司治理，推动经营管理水平全面升级。深入分析企业评价情况，将县域企业划分为优先发展类、支持发展类、提升发展类、督促发展类，分类施策，倒逼后进企业强化内部管理、提高发展质量，引导全县企业向县内玫德集团学习先进管理经验。玫德集团的前身是平阴县五金厂，成立于20世纪60年代，顺应时代和改革的浪潮，企业从集体转为民营，对内提升企业管理和产品质量，对外不断拓展海外市场，一路高歌猛进，完成了生产工艺由手工、机械化向自动化、智能化转型，管理由经验型向以科学方法论为基础的流程化管理转型，市场由销售产品向提供服务和解决方案转型，三个转型让玫德集团实现了传统制造业的转型升级。2021年11月，玫德集团并购山东晨晖电子科技有限公司，这被认为是玫德集团的第四次转型——数字化转型的开启。形成了跨区域、多基地、全球化的发展格局，拥有9个国内外生产基地、20余家工厂，2022年集团营业收入达到181亿元。

下一步，平阴县将结合全省绿色低碳高质量发展先行示范县和省级能源绿色低碳转型试点的创建工作，继续完善ESG可持续发展评价体系和方案，将ESG可持续发展评价体系纳入创建体系，提出目标、明确任务，梳理路径、落实责任，确保绿色低碳发展各项目标任务落到实处，为县域经济高质量、可持续发展奠定基础、创造条件。同时，在优化提升工业企业ESG可持续发展评价机制的基础上，向服务业企业延伸，促进县域经济全面高质量发展。

以上是平阴围绕县域经济绿色低碳高质量发展，在企业ESG可持续发展评价方面所做的一点探索，我们的工作才刚刚起步，很多体制机制仍需完善，也希望能借此机会得到在座各位专家的指导帮助。践行ESG理念对高质量发展、共同富裕、“双碳”目标的实现有积极的作用，对于推动国家战略，实现可持续发展，具有非常重要的意义。我们相信，一个秉持践行ESG理念的企业，必然会取得长期可持续的发展，一个关注倡导ESG理念的地方一定能够实现经济社会的高质量发展。

十一、数字生态文明论坛

在中国生态文明论坛济南年会数字生态文明论坛上的致辞

济南市人大常委会副主任　黄贵利

尊敬的各位领导、各位专家、朋友们：

大家上午好！

一年好景君须记，最是橙黄橘绿时。在这个秋高气爽、层林尽染、万山红遍的美好时节，我们很高兴地迎来了中国生态文明论坛济南年会的隆重召开，各位领导、各位专家相聚在泉城，共同出席数字生态文明论坛，共议绿色智慧数字生态文明建设。在此，我谨代表全市人民对各位专家、各位领导、各位朋友的到来表示热烈的欢迎，对长期以来关心支持济南生态文明建设的各位朋友表示衷心的感谢！

生态文明建设是关系中华民族永续发展的根本大计。党的十八大以来，在习近平生态文明思想的科学指引下，生态文明建设从理论到实践都发生了历史性、转折性、全局性变化，美丽中国建设迈出重大步伐。济南坚决落实习近平总书记对山东、对济南的重要指示精神，把生态文明建设摆在重要位置，生态济南绿色基调愈加浓厚，人与自然和谐共生的美丽画卷已经全面铺展开来。济南市先后获得“国家园林城市”“国家森林城市”“全国水生态文明城市”等荣誉称号。

习近平总书记在出席全国生态环境保护大会时强调，“深化人工智能等数字技术应用，构建美丽中国数字化治理体系，建设绿色智慧的数字生态文明”。为推进人与自然和谐共生的现代化指明了新方向，对实现经济转型升级和高质量发展、加快绿色发展意义非凡，不仅有助于达成我国既定的生态文明建设目标，更能引领全球生态治理、共享绿色成果。生态兴则文明兴，生态衰则文明衰。建设美丽中国，必须坚持以习近平生态文明思想为指引，充分认识数字生态文明建设的重大意义和发展方向，全面推进绿色智慧的数字生态文明建设，为促进人与自然和谐共生提供有力支撑。

近年来，济南市抓住黄河流域生态保护和高质量发展战略机遇，坚持需求牵引、应用至上、数字赋能，深入推进生态环境领域数字化创新发展，为黄河流域生态保护和高质量发展赋能增效。

一是数字济南建设卓有成效。2022 年，济南数字经济核心产业占比达 17%以上，规模占 GDP 比重达 47%，发展水平跃居全国数字经济城市前列。如今，数字济南建设全面展开，数字化转型已逐步在城市发展的各领域遍地开花，不断拓展着智慧便利生活的边界，数字先锋城市建设动能澎湃。

二是智慧环保综合监管体系建设成果丰硕。济南市生态环境局加强数字技术与生态环保深度融合，按照“感知、汇聚、智能、协同、共享”的建设思路，探索建设了济南市智慧环保综合监管平台，整合全市大气要素相关的生态环境信息资源，建成生态环境数据资源中心，补强大气环境监测感知体系，提升大数据分析研判能力，运用空气质量预报、颗粒物移动源解析、网格监管等创新做法，为济南市生态环境智慧化监管提供了技术支撑，先后被评为第四届数字中国建设峰会数字生态分论坛优秀应用案例、2023 年度全国智慧环保创新案例、中国新型智慧城市创新应用大赛智优奖、山东数字政府“十佳应用”、山东省“抓环保、促发展”100 例、全省生态环境系统改革典型案例等。

三是智慧生态黄河示范项目建设全面启动。立足济南、服务山东、面向黄河流域，部、省、市三级共建，打通生态环境各层级、各领域、各要素数据资源，建设方便监管、服务企业、惠及公众的数字化监管服务平台，进一步提升生态环境治理体系和治理能力现代化水平。依托济南市政务云资源建设，接入部、省、市相关生态数据资源 298 项，汇聚数据 82 亿条，整合监控视频 1.7 万路，安装调试感知设备 30 项，研发模型算法 39 项，开展水环境、生态环境、一证式监管、问题协同处置、企业信息交互等功能模块的设计和研发工作，服务生态环境高水平保护，助力绿色低碳高质量发展。

济南虽然取得了一定成绩，但是与全国数字生态文明建设领域的先进地市相比还有很大的差距，我们将虚心向出席本次论坛的领导、专家和同人学习，认真消化吸收本次论坛汇聚的智慧和高见，与各地一道共同推进绿色智慧数字生态文明建设。

在老舍先生笔下，济南的秋天是诗意的，这个诗意的秋光秋色是济南独有的，请你在秋天来。那城，那河，那古路，那山影，是终年给你预备着的。

本届中国生态文明论坛选在济南举办，为我们创造了共同广泛交流、深化合作、携手共进的难逢机会。欢迎各位领导和嘉宾，在济南多走走、多看看，多给我们的工作提出宝贵意见。

最后，预祝本次论坛取得圆满成功！祝愿各位领导、各位嘉宾、各位朋友工作顺利、生活愉快！

谢谢大家！

生态环境遥感数据超市建设与展望

生态环境部卫星环境应用中心数据中心首席科学家　孙中平

一、引言

生态环境监管是保护生态环境，改善生态环境质量的重要力量[1]。进入新时代，我国生态环境保护结构性、根源性、趋势性压力总体上尚未根本缓解，生态环境治理面临攻坚克难的深水区。面对庞大的行业企业主体总量，传统生态环境监管模式存在监管效率低、执行效果差等问题，生态环境治理亟须智慧化、数字化手段赋能。国家对大力推行智慧监管，提升国家生态环境治理效能提出了明确要求。2023 年 7 月，习近平总书记在全国生态环境保护大会上强调，深化人工智能等数字技术应用，构建美丽中国数字化治理体系，建设绿色智慧的数字生态文明。

随着中国科学技术综合实力的日益增强，天基、空基及地基平台等多元感知技术迅速发展，遥感迈入了高时间分辨率、高空间分辨率、高光谱分辨率、高辐射分辨率、高监测精度的全尺度、全谱段、全要素立体监测时代，正向智能化、快速化、定量化、精细化、一体化方向发展[2-4]，生态环境智慧监管越来越注重对遥感技术手段的应用。中共中央办公厅、国务院办公厅印发的《关于构建现代环境治理体系的指导意见》要求强化监测能力建设。加快构建陆海统筹、天地一体、上下协同、信息共享的生态环境监测网络。生态环境部印发的《关于优化生态环境保护执法方式提高执法效能的指导意见》要求，大力拓展非现场监管的手段及应用，积极利用无人机、无人船、走航车以及卫星遥感等科技手段。

经历了近 40 年的发展，中国初步建立了天地一体的生态环境立体监测网络[5]，生态环境遥感已经成为生态环境监管不可或缺的重要技术手段，广泛应用于生态、大气、水、土壤等生态环境监测评估和管理决策的各个领域，在全国生态状况调查评估、污染防治攻坚战、应急与监督执法等方面发挥着重要作用，显著推动着生态环境智慧监管能力的提升，有力支撑了中国新时期环境保护管理与决策[6,7]。随着遥感平台和传感器的不断改进和增加，生态环境遥感数据量由 TB 级快速增加到 PB 级，在数据层面上已经体现了体量大（Volume）、类型多（Variety）、时效性高（Velocity）、真实性强（Veracity）和应用价值高（Value） 的“5V”特征，中国生态环境遥感进入了一个大数据时代[8]。

不断涌现的海量生态环境遥感数据需要大量的存储和计算资源[9]，而传统遥感数据处理分析应用模式存在单机作业、线下数据交互、影像数据服务为主、人力密集、自动化程度低、遥感应用流程长等问题，已无法满足快速响应、定制化应用等需求。生态环境部卫星环境应用中心研发了集数据处理、产品生产、分发服务能力于一体的环境遥感监测应用平台，系统形成了生态环境遥感监测业务运行能力，但也存在数据可见性不强、应用流程长、自动化程度低、服务面窄、服务水平低等问题[10]。

针对上述问题，本文围绕生态环境智慧监管新需求，提出采用“数据超市”模式构建新型生态环境遥感云平台，研究设计平台建设思路和总体框架，分析平台的技术架构和关键技术，以期为构建生态环境遥感数据处理分析应用新模式提供参考。

二、数据超市内涵和技术构架

生态环境遥感“数据超市”是生态环境遥感大数据服务体系的形象表达，基本思路是借鉴现代超市经营理念，建立开放性的类似于“商品市场”的平台，用户可以是“买家”，通过超市选购所需原料或成品，直接购买或“再加工”后应用；用户也可以是“卖家”，将自有服务资源在平台上架展示，供其他用户购买，实现数字资源循环再利用。

生态环境遥感数据超市建设按照集成化、一体化的思路，全面整合遥感数据、功能、应用资源，构建一站式“数据超市”系统，形成从原始数据到业务应用的全业务链服务，让数据“可查、可看、可用”。借鉴现代超市体系架构，参考企业架构框架（Enterprise Architecture，EA）理论和面向服务的体系结构（Service Oriented Architecture，SOA）模型，本研究从整体、全局和综合的视角出发，设计生态环境遥感“数据超市”总体架构。生态环境遥感“数据超市”由资源库、加工间、服务区三部分组成（图 1）。

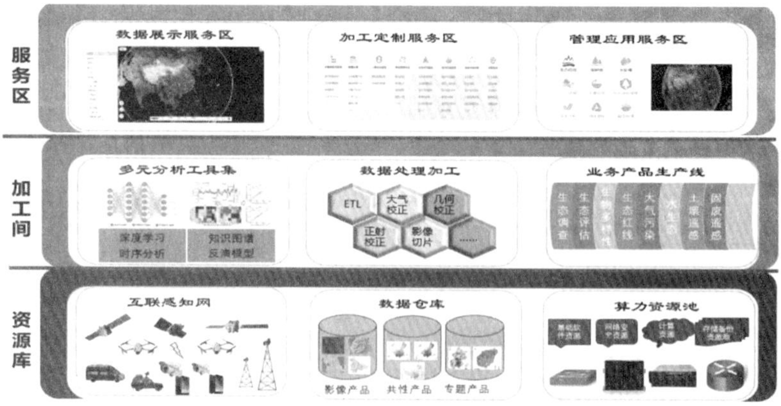

图 1 生态环境遥感“数据超市”总体架构

三、关键技术研究与实现

（一）多源卫星数据统筹获取技术

统筹 20 余颗优于 2 m 的高分辨率卫星，构建虚拟卫星星座，统筹制订卫星拍摄计划，高分遥感覆盖能力大幅提升。

全国 2 m 卫星月度覆盖能力由 29%提升至 80%，1m 卫星季度覆盖能力由 60%提升至 65%，卫星数据获取效率由日级提升到小时级。

（二）遥感影像大规模自动化处理技术

利用分布式计算框架，结合中央处理器（CPU）和图形处理单元（GPU）协同处理技术，构建流式计算模式，实现卫星数据高效实时处理。

系统实现对国产主流高分遥感影像数据的正射校正、融合镶嵌、质检全流程自动化处理，处理能力 400 景/d，基本实现“当日获取、当日处理”。业务化生产归一化植被指数、植被覆盖度、叶面积指数、净生态系统生产力、净初级生产力、生物量、反照率、土壤水分指数、地表蒸散等 11 个重要陆地生态参数产品。

（三）高性能影像地图切片服务技术

攻克轻量级地图快速切片和实时发布技术，显著提升高分辨率卫星影像在线地图发布时效。

影像切片效率达 1 景/min，提升 8.3 倍，全国 2 m 影像切片时间从 2 个月压缩到 7 天，可实现“当日生产、当日发布”。

（四）生态环境遥感智能解译技术

利用深度学习和面向对象等技术，开展系列智能解译技术研究，解译精度和时效明显提升。

突破基于亚米级高分遥感影像的草原区牧畜识别、基于深度学习的人类活动智能识别、基于深度学习的生态变化智能检测、基于多源遥感的河流干涸断流快速筛查、基于热点网格的大气污染星地协同监管、海洋水体水色异常遥感快速提取等生态环境智能解译关键技术，较传统手段的工作效率总体提升 3～5 倍。

（五）多元数据时空可视化分析技术

系统集成云服务技术、大数据分析技术、三维可视化技术等，实现多主题、多时空、多指标、多要素、多样化的成果展现与分析。

利用集成与展示技术，实现多源数据成果的快速融合、三维集成、立体展示与综合分析。研究突破情景表达技术，实现复杂信息时空表达情景构建，支撑央地协同、多主体参与的互动式会商监管决策。

四、建设成效

（一）海量遥感数据可视化便捷使用

系统利用地理网格、多模态数据统一时空处理技术，初步构建了时空连续、共用共享的综合数据库。数据库涵盖基础地理、影像产品、参量产品、环境专题、观测数据、评估产品等 10 个大类，数据层数达 3 988 层，产品种类超 500 种，总数据量达 4.6PB。

“数据超市”支持产品下载、实时调用、加工定制，简单便捷，只需要三步就可以完成数据订购。第一步，多方式查看、检索各类数据，按需要挑选数据；第二步，点击加入“购物车”，提交数据使用/加工申请；第三步，审批通过后，这些数据便可直接下载/加工/调用。

（二）天天影像全在线近实时服务

系统日处理高分辨率卫星影像达 400 景、制作发布卫星影像瓦片 1 000 余景，基本实现卫星遥感影像“当日获取、当日处理、当日发布”。现已制作发布高空间分辨率卫星影像瓦片在线地图服务“天天影像”近 30 万景，自 2013 年以来，可每日实时更新。

“天天影像”提供多时相、专题任务集、元数据等多种形式的数据调用服务，已被 9 个业务系统和核查 App 调用，年调用量 8 500 万余次。卫星影像使用模式已从“线上检索、线下应用、耗时长”转变为“线上优选、实时应用、高时效”，数据使用的便捷性和效率显著提升。

（三）功能组件资源集成与复用

“数据超市”集成主机、网络、存储、安全系统等各类型软硬件基础支撑设备 800 余套，计算节点有 225 个，计算能力达到 46 万亿次/s。数据超市整合算法模型 139 个，功能模块达 506 个。

通过算力资源、模型组件库的集成，“数据超市”可以实现功能组件资源的重复利用。如面向人类活动线上线下一体化监管，集成“数据超市”自动检测、问题识别、野外核查、信息上报、跟踪监测等功能组件，实现了人类活动监管全业务流程快速搭建。针对生态破坏问题“空天地”一体化会商决策，集成数据超市生态破坏问题研判、三维可视化、无人机指挥系统接入、地面观测场数据接入、多方在线视频会商、文件资料共享等功能组件，快速建立问题发现、问题核实、问题整改机制。

（四）生态环境遥感一体化云服务

面向地方环保部门的快速部署和监管应用，集成“数据超市”数据推送、处理、管理、解译、服务等自动化处理功能组件和基础设施，构建即时、在线、高效、轻量级生态环境卫星数据一体化云服务平台，支持生态环境卫星数据资源的即时在线高效利用。

基于生态环境卫星数据一体化云服务平台，采用“工业制造 4.0”理念，研制生态环境遥感云服务一体机（图 2），深度整合集软件、硬件和数据于一体，实现卫星数据的一体化、自动化、智能化、可视化处理与管理。该设备具备高性能、易部署、易应用等特点。

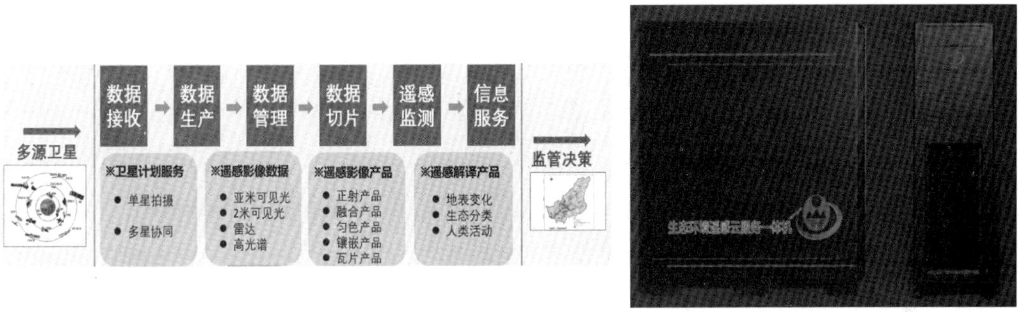

图 2　生态环境遥感云服务一体机

五、未来展望

一是进一步提升生态环境遥感“数据超市”生态环境遥感数据获取能力。在发展天基卫星、无人机、定位观测能力的基础上，增补高空与地面移动感监测系统，提升全天时、高精度、高时效监测能力，将数据获取时效由月/天级提升到小时/分钟级。

二是进一步提升生态环境遥感“数据超市”实时智能服务能力。通过手机/智能终端 App、卫星在轨智能处理、空基边缘智能处理，实现遥感数据从获取、处理到应用端的分钟级生态环境信息实时服务，推动遥感数据应用模式从“事后处理”向“实时智能”转变，从向专业用户服务到向社会大众服务转变。

参考文献

[1] 郑石明. 改革开放 40 年来中国生态环境监管体制改革回顾与展望[J]. 社会科学研究，2018（6）：28-35.

[2] 李德仁，张良培，夏桂松. 遥感大数据自动分析与数据挖掘[J]. 测绘学报，2014，43（12）：1211-1216.

[3] 何国金，王力哲，马艳，等. 对地观测大数据处理：挑战与思考[J]. 科学通报，2015，60：470-478.

[4] 宋维静，刘鹏，王力哲，等. 遥感大数据的智能处理：现状与挑战[J]. 工程研究：跨学科视野中的工程，2014，6（3）：259-265.

[5] 赵海凤，李仁强，赵芬，等. 生态环境大数据发展现状与趋势[J]. 生态科学，2018，37（1）：211-218.

[6] 王桥，刘思含. 国家环境遥感监测体系研究与实现[J]. 遥感学报，2016，20（5）：1161-1169

[7] 高吉喜，赵少华，侯鹏. 中国生态环境遥感四十年[J]. 地球信息科学学报，2020，22（4）：705-719.

[8] 孙中平，申文明，张文国，等. 生态环境立体遥感监测大数据顶层设计研究[J]. 环境保护，2020，48（Z2）：56-60.

[9] 赵忠明，高连如，陈东，等. 卫星遥感及图像处理平台发展[J]. 中国图象图形学报，2019，24（12）：2098-2110.

[10] 王桥. 中国环境遥感监测技术进展及若干前沿问题[J]. 遥感学报，2021，25（1）：25-36.

绿色智慧的数字生态文明指引下的思考和实践

中国环境科学研究院环境信息研究所所长　王维

2023年7月，习近平总书记在全国生态环境保护大会上做出重要讲话并提出，深化人工智能等数字技术应用，构建美丽中国数字化治理体系，建设绿色智慧的数字生态文明。习近平总书记的讲话高屋建瓴、立意深远，为大数据时代的生态环境现代化治理，指明了方向、目标和任务。我们要坚定不移沿着总书记擘画的美丽中国、数字生态文明建设蓝图，做好习近平生态文明思想的实施者和践行者。

一、美丽中国建设的时代要求

建设绿色智慧的数字生态文明是习近平生态文明思想的重要部分，也是实施美丽中国、数字中国战略的重要举措。2023年10月，生态环境部在重庆市召开生态环境科技工作会议，黄润秋部长在讲话中特别指出要“强化数字化治理科技支撑”，作为提升美丽中国建设科技支撑能力的重要内容。

高水平科技创新推动高质量发展，就要充分发挥数据在生产和科技创新中的要素作用。近年来，中共中央、国务院先后印发《关于构建数据基础制度更好发挥数据要素作用的意见》《数字中国建设整体布局规划》等文件；2023年10月，国家数据局正式挂牌，统筹推进数字中国、数字经济、数字社会规划和建设等，人工智能驾驭的数据即将成为推动经济增长的第五要素。

绿色智慧的数字生态文明是美丽中国建设的时代要求。我们要紧跟时代的要求，做好生态环境领域的科技支撑，要深入研究绿色智慧的数字生态文明的内涵和外延；提升立体感知和人工智能技术，驱动生态环境治理方式的变革；建设科学数据中心，为美丽中国数字化治理体系提供支撑；挖掘环境数据的新型生产要素作用，探索数字化和绿色化融合发展；深化大模型等新技术的应用，培育自主可控的数字化技术创新体系。

二、智慧化平台支撑生态环境保护

美丽中国数字化治理体系是一项系统工程，要求利用5G、区块链、智能物联等手段提高数据感知获取能力，推动环境管理从流程驱动向数据驱动转变、从连接在线向智能主动转变、从治理方式到治理体系转变，助力环境形势研判、污染溯源、风险评估、应急响应等业务工作。在生态环境部各司局的指导下，通过建设智慧化平台，服务打好污染防治攻坚战的相关工作。

系统平台对生态环境工作的支撑体现在如下几个方面。一是数据共享支撑京津冀大气污染成因与治理攻关项目，建设大气环境科学综合数据采集与共享平台，建成TB级数据集，通过一站式科学数据枢纽，打破行业壁垒，实现环保、气象、科研等21亿条数据和文件共享；面向项目课题组和七省（市）40个城市开放，提供空气质量预测预报和污染溯源。二是智慧决策支撑长江生态环境保护修复，建立基于大数据的水环境智慧化管理体系，将大数据、云计算、人工智能等技术与生态环境业务相融合，建立了“数据采集与治理—数据挖掘与模拟—虚拟可视化—污染溯源分析—智能辅助决策”的管理链条，为长江流域生态环境科研与管理提供服务。三是集成和可视化支撑重大专项“水专项”“十三五”时期成果凝练，通过对水专项成果数据的规范化、在线采集、分级分类共享，基于多维动态空间展示技术，系统和生动展示水专项技术成果，为技术成果的推广和应用拓宽渠道。四是信息化全流程支撑全国土壤污染状况详查，全国的土壤污染状况详查工作队伍在一个平台，实现从布点、检测、质控、质量评价到风险防控的全生命周期管理，信息化手段贯穿了调查工作的全过程，极大提高了工作效率、提升工作的规范性和准确性，有力支撑生态环境管理工作。

三、大数据与人工智能的应用探索

“绿色智慧”为建设数字生态文明指明了路径和方法，我们要加快对数字化、绿色化、智能化协同的深入研究，积极开展生态环境领域的应用探索。

一是建立生态环境科学数据中心。稳定、可靠、准确的数据是科技创新的策源地。因此，建设生态环境科学数据中心需要汇聚和融合多源生态环境数据，打造生态环境科技支撑的坚实数据基础。在这一过程中，我们应遵循创新、开放、跨界、协同、和谐的理念，以服务于经济建设主战场、国家重大需求及公众对生态环境的需求。

二是探索面向生态环境形势研判、污染溯源、风险评估、应急响应等应用场景的人工智能分析技术。我们已经开展了基于深度学习的大气污染路径溯源技术，开发序列相似度算法、污染过程时空演变模式识别算法，来识别污染气团的空间迁移和扩散路径。基于水质、水文、气象等实时监测数据，采用时间序列、关联规则、多元回归、随机森林等大数据算法，结合土壤和水评估工具（SWAT）、环境流体动力学模型（EFDC）等机理模型，构建水质短期、中长期预测预警模型，支撑对流域水环境形势的智能化分析。希望推动研发更多的人工智能技术，更好地为污染防治攻坚战服务。

三是努力推动数字经济和绿色低碳产业相融合。目前我们的工作大多还停留在辅助生态环境监管，未来应该将更多的资源和精力投入数字经济与实体经济融合中去，如通过数字化和人工智能手段，提高固废资源循环利用的效率，提高区域智能决策；探索将算法模型与生态环境监测物联网传感器结合，制造智能监测和监管装备；推动生态产品数字化，用信息化手段助推“绿水青山”向“金山银山”转化；开展生态环境感知、协同控制和智能推荐决策研究，服务减污、降碳、协同、增效工作推进等。

绿色智慧的数字生态文明已经渗透进我们的生产和生活方式，在美丽中国建设的时代呼唤下，我们应该进行更深入的思考、开展更全面的探索，用大数据和人工智能技术充分赋能生态环境治理，为人民群众提供高品质的生态环境质量保障。

数字生态文明研究与应用

山东润通科技有限公司董事长 蒋本帅

尊敬的各位领导、各位专家、各位生态环境保护领域的战友们，大家上午好，我是山东润通科技有限公司蒋本帅，2005 年开始从事环保数字化工作，2020 年提出数字生态文明“智慧大脑”云平台建设思路，并取得当年的大数据创新创业大赛冠军，2023 年获得山东省企业“创新达人”称号。

一、背景

党的十八大以来，我们国家把生态文明建设作为关系到中华民族永续发展的根本大计，开展了一系列开创性工作，决心之大、力度之大、成效之大前所未有，经过顽强努力，我国天更蓝、地更绿、水更清，新时代生态文明建设的成就举世瞩目。

十年来，全国地级及以上城市细颗粒物（$PM_{2.5}$）平均浓度历史性下降到 29 μg/m^3，优良天数比例达到 86.5%，成为全球空气质量改善最快的国家。全国地表水优良水体比例达到 87.9%，接近发达国家水平。

党的十八大以来，国家领导人高度重视生态文明建设，提出“山水林田湖草是一个生命共同体”的理念；《中华人民共和国国民经济和社会发展第十四个五年规划及 2035 年远景目标纲要》指出，构建生态文明体系，推动社会发展全面绿色转型，建设美丽中国。

2023 年 7 月，全国生态环境保护大会在北京召开。习近平总书记提出，要持续深入打好污染防治攻坚战，坚持精准治污、科学治污、依法治污。要健全美丽中国建设保障体系。深化人工智能等数字技术应用，构建美丽中国数字化治理体系，建设绿色智慧的数字生态文明。

总结新时代十年的实践经验，分析当前所面临的新情况新问题：我国生态环境保护结构性、根源性、趋势性压力尚未根本缓解，依然面临巨大的挑战。目前国内各部门、行业、行政层级等，都建立了大量的云平台，如智慧水利、环保、农业等，这些系统建设过程中标准不统一，分散建设、各级政府重复投资，没有用习近平生态文明思想的全局观去指导，造成了建设成本高、数据利用率低、存在大量的信息孤岛、数据壁垒，无法为生态文明建设提供系统全面精准的决策支持。

二、建设思路

（1）以习近平生态文明思想的全局观为指导，依托物联网、云计算、地理信息系统（GIS）等技术，实现物联网感知设备统一接入标准、统一管理、统一应用，同时支持5G、NB-loT、eLTE、Wi-Fi、LoRa、以太网等多网传输协议的物联网终端。将多个行业资源进行整合，打破“信息孤岛”。

（2）基于 Hadoop/Mapreduce 架构，建立环境污染物溯源、预测模型。进行数据深度挖掘，实现可视化展现、关联分析、趋势分析等功能。真正实现精准治污、科学治污、依法治污。

（3）物联网感知数据、重点实验室及采样数据、结构化与非结构化数据作为大数据支撑，打造“全域一张网、感知一张图、治理一平台”的智能分析平台，可视化展现、关联分析、趋势预测等功能，让决策更“智慧”。

三、构建数字生态文明“智慧大脑”

为深入贯彻习近平生态文明思想，统筹山水林田湖草沙系统治理，润通科技将现有的物联网、大数据在环保等领域的成熟应用经验，应用到水利、农业农村、自然资源等领域，建设统一的物联网基础数据平台，建设数字生态文明“智慧大脑”云平台。

构建可视化的大数据分析、决策、业务管理、智能应用平台，形成“1+6+18+N”的建设体系，“1”是指利用统一的物联网基础大数据平台，“6”是指构建大气生态、水生态、农林草、土壤、固废、碳排放 6 大应用场景，“18”是指服务于生态文明建设相关的 18 个主要部门，“N”是指万千企业。

四、建设架构

数字生态文明“智慧大脑”支持多种前端感知设备的数据格式的接收采集和解析入库，通过数据挖掘、模型分析等技术构建可视化层，为多个行业、部门、企业提供专项服务。

五、建设统一的数字生态文明物联网基础大数据平台

公司将物联网感知数据、重点实验室及采样数据、结构化与非结构化数据，经过传输层 5G、LoRa、Wi-Fi 等数据采集设备，建设统一的物联网基础数据平台。

六、如何构建生态文明建设“智慧大脑”云平台

公司积极参与临沂市“生态文明”建设，在罗庄区、沂水县、河东区、临港区、兰山区、蒙阴县等县区建设了多个县级智慧环保平台；在济南市建设了水生态一体化平台、

智慧环保云平台、河流断面重金属在线监控平台、企业用电量监控平台、空气质量决策平台等市级平台，并充分发挥了生态文明建设“智慧大脑”云平台优势，研发取得重大突破。

（1）构建数字生态文明“智慧大脑”云平台，整合大气环境（废气、VOCs、扬尘、微站）、水环境（废水、地表水、重金属、污水处理厂）、用电能耗、碳排放等模块，实现多模块统一管理，多层次、多角色共同协作，为生态环境监控治理提供保障，减少资源浪费等情况。

（2）大气生态“一张图”，汇集工业废气、VOCs、扬尘、大气微站、尾气遥感等主要模块，使数据融会贯通、相辅相成，构建区县空气质量排名、空气实况等功能模块，结合预警分析模型、预测分析模型等，完善达标预测、空气质量分析等功能。为解决大气污染问题提供清晰的决策支持，从而达到改善空气质量的目的。

（3）水生态“一张图”，汇集水利和生态环境等部门地表水、污水处理厂、工业废水、重金属、“河湖长制”等水质相关数据，通过一张图将数据进行可视化，打破了部门壁垒，解决了数据孤岛的问题，真正意义上实现了数据统一标准、统一管理、统一共享、统一应用、统一服务。

（4）碳排放管理系统，可以接入重点用能企业的煤、油、电、水、气等多种能源数据的归集，实现碳含量、碳排放、碳趋势、碳分析等功能，以及碳排放监测核算、发展规划、统计分析管理、辅助决策等功能。

（5）农业（种业）驾驶舱，接入“农田四情”（虫情、苗情、土壤墒情、气象情况）检测数据，实时监控农田的变化，为农作物提高产出、产物质量做出保障；建设种子仓库 3D 模型，清晰明确地展示出厂库的空间分布以及库位信息，通过前端感知层检测设备，监控厂库种子贮藏环境以及实时画面，避免种子出现发霉、发芽等情况；构建预警报警分析模型，使农田、厂库等及时发现预警报警信息并进行管控。

（6）手机客户端，实现与平台数据互通，多用户多权限管理，使开放的手机客户端可以应用于行政主管部门、万千企业及公众之中。

统筹发展与安全
以数据智管助力守牢生态环境安全底线

山东省生态环境厅环境安全应急与舆情处处长　徐本亮

党的十八大以来，在习近平生态文明思想的科学指引下，山东牢固树立和践行“绿水青山就是金山银山”的理念，深入落实黄河流域生态保护和高质量发展重大国家战略，全方位、全地域、全过程开展生态环境保护，纵深推进污染防治攻坚，奋力建设绿色低碳高质量发展先行区，生态文明建设发生历史性、转折性、全局性变化，美丽中国的山东画卷在齐鲁大地绘就舒展。

10 年来，全省 $PM_{2.5}$ 改善 63.3%，优良天数比例由 40%提高到 73.2%；地表水国控断面Ⅴ类及以下水体清零，优良水体比例达到有监测记录以来的最优水平；土壤环境风险得到有效管控。在污染防治攻坚战成效考核中，山东连获“优秀”等次。生态环境改善有目共睹，国家统计局最新数据显示，全省人民群众对生态环境满意度达到 95.4%。这些成绩的取得，牢牢守住生态环境安全底线。同时，也进一步促进了守牢环境安全的基础建设。

习近平总书记在 2023 年全国生态环境保护大会上次强调：要守牢美丽中国建设安全底线，贯彻总体国家安全观，积极有效应对各种风险挑战，切实维护生态安全、核与辐射安全等，保障我们赖以生存发展的自然环境和条件不受威胁和破坏。

山东省深入贯彻落实习近平生态文明思想，完整、准确、全面贯彻新发展理念，积极服务新发展格局，谋长远之势、行长久之策、建久安之基，制定《山东省“十四五”生态环境保护规划》，强化系统观念和底线思维，健全完善环境风险防控机制，有效应对各类突发环境事件，全力保障生态环境安全。

为有效提高对环境风险信息的获取能力，实现应急事件快速响应能力，提升山东省生态环境应急管理能力并持续提升环境应急能力，山东省建立了省生态环境厅环境应急管理系统，以数据智管助力守牢生态环境安全底线。

系统依托山东省政务云服务构建的统一基础设施进行平台部署，基于强大的数据支撑体系建设应急管理端、移动端和企业端，通过三个端，实现政企服务联动，依托动态模拟的科学决策支持体系，构建智慧协同的应急指挥协同和联动体系，提高山东省环境风险防范能力和管控水平。

系统通过对应急组织机构、应急预案、应急演练、应急物资、风险控制、应急知识库的管理和隐患排查治理，全面支撑生态环境应急业务应用。

通过对应急资源的汇聚管理，实现对全省应急资源的统筹管理，支撑环境应急事件的快速响应调度。

通过预案管理，实现预案的上传、审批、演练，进行“南阳实践”经验的探索应用；提高预案的可执行性、实用性和针对性，真正使预案成为可执行、可操作的预案。

通过接入生态环境实时监测数据、生态环境应急相关业务数据，实现环境信息资源化、精细化、可视化管理，实现全省三级管理用户数据共享。为环境应急事件模拟分析及指挥调度提供数据支撑。目前已汇聚有风险源、敏感点、预案、物资、应急人员、应急仓库、环境监测点、各类知识库及南阳实践应急空间与设施数据资源，实现数据的共享及复用。

基于地理信息系统（GIS）空间技术，进行风险源、敏感点、风险预案、应急物资、应急人员、沿黄 8 km 的区域展示，给环境应急管理人员及业务人员提供更直观的数据支撑。

建立山东省生态环境应急预警体系，实现风险源审批，以及排查到期提醒、污染扩散预警、风险源关联预警及实时监测数据超标预警 4 大类、10 小类的业务应用预警，提升环境应急风险防控能力。

通过对应急事件周边查询分析，建立应急指挥协同联动机制，快速识别风险源、敏感目标，了解物资分布情况，迅速调度，实现对应急事件的指挥协同联动，辅助快速响应、快速应对。

针对突发生态环境应急事件，实现突发环境事件应急接警、事件甄别、登记、确定风险源、确定保护目标、进行污染模拟计算趋势分析、确定应急方案、进行方案实施、应急终止、生成报告、入库存档全流程跟踪响应，实现报告智能化生产，响应过程全程记录跟踪。

可视化污染扩散模拟分析，能很清晰地看到污染趋势和敏感点的变化情况，以直观的模拟效果图为决策提供辅助参考，实现响应措施科学有效。

通过进一步梳理环境风险隐患排查流程，优化隐患排查整改过程记录，加大企业自查力度和政府排查力度，全流程监管隐患整改任务进展，防范环境事件发生，坚决守牢生态环境安全底线。

通过打造环境应急知识库，以“练”促“学”，通过知识学习、每日一练、每月一测、季度专题，提高应急执法人员的综合业务能力水平，促进应急执法队伍能力建设。

空间动态展示座舱，从各个维度展示山东全省生态环境应急现状，给领导提供决策依据。通过此平台建设，构建生态环境应急管理体系，强化生态环境管理能力，提升生态环境应急管理水平，为生态环境质量稳步提升提供支撑。

下一步，山东省生态环境厅将深入落实习近平生态文明思想和总体国家安全观，紧紧围绕省委、省政府部署工作任务，以数据智管助力环境应急管理工作，积极防范和化解生态环境风险，筑牢美丽山东建设生态环境安全底线。

数智赋能 绿色转型
奋力谱写人与自然和谐共生的现代化美丽滨州新篇章

山东省滨州市生态环境局党组书记 韩广智

滨州位于渤海之滨，黄河之洲，是山东省的北大门，也是山东省唯一一个京津冀“2+26”传输通道城市、环渤海“1+12”城市的叠加市，生态文明建设和环境保护使命光荣，责任重大。

近年来，滨州市坚定践行习近平生态文明思想，锚定品质之求、走好精明之路、落实担当之行，持续深入打好污染防治攻坚战，大力推动黄河重大国家战略、绿色低碳高质量发展先行区建设等系列重大决策部署落地生根、开花结果，美丽滨州建设迈出坚实步伐。

一、锚定品质之求，强化政治担当，始终牢记“国之大者”

习近平总书记指出，以高品质生态环境支撑高质量发展，加快推进人与自然和谐共生的现代化。近年来，滨州市坚持把“环境品质更高”作为“八大品质”的重要内容，持续提升生态环境品质，加速打造美丽滨州。

牢牢把握高品质生态环境是高质量发展的基础保障。完整准确全面贯彻新发展理念，推动优势产业向高端化转型、新兴产业向规模化发展，建立了营业收入达 1.22 万亿元的五大千亿元级优势产业集群，37 项产品产量或市场占有率列全球或全国第 1，正在培育新能源产业、新材料等新的千亿元级产业集群，高质量发展的“含绿量”和“含金量”显著提升。

牢牢把握高品质生态环境是高水平保护的必然追求。党的十八大以来，相继实施两轮“四减四增”行动。整合退出钢铁产能 1 769 万 t，整合转移地炼产能 970 万 t。治理“散乱污”企业 1 914 家，累计关停燃煤机组 53 台、小锅炉 3 205 台。投资 95.29 亿元建成 4 条铁路专用线，年运输量 4 972.6 万 t。实施十年林水会战，林木覆盖率达到 31.8%，成功创建国家森林城市，高质量发展的“新动能”和“新优势”逐渐彰显。

牢牢把握高品质生态环境是高品质生活的应有之义。十年来，全市 $PM_{2.5}$ 平均浓度改善 63.6%，重污染天数减少 94.7%。近岸海域优良水体比例 2023 年春季 100%、夏季 98%，不断刷新历史最好水平。重点建设用地安全利用率始终保持 100%，城乡环境质量大幅改善。滨州先后荣获“国家卫生城市”“国家园林城市”“全国水生态文明城市”等荣誉称号，用生态环境“高颜值”成就生活“高品质”。

二、走好精明之路，聚力攻坚克难，全面推进“美丽滨州”

习近平总书记多次强调，生态环境问题归根结底是发展方式和生活方式问题。要从根子上解决生态环境问题，必须坚定走绿色化、低碳化、高质量的精明增长之路，落实好美丽滨州“六个提升行动”。

一是抓好环境质量提升行动。坚持精准治污、科学治污、依法治污，坚决打好蓝天、碧水、净土保卫战，遏制空气质量反弹，统筹水生态质量，保护好老百姓的米袋子、菜篮子、水缸子。

二是抓好发展质效提升行动。统筹推动高质量发展与高水平保护，持续加快产业、能源、交通运输、用地“四个结构”调整。升级传统产业，壮大战新产业；做好节能降碳的减法、绿色能源的加法；加快推进“公转铁”“公转水”；加强农业面源污染防治，发展绿色种养循环农业。

三是抓好空间格局提升行动。落实好国土空间规划，科学布局生产空间、生活空间、生态空间，严守耕地红线，推进产城融合，完善生态环境分区管控，打造宜居宜业宜游宜学宜养的品质之城。

四是抓好保护修复提升行动。统筹山水林田湖草沙系统治理，加大生态保护修复力度，建设黄河下游绿色生态廊道，持续提升生态系统多样性、稳定性、持续性。

五是抓好人居环境提升行动。统筹实施新型城镇化和乡村振兴战略，推进城市更新，改善村庄面貌，打造新时代美丽城市和宜居宜业和美乡村。

六是抓好生态安全提升行动。牢固树立总体国家安全观，紧盯危险废物、尾矿库、重金属、新污染物等重点领域，健全化工园区监测监管网络，更加有力有效地防范生态环境风险。

三、落实担当之行，赋能数字技术，加快建设“绿色智慧”

习近平总书记强调，要深化人工智能等数字技术应用，构建美丽中国数字化治理体系，建设绿色智慧的数字生态文明。新时代、新形势、新任务，必须加快推动数字技术融合应用，持续提升生态环境治理现代化水平。

坚持“高点定位”，倾力建设数字化、信息化、智能化平台支撑。投资 2.15 亿元高标准建成智慧环保综合监管平台，经验做法被评为山东省大数据创新应用典型案例，入选“十四五”生态环境创新工程案例。

打破信息孤岛，合力推进监测监控系统整合、数据共享。对本系统原有 30 余个业务系统进行重组，及时对接交通、住房和城乡建设、应急管理等部门业务系统，整合市域范围内的超级站、97 个空气站、35 个水断面、495 枚放射源视频、328 处高空瞭望点位、重点企业实时监测、电量监控、工地视频及扬尘监控、机动车排气监管系统等数据资源，构建“天空地”一体化可看、可知、可感的监测监控网络。

坚持“实战实用”，整合研发生态环境指挥调度“一张图”。完善系统、整合数据、优化功能，建成大气环境、地表水、固体废物、核与辐射、应急指挥五大模块，实现了数据实时展示、操作流程同步、指挥调度统一和信息预警、异常告警、综合分析、监测监管、决策支持全闭环处置。

创新“智慧执法”，打造全国首个区块链生态环境监管平台。借助区块链、时间戳、数据加密、北斗定位算法等先进技术手段，把环境数据变为司法证据，多部门共同使用、管理和监督，非现场执法监管更精准高效，有效减少违法违规行为，让监管既有力度又有温度，经验做法被评为工业和信息化部区块链典型应用案例并在全国推广。

生态文明·济南宣言

生态文明·济南宣言

（2023 年 10 月 29 日，在中国生态文明论坛济南年会上通过）

在全国上下深入学习贯彻党的二十大和全国生态环境保护大会精神之际，我们来自全国各地生态文明建设和生态环境保护领域的同人们，相聚在泉城济南，围绕“生态文明·美丽中国　谱写人与自然和谐共生的现代化建设新篇章”的主题，召开中国生态文明论坛济南年会，交流观点，探索规律，建言献策，广泛传播习近平生态文明思想，不断促进美丽中国建设实践。

我们看到：

党的十八大以来，在习近平生态文明思想科学指引下，我国生态文明建设实现由重点整治到系统治理、由被动应对到主动作为、由全球环境治理参与者到引领者、由实践探索到科学理论指导的重大转变，取得举世瞩目的巨大成就，天更蓝、地更绿、水更清，万里河山更加多姿多彩，人民群众在绿水青山中共享自然之美、生命之美、生活之美。

我们认识到：

新时代生态文明建设取得的巨大成就，为新征程上全面推进美丽中国建设奠定了坚实基础、积累了丰富经验、创造了历史条件。同时，我国生态环境保护结构性、根源性、趋势性压力尚未根本缓解，经济社会发展已进入加快绿色化、低碳化的高质量发展阶段，生态文明建设仍处于压力叠加、负重前行的关键期。我们要深入贯彻习近平生态文明思想，坚持以人民为中心，牢固树立和践行“绿水青山就是金山银山”的理念，深刻认识把握高质量发展和高水平保护、重点攻坚和协同治理、自然恢复和人工修复、外部约束和内生动力、“双碳”承诺和自主行动的关系，全面推进青山常在、绿水长流、空气常新的美丽中国建设。

我们共同倡议：

坚持精准治污、科学治污、依法治污，深入打好污染防治攻坚战，持续改善生态环境质量，不断提高人民群众生态环境获得感、幸福感、安全感。以大气细颗粒物控制为主攻方向，强化多污染物协同控制和区域污染协同治理。统筹推进水资源、水环境、水生态治理，大力推动流域生态保护修复和区域再生水循环利用，加快建设美丽河湖美丽海湾。推动土壤污染风险管控和修复绿色化低碳化。扎实开展农村生态环境整治，全面建设美丽乡村。加强固体废物综合治理和新污染物治理，推进有机废弃物资源化利用，高质量建设“无废城市”。

坚持把绿色低碳发展作为解决生态环境问题的治本之策，协同推进降碳、减污、扩绿、增长，促进经济社会发展全面绿色低碳转型。完善绿色低碳发展经济政策，大力培育绿色经济增长点，推动技术研发和应用，推广碳普惠实践。积极稳妥推进碳达峰碳中和，构建清洁低碳安全高效能源体系，推动能耗“双控”向碳排放“双控”转变。创新开展六五环境日、全国生态日、全国低碳日活动，营造全社会参与生态文明建设的良好氛围，让绿色低碳生活方式成为良好社会风尚。

坚持人与自然和谐共生，构建从山顶到海洋的保护治理大格局，为子孙后代留下山清水秀的生态空间。加大生态系统保护力度，统筹山水林田湖草沙一体化保护和系统治理，着力提升生态系统多样性、稳定性、持续性。加强生态保护修复监管，深入推进生态文明示范建设，不断拓宽“绿水青山”与“金山银山”相互转化路径，不断塑造发展的新动能、新优势。加强总结传播，广泛开展典型路径、实践模式、成功案例的凝练和推广，讲好中国生态文明故事。

坚持用最严格制度、最严密法治保护生态环境，健全美丽中国建设保障体系。充分发挥中央生态环境保护督察利剑作用，严密防控生态环境风险，切实维护生态安全，确保核与辐射安全。推动有效市场和有为政府更好结合，加快构建环保信用监管体系，促进环保产业和环境服务业健康发展。不断增强生态环境科技有效供给，建设绿色智慧的数字生态文明，持续推进生态环境治理体系和治理能力现代化。

近年来，山东把生态文明建设摆在全局工作突出位置，在推动黄河流域生态保护和高质量发展，推进中国式现代化进程中展现山东担当、贡献山东力量。济南依托“山泉湖河城”浑然一体的独特自然禀赋，打造黄河生态轴，建设人与自然和谐共生的现代化典范城市，绿色低碳高质量发展成绩斐然。

生态文明建设，关系人民福祉、关乎民族未来。新时代新征程，让我们更加紧密地团结在以习近平同志为核心的党中央周围，深入贯彻习近平生态文明思想，保持战略定力，积极担当作为，推动美丽中国建设目标一步步变为美好现实，奋力谱写人与自然和谐共生的现代化建设新篇章。